中央高校教育教学改革基金(本科教学工程)
国际合作项目子课题“海洋激发激化法探测技术”(2008077015)
国家自然科学基金青年基金“煤层气松散段护壁堵漏关键技术基础与理论研究”(2011073049) 联合资助
中央高校基本科研业务费专项基金“海洋勘探设备与仪器”(2010079007)
重大科学仪器专项基金“滑坡演化过程全剖面多场特征参数设备研制”(41827808)

机械工程控制基础:非线性问题初探

JIXIE GONGCHENG KONGZHI JICHU:FEIXIANXING WENTI CHUTAN

王院生　李　波　路桂英　编著

唐辉明　主审

中国地质大学出版社
ZHONGGUO DIZHI DAXUE CHUBANSHE

内容简介

本书介绍的机械工程非线性问题常见的三种处理方法，是作者多年来从事机械工程控制基础教学和科研工作的思考和总结，同时也融入了国内外同行专家取得的部分最新成果。

本书共分四章。第1章介绍了与机械系统相关的固、热、流、控问题的非线性(偏)微分方程(组)的建模、无量纲处理；第2章介绍了数值求解方法；第3章介绍了基于单参数变换群的相似解；第4章介绍了基于逐项平衡思想的渐近解，包括多尺度法和谐波平衡法的原理。各章均举例阐述，数学推导翔实，编程代码完整，便于读者复现和验证。

本书各章内容既相互联系，又相互独立，读者可根据需要选择学习。本书适用于从事非线性动力学相关的工程技术人员阅读，也可作为高等院校机械类专业机械工程控制基础、机械振动等课程的教学参考书。

图书在版编目(CIP)数据

机械工程控制基础：非线性问题初探/王院生，李波，路桂英编著．—武汉：中国地质大学出版社，2022.10

ISBN 978-7-5625-5294-9

Ⅰ.①机…　Ⅱ.①王…②李…③路…　Ⅲ.①机械工程-非线性-教材　Ⅳ.①TH

中国版本图书馆CIP数据核字(2022)第202712号

机械工程控制基础：非线性问题初探		王院生　李　波　路桂英　编著
责任编辑：龙昭月	选题策划：徐蕾蕾　龙昭月	责任校对：何澍语
出版发行：中国地质大学出版社(武汉市洪山区鲁磨路388号)		邮编：430074
电　　话：(027)67883511	传真：(027)67883580	E-mail：cbb @ cug. edu. cn
经　　销：全国新华书店		http://cugp. cug. edu. cn
开本：880毫米×1230毫米　1/16	字数：258千字	印张：8.5
版次：2022年10月第1版		印次：2022年10月第1次印刷
印刷：湖北睿智印务有限公司		
ISBN 978-7-5625-5294-9		定价：50.00元

如有印装质量问题请与印刷厂联系调换

序

非线性微分方程的求解问题，一直是国内外理论研究的重点和热点之一。随着国民经济和科学技术的发展，工程技术的各个学科，如机械、土木、光学、通讯、自动化、交通等领域，提出了大量的非线性(偏)微分方程或非线性(偏)微分方程组形式的数学模型。非线性微分方程的求解，是进行高质量的创新研究必备的工具和手段。

机械工程中存在大量的非线性问题，如偏心回转轴系的振动，齿侧间隙对齿轮传动的影响，细长杆或梁的纵横耦合振动，板壳力学中的 Bossinesq 方程，湍流、摩擦导致的方程的非线性等，不一而足。作者从事机械工程教学和研究多年，遇到了不少非线性的科学问题，也积累了一些心得、体会，汇成《机械工程控制基础：非线性问题初探》，深入浅出地介绍了非线性微分方程求解的三类常用方法，举例阐述、数学推导翔实，编程代码完整，便于读者复现和验证。

本书可供机械专业本科生、硕士生、博士生以及相关行业的科技人员自学，为他们解决类似非线性问题提供了有价值的参考。

是为之序。

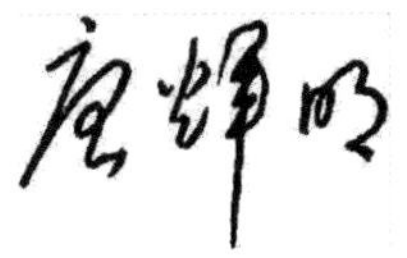

2020 年 6 月于武昌

前言

工程技术的各个学科，如机械、化工、电机、土木、光学、通讯、能源、材料、自动化、交通、生命科学等，人们提出了大量的非线性数学模型，其中不少为非线性(偏)微分方程或非线性(偏)微分方程组。随着科学技术的发展进步，非线性微分方程的求解显得越来越重要。

机械工程专业的本科生，其数学基础为微积分、线性代数、概率论以及工程控制基础等，一般处理的是线性问题，很少涉及非线性问题的数学处理。对于机械工程专业的硕士生和博士生，数学基础增加了数值计算方法、矩阵论、数理统计、数学物理方程、优化设计、有限元方法等。本专业学生虽然数学基础扎实，但处理的非线性问题仍然十分有限，碰到新的非线性模型时，往往还是束手无策，无法在科学研究中做出高质量的创新成果。25 年前，笔者在硕士生见习期间，接触了正负电子束流在加速磁场中的 2 周期运动、马丢方程等名词，当初一头雾水、茫然无措的状态仍然历历在目；随后，依次接触了坐标测量机气膜支撑问题、弹射救生仪表的波纹管的计算问题、光学镜头光热耦合问题、100m 深工程钻杆孔底运动问题、海洋勘探 200m 拖缆运动问题、随钻注浆护壁堵漏中的非线性渗流问题、电磁探杆冲击进动问题、非开挖管线测量仪的轨迹运动问题、滑坡监测坡体的动力学失稳问题等，无不需要有良好的数学功底，才能做出高水平的创新研究成果。非线性微分方程的求解问题，萦绕在笔者脑海之中，一直未曾远离。2013 年，笔者有幸师从 Albert C. J. LUO 教授，迈进了非线性动力学领域的大门，开启了非线性微分方程求解问题的学习和研究。本书正是这些年来的学习、工作、研究的总结和汇报。

非线性微分方程的求解，一般分为五种方法：

(1)利用各种变换，直接求得解析解。能够这样求解的非线性微分方程数量极其有限，本书不做重点讨论。

(2)数值计算解法。这是一种通用的方法，是本书重点讨论的内容。一方面，通过数值解，直观地研究非线性微分方程解的运动的多样性，深刻理解非线性问题的复杂性；另一方面，验证数值计算程序的正确性，通过与参考文献比对数值计算的结果，验证了所用程序的有效性，使读者有信心改造程序、处理类似的新的非线性问题。数值计算解法，不仅包含非线性微分方程的求解，也包括相关的控制问题。这是本书第 2 章的内容。

(3)相似解法，即通过 Lie 变换群，将非线性微分方程降阶，或者将非线性偏微分方程化为线性方程，从而求得相似解，便于研究问题的普遍运动规律。这是一种比较通用的方法，其前提是原非线性微分方程存在形式不变的单参数变换群。这种方法可以求解一批非线性微分方程的问题，但远远不是全部。这是本书第 3 章的内容。

(4)渐近分析方法，即摄动法。它是一种近似解析解，其前提是高阶或高次项的作用小，低阶或低次项起主要作用。渐近分析方法有很多种，各自有相应的应用条件和范围。本书第 4 章只介绍了渐近分析方法中的多尺度法和谐波平衡法。

(5)定性分析方法，如流形理论、Painleve 分析等，不在本书讨论范围之内。

本书的各章分工如下：第 1 章、第 3 章、第 4 章由王院生老师撰稿；第 2 章第 1 节由李波老师撰稿，第 2 章第 2 节由路桂英老师撰稿，第 2 章的参考代码(二维码)均由王院生老师提供。

本书的研究工作受到国际合作项目子课题“海洋激发激化法探测技术”(2008077015)、国家自然科学基金青年基金“煤层气松散段护壁堵漏关键技术基础与理论研究”(2011073049)、中央高校基本科研业务费专项基金“海洋勘探设备与仪器”(2010079007)、重大科学仪器专项基金“滑坡演化过程全剖面多场特征参数设备研制”(41827808)等项目的支持，唐辉明老师对全书进行了仔细审稿，在此一并致以衷心的感谢！还要感谢教务相关部门和出版部门各位老师的支持！

非线性微分方程的求解问题还远未发展成熟，其内容十分丰富，本书重在举例说明，抛砖引玉。限于笔者水平，文中难免有许多不妥和错误，衷心敬请读者给予批评和指正。

王院生

2020 年 7 月 1 日

wangyshper@sohu. com

目　录

第 1 章　机械工程的非线性方程

1.1　非线性方程简介

在工程技术的各个学科中，我们经常会碰到微分方程的定解问题。基于微积分、线性代数、常微分方程、矩阵论、数学物理方法、现代控制理论等，对于线性的微分方程以及一些特殊形式的微分方程可以得到其解析解，进而可以讨论解的局部特性和全局特性；借助 Lyapunov 函数方法（主要是线性化近似方法），可以讨论解的存在性和稳定性问题。

随着科学技术的迅速发展，工程技术的各个学科，如机械、化工、电机、土木、光学、通讯、能源、材料、自动化、交通、生命科学等，提出了大量的非线性数学模型[1-3]。如机械中的复摆问题，其方程为 $\frac{\mathrm{d}^2\theta(t)}{\mathrm{d}t^2}+2\beta\dot{\theta}+\sin(\theta)=F\cos(\omega t)$，初始条件为 $\dot{\theta}_0$、θ_0：①在无阻尼无外激励作用下，$\beta=0$，$F=0$，其解是常规的二阶无阻尼振荡；②在有阻尼无外激励作用下，初始条件为小偏角时，$F=0$，$\sin(\theta)\approx\theta$，其解是常规的二阶衰减振荡；③在有阻尼无外激励作用下，初始条件为大偏角时，$F=0$，$\sin(\theta)\approx\theta-\frac{\theta^3}{6}$，复摆方程化为自治的 Duffing 方程，其解中含有多种频率成分；④在有阻尼有外激励作用下，初始条件为大偏角时，复摆方程化为非自治的 Duffing 方程，在周期激励作用下，随着激励幅度的增加，复摆出现 1 周期运动、2 周期运动、4 周期运动……进而出现倍周期分岔现象，最后出现双吸引子的混沌运动。

再如机床导轨部件，结合面间的油阻尼及表面形貌公差引起的非线性恢复力，使得动力学线性模型不仅存在很大的误差，甚至根本无法应用。

又如在线性系统的鲁棒控制和最优控制问题中，即使是简单的定常微分方程组成的线性系统，其鲁棒控制和最优控制也需要求解关于矩阵变量的代数 Riccati 方程 $\boldsymbol{XA}+\boldsymbol{A}^{\mathrm{T}}\boldsymbol{X}+\boldsymbol{XRX}+\boldsymbol{Q}=0$，其中 $\boldsymbol{A}$、$\boldsymbol{R}=\boldsymbol{R}^{\mathrm{T}}$、$\boldsymbol{Q}=\boldsymbol{Q}^{\mathrm{T}}$ 是已知的实矩阵，$\boldsymbol{X}$ 是待求的矩阵变量，它是平方非线性的。对于非线性系统的鲁棒控制，非线性问题更加复杂。

桥梁和高楼建筑的振动及其与周围风场分布的相互作用，高楼建筑的桩基与周围土介质的相互作用，化工中的质量传递、热量传递、动量传递，光学材料的非线性效应与光束波前的相互作用，相变材料的热控研究，孔深 1000m 以上钻机钻杆与孔底泥浆、岩层的相互作用，海洋电磁勘探拖曳电缆与海流的相互作用及海洋钻井平台立管/张力腿与波流的相互作用，滑坡灾害治理中的岩土力学与渗流力学的相互作用，空间光通信中的混沌保密通信……都涉及非线性数学模型的建立、求解以及解的性质的研究。这些问题无法回避，早已成为相应领域中的热点和重点。

非线性问题的数学处理是工程技术和科学研究中的核心技术问题，具有较高的技术含量。它对于数学、物理、力学、自动化等相关专业的学生和技术人员，也许难度和挑战性不高，但对于机械等相关专业的学生和技术人员，由于理论基础相对薄弱，难度和挑战性较高。

机械工程的理论基础是力学，非线性微分方程的理论建模主要有分析力学方法（如第二 Lagrange 方程）、多刚体动力学方法（如 Schiehlen - Kreuzer 方法）、弹塑性力学方法、流体力学方法、结构力学法、旋量理论……不一而足[1-10]。

对于微分方程，满足叠加原理的是线性微分方程，不满足叠加原理的是非线性微分方程。

单自由度的二阶非线性微分方程：

$$m\ddot{x}+g(t,x(t),\dot{x}(t))=f(t) \tag{1-1-1}$$

两自由度的二阶非线性微分方程：

$$\begin{cases} m\ddot{x}_1+g_1(t,x_1(t),\dot{x}_1(t),x_2(t),\dot{x}_2(t))=f_1(t) \\ m\ddot{x}_2+g_2(t,x_1(t),\dot{x}_1(t),x_2(t),\dot{x}_2(t))=f_2(t) \end{cases} \tag{1-1-2}$$

n 自由度的二阶非线性微分方程：

$$\begin{cases} m\ddot{x}_1+g_1(t,x_1(t),\dot{x}_1(t),x_2(t),\dot{x}_2(t),\cdots,x_n(t),\dot{x}_n(t))=f_1(t) \\ \vdots \\ m\ddot{x}_n+g_n(t,x_1(t),\dot{x}_1(t),x_2(t),\dot{x}_2(t),\cdots,x_n(t),\dot{x}_n(t))=f_n(t) \end{cases} \tag{1-1-3}$$

系统用微分方程来表达，微分方程描述了系统的动力学特性，因此，系统与微分方程是等价的。

不显含时间 t 的因变量的系统，称为自治系统。即此自治系统的时间平移不变性，也就是对于时间坐标 t 的平移，系统的微分方程形式保持不变，故可以省略时间，并令初始时刻为 $t=0$。显含时间 t 的因变量的系统，称为非自治系统。

机械能守恒的系统，称为保守系统。机械能不守恒的系统，称为非保守系统，此时系统内部存在耗能因素，或者从外部吸收能量。系统内部存在阻尼的，称为耗散系统。

设置状态变量，微分方程可化为一阶微分方程组进行数值求解。单自由度的 $r(r>0)$ 阶非线性自治微分方程可化为 r 个一阶自治微分方程组成的方程组，单自由度的 r 阶非线性非自治微分方程（添加时间 t 为状态变量）则可化为 $(r+1)$ 个一阶自治微分方程组成的方程组，因此，只需讨论自治系统。

状态变量组成状态向量。以状态变量为坐标，构成状态空间，即相空间；微分方程在某个初始条件下的解，在相空间中构成了一条相轨迹，也就是相空间中运动状态的变化轨迹；微分方程的全体解，即相轨迹的全体，称为相图。

相图直观地表达了微分方程解的性态，是非线性微分方程解的重要表达方式。相图中保持静力平衡且不做匀速运动的位置，称为平衡点，也叫奇点、不动点、临界点、静止点。Lyapunov 给出了平衡点的稳定、不稳定、渐近稳定的准确数学定义。

对于两自由度的非线性系统，根据线性化系统（也称派生系统）系数矩阵（也称系统 Jacobian 矩阵）特征值的 6 种不同情况，平衡点对应地分为 6 种，即结点和鞍点、退化结点、焦点和中心、奇线、不稳定奇线、全平面稳定奇点。

非线性系统的非平凡稳定解对应稳定的焦点和中心，也称为吸引子和极限环。尤其是双侧稳定的极限环，代表了非线性系统的周期解，其相图体现为孤立、封闭的相轨迹。

对于定常齐次线性系统，其系数矩阵特征值都具有负实部，则系统的解是渐近稳定的；特征值中有 1 个实部为正，则系统的解是不稳定的；特征值中只有 1 个实部为 0，其余均具有负实部，则系统的解是 Lyapunov稳定的，但不是渐近稳定的；特征值的实部全为 0，但均为单根，则系统的解是 Lyapunov 稳定的，但不是渐近稳定的；特征值的实部为 0，但零实部根的代数重数都等于其几何重数，而其余的特征值的实部为负，则系统的解是 Lyapunov 稳定的，但不是渐近稳定的；特征值的实部全为 0，但零实部根的代数重数都等于其几何重数，则系统的解是 Lyapunov 稳定的，但不是渐近稳定的；特征值的实部为 0，但零实部根的代数重数大于其几何重数，则系统的解是不稳定的。

总之，微分方程的解有下列几种。

定态解：随着因变量 t 的增加，状态变量收敛，趋近于平衡点。

发散解：随着因变量 t 的增加，至少有一个状态变量发散。

周期解：随着因变量 t 的增加，状态变量既不收敛，也不发散，而是在一定区域内不断变化，不断重复，也称为振荡解，主要有 1 周期解、2 周期解……准周期解等。

混沌解：随着因变量 t 的增加，状态变量既不收敛，也不发散，而是在一定区域内不断变化，但不重复，而是遍历该区域内。

对于二维系统和三维系统，周期解和混沌解的相轨迹如图 1－1 所示。

Poincaré 截面：是度量非线性系统动力学特性的定量指标。在多维相空间中，适当选取一个截面，该截面要有利于观察系统的运动特征和变化，如截面不能与相轨迹相切，更不能包含轨线面，称之为

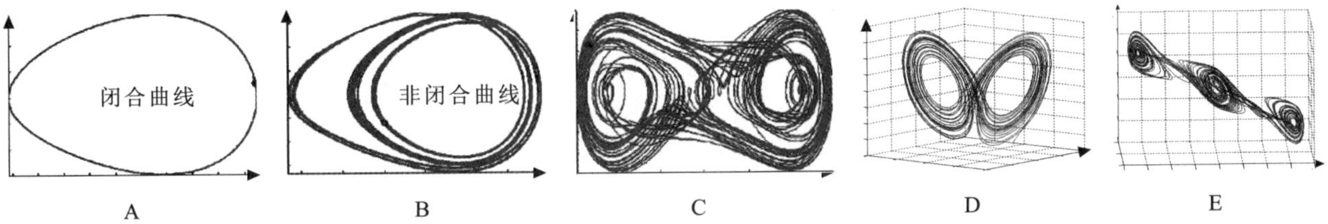

图 1－1　几种常见周期解和混沌解的相轨迹

A. 周期解；B. 多周期解；C～E. 混沌解

Poincaré 截面。考察微分动力学系统的相轨迹与此截面相交的一系列点的变化规律，并由此得到关于运动特征的信息。当不同解的运动曲线通过截面时，曲线与截面的交点有不同的分布特征，如下：

(1)周期解在 Poincaré 截面上留下有限个离散的点。

(2)准周期解在 Poincaré 截面上留下一条闭合曲线。

(3)混沌解在 Poincaré 截面上是沿一条线段或一曲线弧分布的点集，且具有自相似的分形结构。

Poincaré 截面法相当于对 n 维相空间的相轨迹进行了降维处理，在$(n-1)$维相空间考察系统解的情况。

分岔图：分岔是指系统某一参数在临界值附近发生变化时，系统的行为发生突然变化的现象。常见的静态分岔有叉型分岔、鞍结分岔和跨临界分岔，常见的动态分岔情况有 Hopf 分岔、倍周期分叉、N－S (Neimark－Sacker)分叉等。

叉型分岔：系统 Jacob 矩阵的特征值 α 为实数，在复平面上，沿着实轴，α 由负变正穿过虚轴。对应的解的数目发生了变化。

鞍结分岔：系统 Jacob 矩阵的特征值 α 为实数，沿着实轴，趋向虚轴，即 $\alpha\to 0$。

Hopf 分岔：系统 Jacob 矩阵的特征值 α 为复数，在复平面上沿着左半平面，α 由负实部变为正实部穿过虚轴。对应的解，数目不变，但性质发生了变化。

Lyapunov 指数：类似于系数矩阵特征值的实部。当 Lyapunov 指数 $\lambda>0$ 时，表明相邻相轨迹随着时间的增加而分离发散，长时间动力学行为对初始条件敏感，系统处于混沌运动；当 $\lambda=0$ 时，表明相邻相轨迹随着时间的增加不分离发散也不收敛，长时间动力学行为对初始条件不敏感，系统处于周期运动；当 $\lambda<0$时，表明相邻相轨迹随着时间的增加而收敛，长时间动力学行为对初始条件不敏感，系统处于稳定运动。

相同的两个系统 $x_{n+1}=f(x_n)$，$y_{n+1}=f(y_n)$，设初始条件为 x_0、y_0，有一微小的误差，经过 1 次数值迭代，误差：

$$\varepsilon_1=|x_1-y_1|=|f(x_0)-f(y_0)|=\frac{|f(x_0)-f(y_0)|}{|x_0-y_0|}|x_0-y_0|\approx\left|\frac{\mathrm{d}f}{\mathrm{d}x}|_{x_0}\right||x_0-y_0|$$

经过 p 次数值迭代，误差

$$\varepsilon_p=\left(\prod_{p=0}^{p+1}\left|\frac{\mathrm{d}f}{\mathrm{d}x}|_{x_p}\right|\right)|x_0-y_0|$$

因此，每次迭代产生的分离率为：

$$\left(\frac{\varepsilon_p}{\varepsilon_0}\right)^{1/p}=\left(\prod_{p=0}^{p+1}\left|\frac{\mathrm{d}f}{\mathrm{d}x}|_{x_p}\right|\right)^{1/p}\quad 其中\ \varepsilon_0=x_0-y_0=\varepsilon(0)$$

令 $p\to\infty$，并取对数，有 Lyapunov 指数的准确定义为

$$\lambda=\lim_{\varepsilon(0)\to 0}\lim_{p\to\infty}\frac{1}{p}\ln\left|\frac{\varepsilon_p(t)}{\varepsilon(0)}\right|=\lim_{t\to x}\lim_{\varepsilon(0)\to 0}\frac{1}{t}\ln\left|\frac{\varepsilon_p(t)}{\varepsilon(0)}\right|\quad 其中\ t\to\infty \tag{1-1-4}$$

n 阶自治微分方程应有 n 个 Lyapunov 指数，其第 k 个 Lyapunov 指数定义为：

$$\lambda_k=\lim_{t\to\infty}\lim_{\varepsilon(0)\to 0}\frac{1}{t}\ln\left|\frac{\varepsilon_k(t)}{\varepsilon(0)}\right|\ (k=1,2,\cdots,n) \tag{1-1-5}$$

$$\lambda_1\geqslant\lambda_2\geqslant\cdots\geqslant\lambda_k\geqslant\cdots\geqslant\lambda_n$$

对于一维自治系统：

(λ_1)①＝(＋)　不稳定平衡点

(λ_1)＝(－)　稳定平衡点

对于二维情况：

(λ_1,λ_2)＝(－,－)　稳定平衡点

(λ_1,λ_2)＝(0,－)　二维极限环

对于三维情况：

$(\lambda_1,\lambda_2,\lambda_3)$＝(－,－,－)　稳定平衡点

$(\lambda_1,\lambda_2,\lambda_3)$＝(0,－,－)　极限环

$(\lambda_1,\lambda_2,\lambda_3)$＝(0,0,－)　二维环面

$(\lambda_1,\lambda_2,\lambda_3)$＝(＋,＋,0)　不稳定极限环

$(\lambda_1,\lambda_2,\lambda_3)$＝(＋,0,0)　不稳定二维环面

$(\lambda_1,\lambda_2,\lambda_3)$＝(＋,0,－)　奇怪吸引子

对于高维情况：

$(\lambda_1,\lambda_2,\lambda_3,\lambda_4,\cdots)$	(－,－,－,－,…)	(0,－,－,－,…)	(0,0,－,－,…)	(0,0,0,－,…)	(＋,0,－,－,…)	(＋,＋,0,－,…)
吸引子类型	不动点	极限环	二维环面	三维环面	混沌	超混沌
Lyapunov 维数	$L_D=0$	$L_D=1$	$L_D=2$	$L_D=2$	$L_D=2\sim3$(非整数)	$L_D>3$(非整数)

Lyapunov 维数：度量非线性系统动力学特性的定量指标。对于 n 阶自治微分方程的 n 个 Lyapunov 指数 $\lambda_1\geqslant\lambda_2\geqslant\cdots\geqslant\lambda_k\geqslant\cdots\geqslant\lambda_n$，其中 $\lambda_1+\lambda_2+\cdots+\lambda_m\geqslant0$，有：

$$L_D=\dim_L(A)=m+\frac{\lambda_1+\lambda_2+\cdots+\lambda_m}{|\lambda_{m+1}|}\tag{1-1-6}$$

若 Lyapunov 维数非整数②，系统存在混沌运动。

1.2　非线性微分方程的解法

非线性微分方程的求解主要有以下 4 种方法。它们各有优劣，互为补充。

1.2.1　数值解[1-8]

利用计算机进行数值积分，虽然大多数时候可以给出问题的数值解，但很难给出物理现象的全貌和一般规律，有时候甚至会求不出问题的解，迭代计算失效。

数值解通常可以借助 MATLAB、Maple、Mathmatica、C、Python 等软件，编程进行逐点计算。

在 MATLAB 中，基于 Runge－Kutta 法求解微分方程的函数常用的有两个，其调用格式如下：

[t,y]＝ode23('functionname',tspan,y0)③　　[t,y]＝ode45('functionname',tspan,y0)

1.2.2　解析解[1]

除了少数可以直接进行积分或微分得到解析解外，非线性微分方程一般很难直接求解。可以应用分

① (λ_1)表示 λ_1 的符号；下同。

② 不考虑无理数情况。

③ functionname 为定义的函数文件名；tspan 形为[t0,tf]，表示求解区间；y0 是初始状态向量。

离变量法、特征线法、Laplace 变换法、复变函数法、单参数变换群法等，通过变量变换进行降维处理，进而得到其解析表达式。尤其是 Lie 群方法，它是求解非线性微分方程解析解唯一通用和有效的方法。Lie 群分析本质是寻找非线性微分方程的不变量，即守恒或对称性，从而获得精确解。由它发展而来的 WTC(Weiss - Tabor - Carnevale)方法，可以有效研究非线性微分方程可积性及不可积非线性微分方程的特殊解，特别是 Lie - Backlund 变换，能有效地求解非线性偏微分方程。解析解能给出物理现象的全貌和一般规律，但推算过程比较复杂，往往需要较高深的数理知识储备，并需要一定的技巧。

1.2.3　渐近解[1-7]

它是一种近似解，类似于 Taylor 级数，在平衡点的邻域内，逐步逼近其准确解，因此，适用于研究系统局部动力学行为，如分岔。其求解方法主要有奇异性理论方法、Poincaré - Birkhoff 规范型方法、中心流型方法、Lyapunov - Schmit 约化法、幂级数法、摄动法、Shilnikov 方法。其中，摄动法又有正规摄动法、L - P(Lindstedt - Poincaré)小参数法、三级数法、平均法、多尺度法、KBM(Krylov, Bogoliubov, Mytropolisky)渐近法、谐波平衡法、Galerkin 方法、增量谐波平衡法、内谐波平衡法等，可以求得周期解或概周期解。

1.2.4　定性分析[1,3,5,7]

定性分析指从非线性微分方程本身出发，不必经由解的表达式得到解的一些基本性质的方法，如 Lyapunov 稳定性理论可研究微分方程解的稳定性问题，Poincaré 创建的微分方程定性理论可研究微分方程周期解、混沌解、概周期解等定性理论问题。

以下各章节分别针对机械工程中的非线性微分方程的理论建模、机械工程中常见非线性微分方程的数值解、几种非线性微分方程的解析解法、几种非线性微分方程的渐近解等进行举例。鉴于非线性微分方程求解问题的复杂性，本书仅限于抛砖引玉，举例说明。

1.3　非线性方程的建模

1.3.1　平面绳系两质点动力学问题

例 1 - 1　如图 1 - 2 所示，质量为 m_1 和 m_2 的两个质点，分别用不可伸长、不计质量的细索 l_1、l_2 悬住，在 m_2 上作用有水平方向的已知力 $F(t)$，试应用 Lagrange 方程建立系统的微分方程(假定系统在铅锤面内运动，且细索始终保持张紧状态)[8]。

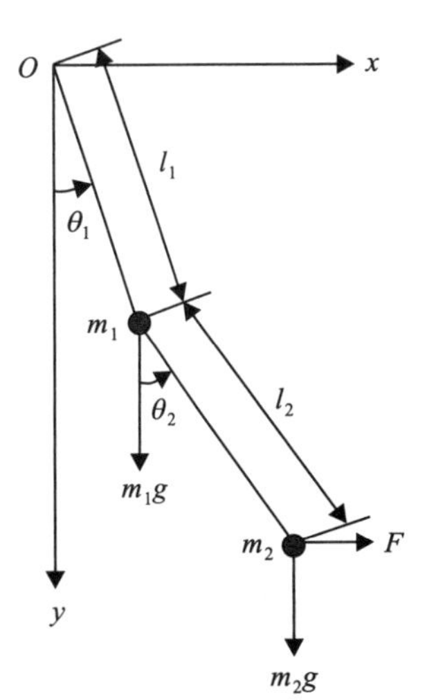

图 1 - 2　绳系两质点模型

解：应用 Lagrange 方程建立系统的运动微分方程，步骤如下：

(1)确定系统的自由度数 k，并恰当地选择 k 个恰当的广义坐标。

在三维空间中，研究由 n 个质点组成的系统。如果该系统受到 m 个完整约束(也称位形约束)，p 个非完整约束(也称速度约束)，则系统的自由度：

$$k=3n-m-p \tag{1-3-1}$$

在二维空间中，研究由 n 个质点组成的系统。如果该系统受到 m 个完整约束，p 个非完整约束，则系统的自由度：

$$k=2n-m-p \tag{1-3-2}$$

建立如图 1 - 2 所示的直角坐标系 Oxy，设质点 m_1 的坐标为(x_1, y_1)，质点 m_2 的坐标为(x_2, y_2)，则

该系统的完整约束如下：

$$\begin{cases}[x_1(t)-0]^2+[y_1(t)-0]^2=l_1^2\\ [x_2(t)-x_1(t)]^2+[y_2(t)-y_1(t)]^2=l_2^2\end{cases} \tag{1-3-3}$$

因此，$n=2$，$m=2$，$p=0$，$k=2n-m-p=2$。系统的独立坐标数目为 2。

恰当地选择两个广义坐标 $\theta_1(t)$、$\theta_2(t)$，则：

$$\begin{cases}x_1(t)=l_1\sin\theta_1(t)\\ y_1(t)=l_1\cos\theta_1(t)\end{cases} \tag{1-3-4}$$

$$\begin{cases}x_2(t)=l_1\sin\theta_1(t)+l_2\sin\theta_2(t)\\ y_2(t)=l_1\cos\theta_1(t)+l_2\cos\theta_2(t)\end{cases} \tag{1-3-5}$$

(2)将系统的动能 T 表示成关于广义坐标、广义速度和时间的函数。

$$T=\frac{1}{2}m_1v_1^2+\frac{1}{2}m_2v_2^2=\frac{1}{2}m_1(\dot{x}_1^2+\dot{y}_1^2)+\frac{1}{2}m_2(\dot{x}_2^2+\dot{y}_2^2)^2 \tag{1-3-6}$$

$$T=\frac{1}{2}(m_1+m_2)l_1^2\dot{\theta}_1^2+m_2l_1l_2\dot{\theta}_1\dot{\theta}_2\cos(\theta_1-\theta_2)+\frac{1}{2}m_2l_2^2\dot{\theta}_2^2 \tag{1-3-7}$$

(3)求广义力。

将作用在系统上的所有主动力的虚功之和写为：

$$\sum\delta W=\sum_{j=1}^{k}Q_j\cdot\delta q_j \tag{1-3-8}$$

式中，Q_j 为对应广义坐标 q_j 的广义力。

或者也可按式(1-3-9)求广义力：

$$Q_j=\frac{[\sum\delta W]_j}{\delta q_j}\quad 其中\ j=1,2,\cdots,k \tag{1-3-9}$$

式中，$[\sum\delta W]_j$ 表示在 $\delta q_j\neq 0$ 且 $\delta q_i=0(i=1,2,\cdots,k)(i\neq j)$ 的情况下，作用在系统上的所有主动力的虚功之和。

如果主动力均为有势力，则只需写出系统的势能 V 或 Lagrange 函数 $L=T-V$。

作用在系统上所有主动力的虚功之和为：

$$\begin{aligned}\sum\delta W&=m_1g\cdot\delta y_1+m_2g\cdot\delta y_2+F\cdot\delta x_2\\ &=m_1g\cdot\delta(l_1\cos\theta_1)+m_2g\cdot\delta(l_1\cos\theta_1+l_2\cos\theta_2)+F\cdot\delta(l_1\sin\theta_1+l_2\sin\theta_2)\\ &=l_1(-m_1g\sin\theta_1-m_2g\sin\theta_1+F\cos\theta_1)\cdot\delta\theta_1+l_2(-m_2g\sin\theta_2+F\cos\theta_2)\cdot\delta\theta_2\end{aligned} \tag{1-3-10}$$

则对应广义坐标 q_1、q_2 的广义力分别为：

$$Q_1=l_1(-m_1g\sin\theta_1-m_2g\sin\theta_1+F\cos\theta_1) \tag{1-3-11}$$

$$Q_2=l_2(-m_2g\sin\theta_2+F\cos\theta_2) \tag{1-3-12}$$

(4)将广义力 Q_j、动能 T(或 Lagrange 函数 L)代入第二类 Lagrange 方程：

$$\begin{aligned}&\frac{\mathrm{d}}{\mathrm{d}t}\left[\frac{\partial T}{\partial\dot{q}_j}\right]-\frac{\partial T}{\partial q_j}=-\frac{\partial V}{\partial q_j}=Q_j\\ &\frac{\mathrm{d}}{\mathrm{d}t}\left[\frac{\partial L}{\partial\dot{q}_j}\right]-\frac{\partial L}{\partial q_j}=0\end{aligned}\quad 其中\ j=1,2,\cdots,k \tag{1-3-13}$$

运算化简整理后，可得到系统的运动微分方程：

$$\begin{cases}(m_1+m_2)l_1\ddot{\theta}_1+m_2l_2\cos(\theta_1-\theta_2)\ddot{\theta}_2+m_2l_2\sin(\theta_1-\theta_2)\dot{\theta}_2^2+(m_1+m_2)g\sin\theta_1=F\cos\theta_1\\ m_2l_1\cos(\theta_1-\theta_2)\ddot{\theta}_1+m_2l_2\ddot{\theta}_2-m_2l_1\sin(\theta_1-\theta_2)\dot{\theta}_1^2+m_2g\sin\theta_2=F\cos\theta_2\end{cases} \tag{1-3-14}$$

它们是一组二阶非线性微分方程，要求解析解是困难的。其矩阵形式如下：

$$\begin{bmatrix}(m_1+m_2)l_1 & m_2l_2\cos(\theta_1-\theta_2)\\ m_2l_1\cos(\theta_1-\theta_2) & m_2l_2\end{bmatrix}\begin{bmatrix}\ddot{\theta}_1\\ \ddot{\theta}_2\end{bmatrix}+\begin{bmatrix}0 & m_2l_2\sin(\theta_1-\theta_2)\dot{\theta}_2\\ -m_2l_1\sin(\theta_1-\theta_2)\dot{\theta}_1 & 0\end{bmatrix}\begin{bmatrix}\dot{\theta}_1\\ \dot{\theta}_2\end{bmatrix}+$$

$$\begin{bmatrix}(m_1+m_2)g\sin\theta_1\\ m_2g\sin\theta_2\sin\theta_2\end{bmatrix}=\begin{bmatrix}F\cos\theta_1\\ F\cos\theta_2\end{bmatrix} \tag{1-3-15}$$

可概括为：

$$\boldsymbol{M}(\boldsymbol{q})\ddot{\boldsymbol{q}}+\boldsymbol{C}(\boldsymbol{q},\dot{\boldsymbol{q}})\dot{\boldsymbol{q}}+\boldsymbol{G}(\boldsymbol{q})=\boldsymbol{Q} \tag{1-3-16}$$

式中，$\boldsymbol{M}(\boldsymbol{q})$为正定质量惯性矩阵；$\boldsymbol{C}(\boldsymbol{q},\dot{\boldsymbol{q}})$为哥氏力、离心力矩阵；$\boldsymbol{G}(\boldsymbol{q})$为重力列向量；$\boldsymbol{Q}$ 为驱动力列向量；$\boldsymbol{q}$ 为广义坐标列向量；$\dot{\boldsymbol{q}}$ 为广义速度列向量。

1.3.2　平面杆系两质点动力学问题

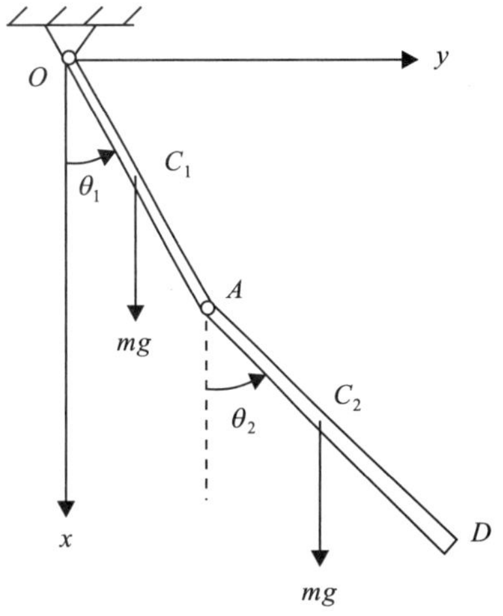

图 1-3　杆系两质点模型

例 1-2　图 1-3 为平面两刚体 2R① 运动系统，两杆质量均为 m，均值细杆通过光滑柱铰 O、A 相连，细杆长度均为 $2l$。试应用 Kane 方程建立系统的微分方程[5,8]。

解：Kane 方程

$$\overline{F}_s+\overline{F}_s^*=0\quad 其中\ s=1,2,\cdots,k \tag{1-3-17}$$

式中，$\overline{F}_s$、$\overline{F}_s^*$ 分别对应广义速率 u_s 的广义力和广义惯性力。

将 Kane 方程写成矩阵形式，有：

$$\boldsymbol{V}(\boldsymbol{F}+\boldsymbol{F}^*)+\boldsymbol{W}(\boldsymbol{N}+\boldsymbol{N}^*)=0 \tag{1-3-18}$$

接下来，求上述方程中相应的量。

显然，由类似例 1-1 的分析可知，该系统是一个二自由度的、受有理想完整约束的系统。

建立如图 1-3 所示的直角坐标系 $Oxyz$，θ_1、θ_2 分别为杆 OA 和杆 AD 相对铅垂线的夹角。杆 OA 和杆 AD 的质心坐标分别为$(x_{c_1},y_{c_1},z_{c_1})$、$(x_{c_2},y_{c_2},z_{c_2})$。

$$\begin{cases}x_{c_1}(t)=l\cos\theta_1(t)\\ y_{c_1}(t)=l\sin\theta_1(t)\\ z_{c_1}(t)=0\\ x_{c_2}(t)=l[2\cos\theta_1(t)+\cos\theta_2(t)]\\ y_{c_2}(t)=l[2\sin\theta_1(t)+\sin\theta_2(t)]\\ z_{c_2}(t)=0\end{cases} \tag{1-3-19}$$

选取广义速率为：

$$u_1=\dot{\theta}_1,u_2=\dot{\theta}_2$$

并用 $\boldsymbol{i}$、$\boldsymbol{j}$、$\boldsymbol{k}$ 表示坐标系 $Oxyz$ 的坐标轴单位矢量，则两杆质心的速度可分别表示为：

$$\boldsymbol{v}_{c_1}(t)=\dot{x}_{c_1}\boldsymbol{i}+\dot{y}_{c_1}\boldsymbol{j}+\dot{x}_{c_1}\boldsymbol{k}=l(\cos\theta_1\boldsymbol{j}-\sin\theta_1\boldsymbol{i}+0k)\dot{\theta}_1=l(\cos\theta_1\boldsymbol{j}-\sin\theta_1\boldsymbol{i})u_1 \tag{1-3-20}$$

$$\boldsymbol{v}_{c_2}(t)=\dot{x}_{c_2}\boldsymbol{i}+\dot{y}_{c_2}\boldsymbol{j}+\dot{x}_{c_2}\boldsymbol{k}=2l(\cos\theta_1\boldsymbol{j}-\sin\theta_1\boldsymbol{i})u_1+l(\cos\theta_2\boldsymbol{j}-\sin\theta_2\boldsymbol{i})u_2 \tag{1-3-21}$$

由以上两式得到偏速度：

$$\begin{cases}\boldsymbol{v}_{c_1}^{(1)}=l(\cos\theta_1\boldsymbol{j}-\sin\theta_1\boldsymbol{i})\\ \boldsymbol{v}_{c_1}^{(2)}=\boldsymbol{0}\\ \boldsymbol{v}_{c_2}^{(1)}=2l(\cos\theta_1\boldsymbol{j}-\sin\theta_1\boldsymbol{i})\\ \boldsymbol{v}_{c_2}^{(2)}=l(\cos\theta_2\boldsymbol{j}-\sin\theta_2\boldsymbol{i})\end{cases} \tag{1-3-22}$$

进而偏速度矩阵为：

① 　R 为 rotate 的缩写，指转动副，为机械原理中的术语。

$$\boldsymbol{V}=\begin{bmatrix}\boldsymbol{v}_{c_1}^{(1)} & \boldsymbol{v}_{c_2}^{(1)}\\ \boldsymbol{v}_{c_1}^{(2)} & \boldsymbol{v}_{c_2}^{(2)}\end{bmatrix}=\begin{bmatrix}l(\cos\theta_1\boldsymbol{j}-\sin\theta_1\boldsymbol{i}) & 2l(\cos\theta_1\boldsymbol{j}-\sin\theta_1\boldsymbol{i})\\ \boldsymbol{0} & l(\cos\theta_2\boldsymbol{j}-\sin\theta_2\boldsymbol{i})\end{bmatrix}\tag{1-3-23}$$

杆 OA 和杆 AD 的质心的角速度分别为：

$$\begin{cases}\boldsymbol{\omega}_{c1}=\dot{\theta}_1\boldsymbol{k}=\boldsymbol{k}u_1\\ \boldsymbol{\omega}_{c2}=\dot{\theta}_2\boldsymbol{k}=\boldsymbol{k}u_2\end{cases}\tag{1-3-24}$$

由以上两式得到偏角速度：

$$\begin{cases}\boldsymbol{\omega}_{c1}^{(1)}=\boldsymbol{k}\\ \boldsymbol{\omega}_{c1}^{(2)}=\boldsymbol{0}\\ \boldsymbol{\omega}_{c2}^{(1)}=\boldsymbol{0}\\ \boldsymbol{\omega}_{c2}^{(2)}=\boldsymbol{k}\end{cases}\tag{1-3-25}$$

从而得到偏角速度矩阵为：

$$\boldsymbol{W}=\begin{bmatrix}\boldsymbol{\omega}_{c1}^{(1)} & \boldsymbol{\omega}_{c2}^{(1)}\\ \boldsymbol{\omega}_{c1}^{(2)} & \boldsymbol{\omega}_{c2}^{(2)}\end{bmatrix}=\begin{bmatrix}\boldsymbol{k} & \boldsymbol{0}\\ \boldsymbol{0} & \boldsymbol{k}\end{bmatrix}\tag{1-3-26}$$

系统所受的主动力就是两杆的重力，因此有主动力主矢列阵和主动力对质心的力矩列阵，分别为：

$$\boldsymbol{F}=\begin{bmatrix}F_1\\ F_2\end{bmatrix}=\begin{bmatrix}mg\boldsymbol{i}\\ mg\boldsymbol{i}\end{bmatrix}\tag{1-3-27}$$

$$\boldsymbol{N}=\begin{bmatrix}N_1\\ N_2\end{bmatrix}=\begin{bmatrix}(0\boldsymbol{i}+0\boldsymbol{j})\times mg\boldsymbol{i}\\ (0\boldsymbol{i}+0\boldsymbol{j})\times mg\boldsymbol{i}\end{bmatrix}=\begin{bmatrix}0\\ 0\end{bmatrix}\tag{1-3-28}$$

接着，求系统所受的惯性力系，以及惯性力主矢列阵和惯性力对质心的力矩列阵。

两杆质心的加速度可分别表示为：

$$\boldsymbol{a}_{c_1}(t)=\dot{\boldsymbol{v}}_{c_1}(t)=-l(\dot{u}_1\sin\theta_1+u_1^2\cos\theta_1)\boldsymbol{i}+l(\dot{u}_1\cos\theta_1-u_1^2\sin\theta_1)\boldsymbol{j}\tag{1-3-29}$$

$$\begin{aligned}\boldsymbol{a}_{c_2}(t)=\dot{\boldsymbol{v}}_{c_2}(t)=&-l(2\dot{u}_1\sin\theta_1+2u_1^2\cos\theta_1+\dot{u}_2\sin\theta_2+u_2^2\cos\theta_2)\boldsymbol{i}+\\ &l(2\dot{u}_1\cos\theta_1-2u_1^2\sin\theta_1+\dot{u}_2\cos\theta_2-u_2^2\sin\theta_2)\boldsymbol{j}\end{aligned}\tag{1-3-30}$$

$$\boldsymbol{F}^*=\begin{bmatrix}-M_1a_{c_1}\\ -M_2a_{c_2}\end{bmatrix}=-\begin{bmatrix}ma_{c_1}\\ ma_{c_2}\end{bmatrix}=m\begin{bmatrix}l(\dot{u}_1\sin\theta_1+u_1^2\cos\theta_1)\boldsymbol{i}+l(\dot{u}_1\cos\theta_1-u_1^2\sin\theta_1)\boldsymbol{j}\\ l(2\dot{u}_1\sin\theta_1+2u_1^2\cos\theta_1+\dot{u}_2\sin\theta_2+u_2^2\cos\theta_2)\boldsymbol{i}\\ -l(2\dot{u}_1\cos\theta_1-2u_1^2\sin\theta_1+\dot{u}_2\cos\theta_2-u_2^2\sin\theta_2)\boldsymbol{j}\end{bmatrix}\tag{1-3-31}$$

两杆质心的角加速度可分别表示为：

$$\boldsymbol{\varepsilon}_{c_1}=\dot{\boldsymbol{\omega}}_{c_1}=\ddot{\theta}_1\boldsymbol{k}=\boldsymbol{k}\dot{u}_1\tag{1-3-32}$$

$$\boldsymbol{\varepsilon}_{c_2}=\dot{\boldsymbol{\omega}}_{c_2}=\ddot{\theta}_2\boldsymbol{k}=\boldsymbol{k}\dot{u}_2\tag{1-3-33}$$

$$\boldsymbol{N}^*=\begin{bmatrix}\boldsymbol{N}_1^*\\ \boldsymbol{N}_2^*\end{bmatrix}=-\begin{bmatrix}\boldsymbol{e}_1([J_{c_1}]\{\boldsymbol{\varepsilon}_{c_1}\}+[\boldsymbol{\omega}_{c_1}][J_{c_1}]\{\boldsymbol{\omega}_{c_1}\})\\ \boldsymbol{e}_2([J_{c_2}]\{\boldsymbol{\varepsilon}_{c_2}\}+[\boldsymbol{\omega}_{c_2}][J_{c_2}]\{\boldsymbol{\omega}_{c_2}\})\end{bmatrix}\tag{1-3-34}$$

设连体坐标系 $C_1x_1y_1z_1$ 与坐标系 $oxyz$ 的坐标轴同向，连体坐标系 $C_1x_{1'}y_{1'}z_{1'}$ 为惯性主轴坐标系，轴 $y_{1'}$ 与杆的轴线重合，轴 $z_{1'}$ 与轴 z_1 重合，则有：

连体坐标系 $C_1x_{1'}y_{1'}z_{1'}$ 在连体坐标系 $C_1x_1y_1z_1$ 中的方向余弦矩阵为：

$$[C^{11'}]=\begin{bmatrix}\sin\theta_1 & \cos\theta_1 & 0\\ -\cos\theta_1 & \sin\theta_1 & 0\\ 0 & 0 & 1\end{bmatrix}\tag{1-3-35}$$

连体坐标系 $C_1x_{1'}y_{1'}z_{1'}$ 中的转动惯量方阵：

$$[J_{c_1'}]=\begin{bmatrix}\frac{m}{12}(2l)^2 & 0 & 0\\ 0 & 0 & 0\\ 0 & 0 & \frac{m}{12}(2l)^2\end{bmatrix} \tag{1-3-36}$$

连体坐标系 $C_1x_1y_1z_1$ 中的转动惯量方阵：

$$\begin{aligned}[J_{c_1}]&=[C^{11'}][J_{c_1'}][C^{11'}]^{\mathrm{T}}\\&=\begin{bmatrix}\sin\theta_1 & \cos\theta_1 & 0\\ -\cos\theta_1 & \sin\theta_1 & 0\\ 0 & 0 & 1\end{bmatrix}\begin{bmatrix}\frac{m}{12}(2l)^2 & 0 & 0\\ 0 & 0 & 0\\ 0 & 0 & \frac{m}{12}(2l)^2\end{bmatrix}\begin{bmatrix}\sin\theta_1 & \cos\theta_1 & 0\\ -\cos\theta_1 & \sin\theta_1 & 0\\ 0 & 0 & 1\end{bmatrix}^{\mathrm{T}}\end{aligned} \tag{1-3-37}$$

连体坐标系 $C_1x_1y_1z_1$ 中的坐标单位矢量：

$$\boldsymbol{e}_1=[\boldsymbol{i},\boldsymbol{j},\boldsymbol{k}] \tag{1-3-38}$$

连体坐标系 $C_1x_1y_1z_1$ 中的角加速度列阵为：

$$\{\boldsymbol{\varepsilon}_{c_1}\}=\begin{Bmatrix}0\boldsymbol{i}\\ 0\boldsymbol{j}\\ \dot{u}_1\boldsymbol{k}\end{Bmatrix} \tag{1-3-39}$$

连体坐标系 $C_1x_1y_1z_1$ 中的角速度方阵为：

$$[\boldsymbol{\omega}_{c_1}]=\begin{bmatrix}0 & -u_1\boldsymbol{k} & 0\\ u_1\boldsymbol{k} & 0 & 0\\ 0 & 0 & 0\end{bmatrix} \tag{1-3-40}$$

连体坐标系 $C_1x_1y_1z_1$ 中的角速度列阵为：

$$\{\boldsymbol{\omega}_{c_1}\}=\begin{Bmatrix}0\boldsymbol{i}\\ 0\boldsymbol{j}\\ u_1\boldsymbol{k}\end{Bmatrix} \tag{1-3-41}$$

$$\begin{aligned}\boldsymbol{N}_1^*&=-[\boldsymbol{i},\boldsymbol{j},\boldsymbol{k}]\begin{bmatrix}\frac{m}{12}(2l)^2\sin^2\theta_1 & -\frac{m}{12}(2l)^2\sin\theta_1\cos\theta_1 & 0\\ -\frac{m}{12}(2l)^2\sin\theta_1\cos\theta_1 & \frac{m}{12}(2l)^2\cos^2\theta_1 & 0\\ 0 & 0 & \frac{m}{12}(2l)^2\end{bmatrix}\begin{Bmatrix}0\boldsymbol{i}\\ 0\boldsymbol{j}\\ \dot{u}_1\boldsymbol{k}\end{Bmatrix}+\\&\quad\begin{bmatrix}0 & -u_1\boldsymbol{k} & 0\\ u_1\boldsymbol{k} & 0 & 0\\ 0 & 0 & 0\end{bmatrix}\begin{bmatrix}\frac{m}{12}(2l)^2\sin^2\theta_1 & -\frac{m}{12}(2l)^2\sin\theta_1\cos\theta_1 & 0\\ -\frac{m}{12}(2l)^2\sin\theta_1\cos\theta_1 & \frac{m}{12}(2l)^2\cos^2\theta_1 & 0\\ 0 & 0 & \frac{m}{12}(2l)^2\end{bmatrix}\begin{Bmatrix}0\boldsymbol{i}\\ 0\boldsymbol{j}\\ u_1\boldsymbol{k}\end{Bmatrix}\\&=-[\boldsymbol{i},\boldsymbol{j},\boldsymbol{k}]\begin{Bmatrix}0\boldsymbol{i}\\ 0\boldsymbol{j}\\ \frac{m}{12}(2l)^2\dot{u}_1\boldsymbol{k}\end{Bmatrix}=-\frac{m}{12}(2l)^2\dot{u}_1\boldsymbol{k}\end{aligned} \tag{1-3-42}$$

类似地，可以得到：

$$\boldsymbol{N}_2^*=-\frac{m}{12}(2l)^2\dot{u}_2\boldsymbol{k} \tag{1-3-43}$$

于是得到惯性力对质心的力矩列阵：

$$\boldsymbol{N}^*=\begin{bmatrix}\boldsymbol{N}_1^*\\\boldsymbol{N}_2^*\end{bmatrix}=-\frac{m}{12}(2l)^2\begin{bmatrix}\dot{u}_1\\\dot{u}_2\end{bmatrix}\boldsymbol{k}\tag{1-3-44}$$

代入 Kane 方程的矩阵形式，有：

$$\begin{bmatrix}l(\cos\theta_1\boldsymbol{j}-\sin\theta_1\boldsymbol{i}) & 2l(\cos\theta_1\boldsymbol{j}-\sin\theta_1\boldsymbol{i})\\0 & l(\cos\theta_2 j-\sin\theta_2\boldsymbol{i})\end{bmatrix}\cdot\left(\begin{bmatrix}mg\boldsymbol{i}\\mg\boldsymbol{i}\end{bmatrix}+m\begin{bmatrix}l(\dot{u}_1\sin\theta_1+u_1^2\cos\theta_1)i+l(\dot{u}_1\cos\theta_1-u_1^2\sin\theta_1)\boldsymbol{j}\\l(2\dot{u}_1\sin\theta_1+2u_1^2\cos\theta_1+\dot{u}_2\sin\theta_2+u_2^2\cos\theta_2)\boldsymbol{i}\\-l(2\dot{u}_1\cos\theta_1-2u_1^2\sin\theta_1+\dot{u}_2\cos\theta_2-u_2^2\sin\theta_2)\boldsymbol{j}\end{bmatrix}\right)+$$

$$\begin{bmatrix}\boldsymbol{k} & 0\\0 & \boldsymbol{k}\end{bmatrix}\cdot\left(\begin{bmatrix}0\\0\end{bmatrix}-\frac{m}{12}(2l)^2\begin{bmatrix}\dot{u}_1\boldsymbol{k}\\\dot{u}_2\boldsymbol{k}\end{bmatrix}\right)=0\tag{1-3-45}$$

整理后得：

$$\begin{cases}16l\dot{u}_1+6l\dot{u}_2\cos(\theta_1-\theta_2)+6lu_2^2\sin(\theta_1-\theta_2)+9g\sin\theta_1=0\\6l\dot{u}_1\cos(\theta_1-\theta_2)+4l\dot{u}_2-6lu_1^2\sin(\theta_1-\theta_2)+3g\sin\theta_2=0\end{cases}\tag{1-3-46}$$

把广义速率换为角度，有：

$$\begin{cases}16l\ddot{\theta}_1+6l\ddot{\theta}_2\cos(\theta_1-\theta_2)+6l\ddot{\theta}_2^2\sin(\theta_1-\theta_2)+9g\sin\theta_1=0\\6l\ddot{\theta}_1\cos(\theta_1-\theta_2)+4l\ddot{\theta}_2-6l\ddot{\theta}_1^2\sin(\theta_1-\theta_2)+3g\sin\theta_2=0\end{cases}\tag{1-3-47}$$

可见，它们是关于 θ_1、θ_2 的二阶非线性微分方程，要求解析解是困难的。

1.3.3　空间三杆动力学问题

例 1-3　图 1-4 为空间两刚体 2R 运动系统，试应用 Roberson & Wittenberg 方法建立系统的微分方程。系统由两个刚体 B_1 和 B_2（质量分别为 m_1 和 m_2）及两个光滑柱铰 O_1 和 O_2 构成，刚体的质心分别为 O_{C_1} 和 O_{C_2}，坐标系 $O_1x_1y_1z_1$ 和 $O_2x_2y_2z_2$ 分别为在点 O_1 和点 O_2 的惯性主轴坐标系，其坐标单位基矢量分别为 $\boldsymbol{i}_1$、$\boldsymbol{j}_1$、$\boldsymbol{k}_1$ 和 $\boldsymbol{i}_2$、$\boldsymbol{j}_2$、$\boldsymbol{k}_2$。刚体 B_1 对 x_1、y_1、z_1 轴的转动惯量分别为 J_{x_1}、J_{y_1}、J_{z_1}，刚体 B_2 对 x_1、y_2、z_2 轴的转动惯量分别为 J_{x_2}、J_{y_2}、J_{z_2}。光滑柱铰 O_1 的轴线为铅直方向，其上作用有驱动力矩 M_1；光滑柱铰 O_2 的轴线为水平方向，且垂直于刚体 B_2 的中轴线，其上作用有驱动力矩 M_2。轴 x_1 与光滑柱铰 O_2 的轴线平行，坐标系 $O_0x_0y_0z_0$ 是同机座相固连的惯性参考系。杆长及质心的尺寸如图 1-4 所示[8]。

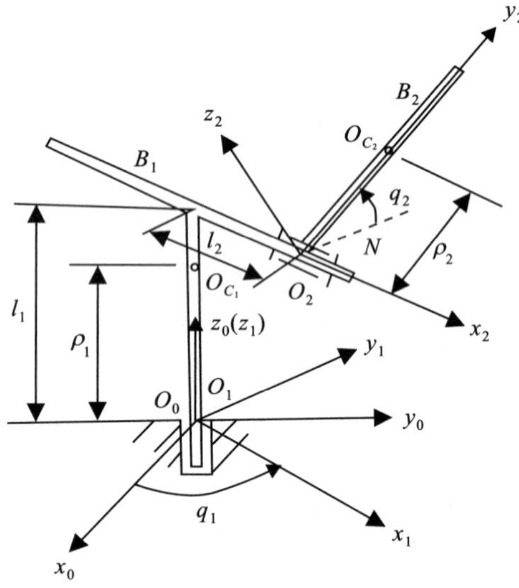

图 1-4　空间三杆机构

解：Roberson & Wittenberg 推导的刚体动力学方程为：

$$\boldsymbol{A}\ddot{\boldsymbol{q}}=\boldsymbol{B}\tag{1-3-48}$$

$$\boldsymbol{B}=\boldsymbol{H}^{\mathrm{T}}\cdot(\boldsymbol{F}-m\boldsymbol{\sigma})+\boldsymbol{\alpha}^{\mathrm{T}}\cdot(\boldsymbol{N}-\boldsymbol{J}\cdot\boldsymbol{\beta}-\boldsymbol{\Gamma})+\boldsymbol{M}\tag{1-3-49}$$

$$\boldsymbol{A}=\boldsymbol{H}^{\mathrm{T}}\cdot m\boldsymbol{H}+\boldsymbol{\alpha}^{\mathrm{T}}\boldsymbol{J}\boldsymbol{\alpha}\tag{1-3-50}$$

接着，求上述方程中相应的量。

首先确定系统的自由度为 2，选取广义坐标为：

$$\boldsymbol{q}=\begin{bmatrix}q_1\\q_2\end{bmatrix}\tag{1-3-51}$$

式中，q_1 为轴 x_1 与轴 x_0 的夹角；q_2 为轴 y_2 相对轴 y_1 的夹角，逆时针为正。

根据 Roberson & Wittenberg 方法，依次计算以下表达式。

系统的关联矩阵为：

$$\boldsymbol{S}=\begin{bmatrix}-1 & 1\\ 0 & -1\end{bmatrix} \tag{1-3-52}$$

系统的通路矩阵为：

$$\boldsymbol{P}=\begin{bmatrix}-1 & -1\\ 0 & -1\end{bmatrix} \tag{1-3-53}$$

系统的体铰矢量矩阵为：

$$\boldsymbol{C}=[S_{ij}c_{ij}]=\begin{bmatrix}(-\rho_1\boldsymbol{k}_1)\cdot(-1) & [l_2\boldsymbol{i}_1+(l_1-\rho_1)\boldsymbol{k}_1]\cdot 1\\ (l_2\boldsymbol{i}_1+l_1\boldsymbol{k}_1+\rho_2\boldsymbol{j}_2)\cdot 0 & (-\rho_2\boldsymbol{j}_2)\cdot(-1)\end{bmatrix}=\begin{bmatrix}\rho_1\boldsymbol{k}_1 & l_2\boldsymbol{i}_1+(l_1-\rho_1)\boldsymbol{k}_1\\ 0 & \rho_2\boldsymbol{j}_2\end{bmatrix} \tag{1-3-54}$$

系统的通路矢量矩阵为：

$$\boldsymbol{D}=[d_{ij}]=-\boldsymbol{CP}=-\begin{bmatrix}\rho_1\boldsymbol{k}_1 & l_2\boldsymbol{i}_1+(l_1-\rho_1)\boldsymbol{k}_1\\ 0 & \rho_2\boldsymbol{j}_2\end{bmatrix}\begin{bmatrix}-1 & -1\\ 0 & -1\end{bmatrix}=\begin{bmatrix}\rho_1\boldsymbol{k}_1 & l_2\boldsymbol{i}_1+l_1\boldsymbol{k}_1\\ 0 & \rho_2\boldsymbol{j}_2\end{bmatrix} \tag{1-3-55}$$

系统的光滑柱铰的转轴基矢量为：

$$\boldsymbol{e}=\mathrm{diag}(e_1,e_2)=\begin{bmatrix}\boldsymbol{k}_1 & 0\\ 0 & \boldsymbol{i}_2\end{bmatrix} \tag{1-3-56}$$

系数矩阵：

$$\boldsymbol{\alpha}=-\boldsymbol{P}^{\mathrm{T}}\boldsymbol{e}=\begin{bmatrix}-1 & -1\\ 0 & -1\end{bmatrix}^{\mathrm{T}}\begin{bmatrix}\boldsymbol{k}_1 & 0\\ 0 & \boldsymbol{i}_2\end{bmatrix}=\begin{bmatrix}\boldsymbol{k}_1 & 0\\ \boldsymbol{k}_1 & \boldsymbol{i}_2\end{bmatrix} \tag{1-3-57}$$

刚体 B_0（机座）的绝对角速度 $\boldsymbol{\omega}_0=\boldsymbol{0}$。

系统刚体 B_1 和 B_2 的绝对角速度为：

$$\boldsymbol{\omega}=\boldsymbol{\alpha}\dot{\boldsymbol{q}}+\boldsymbol{\omega}_0\boldsymbol{1}_2=\begin{bmatrix}\boldsymbol{k}_1 & 0\\ \boldsymbol{k}_1 & \boldsymbol{i}_2\end{bmatrix}\begin{bmatrix}\dot{q}_1\\ \dot{q}_2\end{bmatrix}+\boldsymbol{0}\cdot\begin{bmatrix}1\\ 1\end{bmatrix}=\begin{bmatrix}\dot{q}_1\boldsymbol{k}_1\\ \dot{q}_1\boldsymbol{k}_1+\dot{q}_2\boldsymbol{i}_2\end{bmatrix} \tag{1-3-58}$$

刚体 B_0（机座）的绝对角加速度 $\boldsymbol{\varepsilon}_0=\boldsymbol{0}$。

广义速度矩阵：

$$\tilde{\dot{\boldsymbol{q}}}=\mathrm{diag}(\dot{q}_1,\dot{q}_2)=\begin{bmatrix}\dot{q}_1 & 0\\ 0 & \dot{q}_2\end{bmatrix} \tag{1-3-59}$$

常数矩阵：

$$\begin{aligned}\boldsymbol{\beta}&=\boldsymbol{P}^{\mathrm{T}}e\times(\tilde{\dot{\boldsymbol{q}}}\boldsymbol{\alpha}+\boldsymbol{\omega}_0\boldsymbol{I})\dot{\boldsymbol{q}}+\boldsymbol{\varepsilon}_0\boldsymbol{1}_2\\ &=\begin{bmatrix}-1 & -1\\ 0 & -1\end{bmatrix}^{\mathrm{T}}\begin{bmatrix}\boldsymbol{k}_1 & 0\\ 0 & \boldsymbol{i}_2\end{bmatrix}\times\left(\begin{bmatrix}\dot{q}_1 & 0\\ 0 & \dot{q}_2\end{bmatrix}\begin{bmatrix}\boldsymbol{k}_1 & 0\\ \boldsymbol{k}_1 & \boldsymbol{i}_2\end{bmatrix}+\boldsymbol{0}\begin{bmatrix}1 & 0\\ 1 & 1\end{bmatrix}\right)+\boldsymbol{0}\begin{bmatrix}1\\ 1\end{bmatrix}=\begin{bmatrix}0\\ \dot{q}_1\dot{q}_2\boldsymbol{j}_1\end{bmatrix}\end{aligned} \tag{1-3-60}$$

系数矩阵

$$\begin{aligned}\boldsymbol{H}=-\boldsymbol{D}^{\mathrm{T}}\times\boldsymbol{\alpha}&=-\begin{bmatrix}\rho_1\boldsymbol{k}_1 & l_2\boldsymbol{i}_1+l_1\boldsymbol{k}_1\\ 0 & \rho_2\boldsymbol{j}_2\end{bmatrix}^{\mathrm{T}}\times\begin{bmatrix}\boldsymbol{k}_1 & 0\\ \boldsymbol{k}_1 & \boldsymbol{i}_2\end{bmatrix}\\ &=\begin{bmatrix}0 & 0\\ l_2\boldsymbol{j}_1-\rho_2\boldsymbol{j}_2\times\boldsymbol{k}_1 & \rho_2\boldsymbol{k}_2\end{bmatrix}=\begin{bmatrix}0 & 0\\ l_2\boldsymbol{j}_1-\rho_2\cos q_2\boldsymbol{j}_1 & \rho_2\boldsymbol{k}_2\end{bmatrix}\end{aligned} \tag{1-3-61}$$

系统的体铰 O_1 的绝对矢径 $\boldsymbol{R}=\boldsymbol{0}$，则其对时间求二阶导数有 $\ddot{\boldsymbol{R}}=\boldsymbol{0}$。

常数矩阵：

$$\begin{aligned}\boldsymbol{\sigma}&=-\boldsymbol{D}^{\mathrm{T}}\times\boldsymbol{\beta}+\boldsymbol{\eta}\\ &=-\begin{bmatrix}\rho_1\boldsymbol{k}_1 & l_2\boldsymbol{i}_1+l_1\boldsymbol{k}_1\\ 0 & \rho_2\boldsymbol{j}_2\end{bmatrix}^{\mathrm{T}}\times\begin{bmatrix}0\\ \dot{q}_1\dot{q}_2\boldsymbol{j}_1\end{bmatrix}+\begin{bmatrix}0\\ \dot{q}_1(\rho_2\dot{q}_2\cos q_2-l_2\dot{q}_1)\boldsymbol{i}_1-\rho_2\cos q_2(\dot{q}_1^2+\dot{q}_2^2)\boldsymbol{j}_1-\rho_2\dot{q}_2^2\sin q_2\boldsymbol{k}_1\end{bmatrix}\\ &=\begin{bmatrix}0\\ -l_2\dot{q}_1^2\boldsymbol{i}_1-\rho_2\cos q_2(\dot{q}_1^2+\dot{q}_2^2)\boldsymbol{j}_1-\rho_2\dot{q}_2^2\sin q_2\boldsymbol{k}_1\end{bmatrix}\end{aligned} \tag{1-3-62}$$

$$\eta=\begin{bmatrix}\eta_1\\ \eta_2\end{bmatrix}=\begin{bmatrix}0\\ \dot{q}_1(\rho_2\dot{q}_2\cos q_2-l_2\dot{q}_1)\boldsymbol{i}_1-\rho_2\cos q_2(\dot{q}_1^2+\dot{q}_2^2)\boldsymbol{j}_1-\rho_2\dot{q}_2^2\sin q_2\boldsymbol{k}_1\end{bmatrix} \tag{1-3-63}$$

$$\begin{cases}\eta_1=\sum\limits_{i=1}^{2}[\omega_i\times(\omega_i\times d_{i1})]+\ddot{R}=\dot{q}_1\boldsymbol{k}_1\times(\dot{q}_1\boldsymbol{k}_1\times\rho_1\boldsymbol{k}_1)+(\dot{q}_1\boldsymbol{k}_1+\dot{q}_2\boldsymbol{i}_2)\times[(\dot{q}_1\boldsymbol{k}_1+\dot{q}_2\boldsymbol{i}_2)\times 0]+0\\ \quad=0 \qquad (1-3-64)\\ \eta_2=\sum\limits_{i=1}^{2}[\omega_i\times(\omega_i\times d_{i2})]+\ddot{R}=\dot{q}_1\boldsymbol{k}_1\times[\dot{q}_1\boldsymbol{k}_1\times(l_2\boldsymbol{i}_1+l_1\boldsymbol{k}_1)]+(\dot{q}_1\boldsymbol{k}_1+\dot{q}_2\boldsymbol{i}_2)\times[(\dot{q}_1\boldsymbol{k}_1+\dot{q}_2\boldsymbol{i}_2)\times\rho_2\boldsymbol{j}_2]+0\\ \quad=-l_2\dot{q}_1\dot{q}_1\boldsymbol{i}_1+\rho_2\dot{q}_1\dot{q}_1\boldsymbol{k}_1\times\boldsymbol{k}_1\times\boldsymbol{j}_2+\rho_2\dot{q}_1\dot{q}_2\boldsymbol{i}_2\times\boldsymbol{k}_1\times\boldsymbol{j}_2+\rho_2\dot{q}_1\dot{q}_2\boldsymbol{k}_1\times\boldsymbol{k}_2+\rho_2\dot{q}_2\dot{q}_2\boldsymbol{i}_2\times\boldsymbol{k}_2\\ \quad=-l_2\dot{q}_1\dot{q}_1\boldsymbol{i}_1-\rho_2\dot{q}_1^2\cos q_2\boldsymbol{j}_1+\rho_2\dot{q}_1\dot{q}_2\times 0+\rho_2\dot{q}_1\dot{q}_2\cos q_2\boldsymbol{i}_1-\rho_2\dot{q}_2^2(\cos q_2\boldsymbol{j}_1+\sin q_2\boldsymbol{k}_1)\\ \quad=\dot{q}_1(\rho_2\dot{q}_2\cos q_2-l_2\dot{q}_1)\boldsymbol{i}_1-\rho_2\cos q_2(\dot{q}_1^2+\dot{q}_2^2)\boldsymbol{j}_1-\rho_2\dot{q}_2^2\sin q_2\boldsymbol{k}_1 \qquad (1-3-65)\end{cases}$$

系统的刚体质量矩阵为：

$$\boldsymbol{m}=\mathrm{diag}(m_1,m_2)=\begin{bmatrix}m_1&0\\0&m_2\end{bmatrix} \tag{1-3-66}$$

系统的刚体中心惯性张量矩阵为：

$$\boldsymbol{J}=\mathrm{diag}(\boldsymbol{J}_1,\boldsymbol{J}_2)=\begin{bmatrix}\boldsymbol{J}_1&\boldsymbol{0}\\\boldsymbol{0}&\boldsymbol{J}_2\end{bmatrix} \tag{1-3-67}$$

$$[\boldsymbol{J}_1]=\begin{bmatrix}J_{x_1}&&\\&J_{y_1}&\\&&J_{z_1}\end{bmatrix}+m_1\begin{bmatrix}0&-\rho_1&0\\\rho_1&0&0\\0&0&0\end{bmatrix}^2=\begin{bmatrix}J_{x_1}-m_1\rho_1^2&&\\&J_{y_1}-m_1\rho_1^2&\\&&J_{z_1}\end{bmatrix} \tag{1-3-68}$$

$$[\boldsymbol{J}_2]=\begin{bmatrix}J_{x_2}&&\\&J_{y_2}&\\&&J_{z_2}\end{bmatrix}+m_2\begin{bmatrix}0&0&\rho_2\\0&0&0\\-\rho_2&0&0\end{bmatrix}^2=\begin{bmatrix}J_{x_2}-m_2\rho_2^2&&\\&J_{y_2}&\\&&J_{z_2}-m_2\rho_2^2\end{bmatrix} \tag{1-3-69}$$

系数矩阵：

$$\boldsymbol{A}=\boldsymbol{H}^{\mathrm{T}}\cdot\boldsymbol{mH}+\boldsymbol{\alpha}^{\mathrm{T}}\cdot\boldsymbol{J}\cdot\boldsymbol{\alpha}$$

$$=\begin{bmatrix}\boldsymbol{0}&\boldsymbol{0}\\l_2\boldsymbol{j}_1-\rho_2\cos q_2\boldsymbol{i}_1&\rho_2\boldsymbol{k}_2\end{bmatrix}^{\mathrm{T}}\begin{bmatrix}m_1&0\\0&m_2\end{bmatrix}\begin{bmatrix}0&0\\l_2\boldsymbol{j}_1-\rho_2\cos q_2\boldsymbol{i}_1&\rho_2\boldsymbol{k}_2\end{bmatrix}+\begin{bmatrix}\boldsymbol{k}_1&\boldsymbol{0}\\\boldsymbol{k}_1&\boldsymbol{i}_2\end{bmatrix}^{\mathrm{T}}\begin{bmatrix}\boldsymbol{J}_1&\boldsymbol{0}\\\boldsymbol{0}&\boldsymbol{J}_2\end{bmatrix}\begin{bmatrix}\boldsymbol{k}_1&\boldsymbol{0}\\\boldsymbol{k}_1&\boldsymbol{i}_2\end{bmatrix}$$

$$=\begin{bmatrix}\boldsymbol{0}&l_2\boldsymbol{j}_1^{\mathrm{T}}-\rho_2\cos q_2\boldsymbol{i}_1^{\mathrm{T}}\\\boldsymbol{0}&\rho_2\boldsymbol{k}_2^{\mathrm{T}}\end{bmatrix}\begin{bmatrix}m_1&0\\0&m_2\end{bmatrix}\begin{bmatrix}0&0\\l_2\boldsymbol{j}_1-\rho_2\cos q_2\boldsymbol{i}_1&\rho_2\boldsymbol{k}_2\end{bmatrix}+\begin{bmatrix}\boldsymbol{k}_1^{\mathrm{T}}&\boldsymbol{k}_1^{\mathrm{T}}\\\boldsymbol{0}&\boldsymbol{i}_2^{\mathrm{T}}\end{bmatrix}\begin{bmatrix}\boldsymbol{J}_1&\boldsymbol{0}\\\boldsymbol{0}&\boldsymbol{J}_2\end{bmatrix}\begin{bmatrix}\boldsymbol{k}_1&\boldsymbol{0}\\\boldsymbol{k}_1&\boldsymbol{i}_2\end{bmatrix}$$

$$=\begin{bmatrix}m_2(l_2^2+\rho_2^2\cos^2q_2)&-m_2\rho_2l_2\sin q_2\\-m_2\rho_2l_2\sin q_2&m_2\rho_2^2\end{bmatrix}+\begin{bmatrix}\boldsymbol{k}_1^{\mathrm{T}}\boldsymbol{J}_1\boldsymbol{k}_1+\boldsymbol{k}_1^{\mathrm{T}}\boldsymbol{J}_2\boldsymbol{k}_1&\boldsymbol{0}\\\boldsymbol{0}&\boldsymbol{i}_2^{\mathrm{T}}\boldsymbol{J}_2\boldsymbol{i}_2\end{bmatrix}$$

$$=\begin{bmatrix}m_2(l_2^2+\rho_2^2\cos^2q_2)&-m_2\rho_2l_2\sin q_2\\-m_2\rho_2l_2\sin q_2&m_2\rho_2^2\end{bmatrix}+\begin{bmatrix}\boldsymbol{k}_1^{\mathrm{T}}\boldsymbol{J}_1\boldsymbol{k}_1+(\cos q_2\boldsymbol{k}_2^{\mathrm{T}}+\sin q_2\boldsymbol{j}_2^{\mathrm{T}})\boldsymbol{J}_2(\cos q_2\boldsymbol{k}_2+\sin q_2\boldsymbol{j}_2)&\boldsymbol{0}\\\boldsymbol{0}&\boldsymbol{i}_2^{\mathrm{T}}\boldsymbol{J}_2\boldsymbol{i}_2\end{bmatrix}$$

$$=\begin{bmatrix}m_2l_2^2+J_{z_1}+J_{c_2}\cos^2q_2+J_{y_2}\sin^2q_2&-m_2\rho_2l_2\sin q_2\\-m_2\rho_2l_2\sin q_2&J_{x_2}\end{bmatrix} \tag{1-3-70}$$

主动力主矢列阵和主动力对质心的力矩列阵分别为：

$$\boldsymbol{F}=\begin{bmatrix}F_1\\F_2\end{bmatrix}=\begin{bmatrix}-m_1g\boldsymbol{k}_1\\-m_2g\boldsymbol{k}_1\end{bmatrix} \tag{1-3-71}$$

$$\boldsymbol{N}=\begin{bmatrix}N_1\\N_2\end{bmatrix}=\begin{bmatrix}(0\boldsymbol{i}+0\boldsymbol{j})\times mg\boldsymbol{i}\\(0\boldsymbol{i}+0\boldsymbol{j})\times mg\boldsymbol{i}\end{bmatrix}=\begin{bmatrix}\boldsymbol{0}\\\boldsymbol{0}\end{bmatrix} \tag{1-3-72}$$

驱动力主矢列阵为：

$$\boldsymbol{M}=\begin{bmatrix}M_1\\M_2\end{bmatrix}=\begin{bmatrix}M_1\boldsymbol{k}_1\\M_2\boldsymbol{i}_2\end{bmatrix}\tag{1-3-73}$$

$$\begin{aligned}\boldsymbol{\Gamma}=\begin{bmatrix}\boldsymbol{\Gamma}_1\\\boldsymbol{\Gamma}_2\end{bmatrix}&=\begin{bmatrix}\boldsymbol{\omega}_1\times(\boldsymbol{J}_2\cdot\boldsymbol{\omega}_1)\\\boldsymbol{\omega}_2\times(\boldsymbol{J}_2\cdot\boldsymbol{\omega}_2)\end{bmatrix}=\begin{bmatrix}\dot q_1\boldsymbol{k}_1\times(\boldsymbol{J}_1\cdot(\dot q_1\boldsymbol{k}_1))\\(\dot q_1\boldsymbol{k}_1+\dot q_2\boldsymbol{i}_2)\times(\boldsymbol{J}_2\cdot(\dot q_1\boldsymbol{k}_1+\dot q_2\boldsymbol{i}_2))\end{bmatrix}\\&=\begin{bmatrix}0\\(\dot q_1\boldsymbol{k}_1+\dot q_2\boldsymbol{i}_2)\times(((J_{x_2}-m_2\rho_2^2)\boldsymbol{i}_2+J_{y_2}\boldsymbol{j}_2+(J_{z_2}-m_2\rho_2^2)\boldsymbol{k}_2)\cdot(\dot q_1\boldsymbol{k}_1+\dot q_2\boldsymbol{i}_2))\end{bmatrix}\\&=\begin{bmatrix}0\\\dot q_1^2\sin q_2\cos q_2(J_{z_2}-J_{y_2}-m_2\rho_2^2)\boldsymbol{i}_2+\dot q_1\dot q_2\cos q_2(J_{x_2}-J_{z_2})\boldsymbol{j}_2+\dot q_1\dot q_2\sin q_2(J_{y_2}-J_{x_2}+m_2\rho_2^2)\boldsymbol{k}_2\end{bmatrix}\\&=\begin{bmatrix}\boldsymbol{0}\\\dot q_1^2\sin q_2\cos q_2(J_{z_2}-J_{y_2}-m_2\rho_2^2)\boldsymbol{i}_2+\dot q_1\dot q_2\cos q_2(J_{x_2}-J_{z_2})(\cos q_2\boldsymbol{j}_1+\sin q_2\boldsymbol{k}_1)+\\\dot q_1\dot q_2\sin q_2(J_{y_2}-J_{x_2}+m_2\rho_2^2)(-\sin q_2\boldsymbol{j}_1+\cos q_2\boldsymbol{k}_1)\end{bmatrix}\\&=\begin{bmatrix}\boldsymbol{0}\\\dot q_1^2\sin q_2\cos q_2(J_{z_2}-J_{y_2}-m_2\rho_2^2)\boldsymbol{i}_1+\dot q_1\dot q_2[J_{x_2}-J_{z_2}\cos^2q_2-\sin^2q_2(J_{y_2}+m_2\rho_2^2)]\boldsymbol{j}_1+\\\dot q_1\dot q_2\cos q_2\sin q_2(J_{y_2}-J_{z_2}+m_2\rho_2^2)\boldsymbol{k}_1\end{bmatrix}\end{aligned}\tag{1-3-74}$$

系数矩阵：

$$\boldsymbol{B}=\boldsymbol{H}^{\mathrm T}\cdot(\boldsymbol{F}-\boldsymbol{m\sigma})+\boldsymbol{\alpha}^{\mathrm T}\cdot(\boldsymbol{L}-\boldsymbol{J}\cdot\boldsymbol{\beta}-\boldsymbol{\Gamma})+\boldsymbol{M}\tag{1-3-75}$$

扩展为：

$$\begin{aligned}\boldsymbol{B}&=\begin{bmatrix}0&0\\l_2\boldsymbol{j}_1-\rho_2\cos q_2\boldsymbol{i}_1&\rho_2\boldsymbol{k}_2\end{bmatrix}^{\mathrm T}\cdot\left(\begin{bmatrix}-m_1g\boldsymbol{k}_1\\-m_2g\boldsymbol{k}_1\end{bmatrix}-\begin{bmatrix}m_1&0\\0&m_2\end{bmatrix}\begin{bmatrix}0\\-l_2\dot q_1^2\boldsymbol{i}_1-\rho_2\cos q_2(\dot q_1^2+\dot q_2^2)\boldsymbol{j}_1-\rho_2\dot q_2^2\sin q_2\boldsymbol{k}_1\end{bmatrix}\right)+\\&\quad\begin{bmatrix}\boldsymbol{k}_1&0\\\boldsymbol{k}_1&\boldsymbol{i}_2\end{bmatrix}^{\mathrm T}\cdot\left(\begin{bmatrix}\boldsymbol{0}\\\boldsymbol{0}\end{bmatrix}-\begin{bmatrix}\boldsymbol{J}_1&\boldsymbol{0}\\\boldsymbol{0}&\boldsymbol{J}_2\end{bmatrix}\cdot\begin{bmatrix}0\\\dot q_1\dot q_2\boldsymbol{j}_1\end{bmatrix}-\boldsymbol{\Gamma}\right)+\begin{bmatrix}M_1\boldsymbol{k}_1\\M_2\boldsymbol{i}_2\end{bmatrix}\\&=\begin{bmatrix}m_2l_2\rho_2\dot q_2^2\cos q_2-\dot q_1\dot q_2(J_{y_2}-J_{z_2}+m_2\rho_2^2)\sin(2q_2)+M_1\\-m_2\rho_2(g+\rho_2\dot q_1^2\sin q_2)\cos q_2+\dfrac{1}{2}\dot q_1^2(J_{y_2}-J_{z_2}+m_2\rho_2^2)\sin(2q_2)+M_2\end{bmatrix}\end{aligned}\tag{1-3-76}$$

由 $A\ddot q=B$ 得动力学微分方程：

$$\begin{aligned}&\begin{bmatrix}m_2l_2^2+J_{z_1}+J_{z_2}\cos^2q_2+J_{y_2}\sin^2q_2&-m_2\rho_2l_2\sin q_2\\-m_2\rho_2l_2\sin q_2&J_{x_2}\end{bmatrix}\begin{bmatrix}\ddot q_1\\\ddot q_2\end{bmatrix}\\&=\begin{bmatrix}m_2l_2\rho_2\dot q_2^2\cos q_2-\dot q_1\dot q_2(J_{y_2}-J_{z_2}+m_2\rho_2^2)\sin(2q_2)+M_1\\-m_2\rho_2(g+\rho_2\dot q_1^2\sin q_2)\cos q_2+\dfrac{1}{2}\dot q_1^2(J_{y_2}-J_{z_2}+m_2\rho_2^2)\sin(2q_2)+M_2\end{bmatrix}\end{aligned}\tag{1-3-77}$$

即：

$$\begin{cases}(m_2l_2^2+J_{z_1}+J_{z_2}\cos^2q_2+J_{y_2}\sin^2q_2)\ddot q_1-m_2\rho_2l_2\sin q_2\ddot q_2=m_2l_2\rho_2\dot q_2^2\cos q_2-\dot q_1\dot q_2(J_{y_2}-J_{z_2}+m_2\rho_2^2)\sin(2q_2)+M_1\\-m_2\rho_2l_2\sin q_2\ddot q_1+J_{x_2}\ddot q_2=-m_2\rho_2(g+\rho_2\dot q_1^2\sin q_2)\cos q_2+\dfrac{1}{2}\dot q_1^2(J_{y_2}-J_{z_2}+m_2\rho_2^2)\sin(2q_2)+M_2\end{cases}\tag{1-3-78}$$

可见，它们是关于 q_1、q_2 的二阶非线性微分方程，要求解析解是困难的（此处结果和原文不同，请读者注意推导过程）。

1.3.4　弹性梁的纵横耦合振动问题

例 1-4　弹性梁的非线性振动方程的建立[5,9]。

如图 1 - 5 所示，两端铰接支撑、均匀材料、等截面的 Bernoulli - Euler 梁，其左端纵向固定，右端纵向可移动，且作用有纵向载荷 $P(t)$。假设梁在材料的线弹性范围内产生中等挠度的振动，试用弹性力学的位移法建立系统的运动偏微分方程。

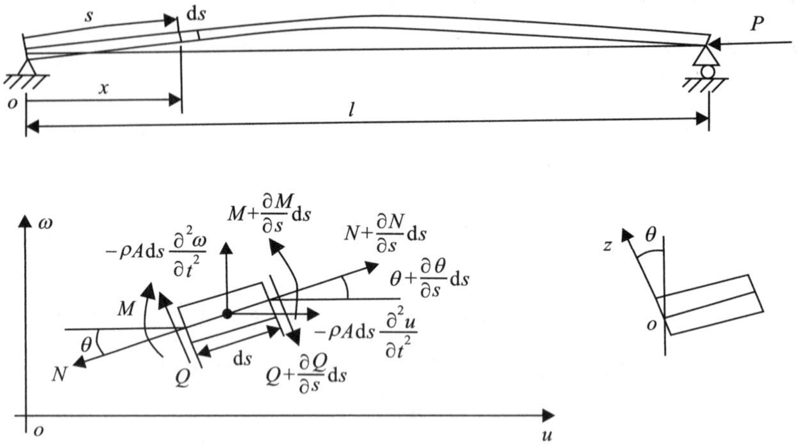

图 1 - 5　梁(细长杆)的横纵耦合振动

解：弹性力学中建立系统的运动偏微分方程，须先建立系统的应力平衡方程、几何变形协调方程、应力应变的物理方程，再联立求解、化简，得到系统的运动偏微分方程。

首先建立如图 1 - 5 所示的直角坐标系 ouw。因对称性，简化为平面二维问题。

取梁上距左端 x 处的微段 $\mathrm{d}s=\mathrm{d}x/\cos\theta$，此处对应的弧长坐标为 s。

根据图 1 - 5 中的受力分析，左端面受力有弯矩 M、拉力 N、剪力 Q；右端面相应的受力为弯矩 $M+\frac{\partial M}{\partial s}\mathrm{d}s$、拉力 $N+\frac{\partial N}{\partial s}\mathrm{d}s$、剪力 $Q+\frac{\partial Q}{\partial s}\mathrm{d}s$；微段质心处的惯性力为纵向运动 $u(x,t)$ 的惯性力 $-\rho A\mathrm{d}s\,\frac{\partial^2 u}{\partial t^2}$、横向运动 $w(x,t)$ 的惯性力 $-\rho A\mathrm{d}s\,\frac{\partial^2 w}{\partial t^2}$(其中 ρ 为材料的密度，A 为杆的横截面积)。左端面外法线与 ou 轴线的夹角为 θ，右端面外法线与 ou 轴线的夹角为 $\theta+\frac{\partial\theta}{\partial s}\mathrm{d}s$。由动力学牛顿定理得到该微段质心的纵向运动 $u(x,t)$ 和横向运动 $w(x,t)$ 的动力平衡方程为：

$$\begin{cases}\rho A\mathrm{d}s\,\dfrac{\partial^2 u}{\partial t^2}=\dfrac{\partial}{\partial s}(N\cos\theta+Q\sin\theta)\,\mathrm{d}s\\[2ex]\rho A\mathrm{d}s\,\dfrac{\partial^2 w}{\partial t^2}=\dfrac{\partial}{\partial s}(N\sin\theta-Q\cos\theta)\,\mathrm{d}s\end{cases}\tag{1-3-79}$$

忽略梁微段的旋转惯量，由力矩平衡方程可得剪力和弯矩之间有以下关系：

$$Q=\frac{\partial M}{\partial s}=\cos\theta\,\frac{\partial M}{\partial x}\tag{1-3-80}$$

则：

$$\begin{cases}\rho A\,\dfrac{\partial^2 u}{\partial t^2}=\dfrac{\partial}{\partial x}(N\cos\theta+Q\sin\theta)\cos\theta\\[2ex]\rho A\,\dfrac{\partial^2 w}{\partial t^2}=\dfrac{\partial}{\partial x}(N\sin\theta-Q\cos\theta)\cos\theta\end{cases}\tag{1-3-81}$$

对于梁的中等挠度变形，三角函数近似为：

$$\begin{cases}\sin\theta\approx\dfrac{\partial w}{\partial x}\\[2ex]\cos\theta\approx 1-\dfrac{1}{2}\left(\dfrac{\partial w}{\partial x}\right)^2\end{cases}\tag{1-3-82}$$

基本假设仍然成立,即变形前垂直于梁轴线的横截面,在变形后,仍垂直于变形的轴线。那么,距中性层 z 处点的纵向位移 $\tilde{u}(x,z,t)$ 由 3 个部分组成。一是由轴向拉力引起的横截面的纵向平动,即微段质心的纵向平动 $u(x,t)$;二是由剪力力偶引起的横截面的转动 θ,在纵向引起的位移为 $z\theta$;三是由弯矩引起的横截面的弯曲,引起的纵向位移为:

$$\int_0^x \sqrt{1+\left(\frac{\partial w}{\partial x}\right)^2}\mathrm{d}x - x \tag{1-3-83}$$

综上,得:

$$\tilde{u}(x,z,t) = u(x,t) + z\theta + \int_0^x \sqrt{1+\left(\frac{\partial w}{\partial x}\right)^2}\mathrm{d}x - x \tag{1-3-84}$$

该点的正应变为:

$$\begin{aligned}\varepsilon(x,z,t) &= \frac{\partial \tilde{u}(x,z,t)}{\partial s} = \left[\frac{\partial u(x,t)}{\partial x} + \frac{z\partial\theta}{\partial x} + \sqrt{1+\left(\frac{\partial w}{\partial x}\right)^2} - 1\right]\cos\theta \\ &\approx \left[\frac{\partial u}{\partial x} + \frac{z\partial\theta}{\partial x} + \frac{1}{2}\left(\frac{\partial w}{\partial x}\right)^2\right]\cos\theta\end{aligned} \tag{1-3-85}$$

在线弹性范围内,梁在横截面上的正应力为:

$$\sigma(x,z,t) = E\varepsilon(x,z,t) \tag{1-3-86}$$

式中,E 是材料的弹性模量。

梁在横截面上的轴力和弯矩为:

$$\begin{aligned}N(x,t) &= \iint_A \sigma(x,z,t)\mathrm{d}A = E\iint_A \left[\frac{\partial u(x,t)}{\partial x} + \frac{z\partial\theta(x,t)}{\partial x} + \frac{1}{2}\left(\frac{\partial w(x,t)}{\partial x}\right)^2\right]\cos\theta(x,t)\mathrm{d}A \\ &= EA\left[\frac{\partial u(x,t)}{\partial x} + \frac{1}{2}\left(\frac{\partial w(x,t)}{\partial x}\right)^2\right]\cos\theta(x,t)\end{aligned} \tag{1-3-87}$$

$$\begin{aligned}M(x,t) &= \iint_A \sigma(x,z,t)z\mathrm{d}A = E\iint_A z\left[\frac{\partial u(x,t)}{\partial x} + \frac{z\partial\theta(x,t)}{\partial x} + \frac{1}{2}\left(\frac{\partial w(x,t)}{\partial x}\right)^2\right]\cos\theta(x,t)\mathrm{d}A \\ &= E\left[\frac{\partial\theta(x,t)}{\partial x}\right]\cos\theta(x,t)\iint_A z^2\mathrm{d}A = EI\left[\frac{\partial\theta(x,t)}{\partial x}\right]\cos\theta(x,t)\end{aligned} \tag{1-3-88}$$

根据几何关系,有:

$$\tan\theta = \frac{\partial w}{\partial x} \tag{1-3-89}$$

则有:

$$\frac{\partial\theta}{\partial x} = \cos^2\theta\frac{\partial^2 x}{\partial x^2} \tag{1-3-90}$$

$$\begin{cases} M(x,t) = EI\dfrac{\partial\theta}{\partial x}\cos^3\theta \\ Q = \dfrac{\partial M}{\partial s} = \cos\theta\dfrac{\partial M}{\partial x}\end{cases} \tag{1-3-91}$$

于是有:

$$\begin{cases}\rho A\dfrac{\partial^2 u}{\partial t^2} = \dfrac{\partial}{\partial x}\left(EA\left[\dfrac{\partial u}{\partial x} + \dfrac{1}{2}\left(\dfrac{\partial w}{\partial x}\right)^2\right]\cos\theta\cos\theta + \cos\theta\dfrac{\partial\left(EI\dfrac{\partial\theta}{\partial x}\cos^3\theta\right)}{\partial x}\sin\theta\right)\cos\theta \\ \rho A\dfrac{\partial^2 w}{\partial t^2} = \dfrac{\partial}{\partial x}\left(EA\left[\dfrac{\partial u}{\partial x} + \dfrac{1}{2}\left(\dfrac{\partial w}{\partial x}\right)^2\right]\cos\theta\sin\theta - \cos\theta\dfrac{\partial\left(EI\dfrac{\partial\theta}{\partial x}\cos^3\theta\right)}{\partial x}\cos\theta\right)\cos\theta\end{cases} \tag{1-3-92}$$

将相应量代入式(1-3-92),化简、整理得:

$$\begin{cases}\rho A\dfrac{\partial^2 u}{\partial t^2}-EA\dfrac{\partial^2 u}{\partial x^2}-EI\dfrac{\partial^2 w}{\partial x^2}\dfrac{\partial^3 w}{\partial x^3}-\left[EA\left(1-2\dfrac{\partial u}{\partial x}\right)\dfrac{\partial^2 w}{\partial x^2}+EI\dfrac{\partial^4 w}{\partial x^4}-6EI\left(\dfrac{\partial^2 w}{\partial x^2}\right)^3\right]\dfrac{\partial w}{\partial x}+\\ \quad\left[\dfrac{3}{2}EA\dfrac{\partial^2 u}{\partial x^2}+\dfrac{25}{2}EI\dfrac{\partial^2 w}{\partial x^2}\dfrac{\partial^3 w}{\partial x^3}\right]\left(\dfrac{\partial w}{\partial x}\right)^2=0\\ \rho A\dfrac{\partial^2 w}{\partial t^2}-EA\dfrac{\partial u}{\partial x}\dfrac{\partial^2 w}{\partial x^2}+EI\dfrac{\partial^4 w}{\partial x^4}-3EI\left(\dfrac{\partial^2 w}{\partial x^2}\right)^3-\left[EA\dfrac{\partial^2 u}{\partial x^2}+11EI\dfrac{\partial^2 w}{\partial x^2}\dfrac{\partial^3 w}{\partial x^3}\right]\dfrac{\partial w}{\partial x}+\\ \quad\left[2EA\left(\dfrac{\partial u}{\partial x}-\dfrac{3}{4}\right)\dfrac{\partial^2 w}{\partial x^2}-3EI\dfrac{\partial^4 w}{\partial x^4}+\dfrac{21}{2}EI\left(\dfrac{\partial^2 w}{\partial x^2}\right)^3\right]\left(\dfrac{\partial w}{\partial x}\right)^2=0\end{cases}\tag{1-3-93}$$

此即由几何非线性引起的梁纵横运动耦合的动力学方程。

研究梁的纵向运动时,假设横向运动对纵向运动无影响,即假设$\dfrac{\partial w}{\partial x}=0$,则有:

$$\rho A\frac{\partial^2 u}{\partial t^2}-EA\frac{\partial^2 u}{\partial x^2}=0\tag{1-3-94}$$

对应的边界条件是:

$$\begin{cases}u(x,t)\big|_{x=0}=0\\ EA\dfrac{\partial u(x,t)}{\partial x}\Big|_{x=l}=-P(t)\end{cases}\tag{1-3-95}$$

解出 $u(x,t)$后,代入梁的横向运动的动力学方程,得到时变系数的非线性偏微分方程。

在研究梁的横向运动时,若纵向载荷 $P(t)=P_0$ 为常数,可简化为:

$$N(x,t)\approx EA\frac{\partial u(x,t)}{\partial x}=-P_0\tag{1-3-96}$$

这意味着,$\dfrac{\partial N(x,t)}{\partial x}=EA\dfrac{\partial^2 u}{\partial x^2}=0$ 从而 $\rho A\dfrac{\partial^2 u}{\partial t^2}=0$。则梁的横向运动方程为:

$$\rho A\frac{\partial^2 w}{\partial t^2}+P_0\frac{\partial^2 w}{\partial x^2}+EI\frac{\partial^4 w}{\partial x^4}-3EI\left(\frac{\partial^2 w}{\partial x^2}\right)^2-11EI\frac{\partial^2 w}{\partial x^2}\frac{\partial^3 w}{\partial x^3}\frac{\partial w}{\partial x}$$
$$+\left[\left(2P_0-\frac{3}{2}EA\right)\frac{\partial^2 w}{\partial x^2}-3EI\frac{\partial^4 w}{\partial x^4}+\frac{21}{2}EI\left(\frac{\partial^2 w}{\partial x^2}\right)^3\right]\left(\frac{\partial w}{\partial x}\right)^2=0\tag{1-3-97}$$

一般采用 Galerkin 方法进一步简化上述非线性偏微分方程。其基本思路是应用分离变量法,取一组满足梁的边界条件的已知的形状函数 $\varphi_m(x)$,$m=1,2,\cdots,n$,以及一组未知的时间函数 $q_m(t)$,$m=1,2,\cdots,n$,构造解函数:

$$w(x,t)=\sum_{m=1}^{n}\varphi_m(x)q_m(t)\quad 其中\ m=1,2,\cdots,n\tag{1-3-98}$$

代入式(1-3-97),方程残差反映了残余力。为尽量减少残余力,可以选择未知函数 $q_m(t)(m=1,2,\cdots,n)$,使残余力关于各形状函数 $\varphi_m(x)(m=1,2,\cdots,n)$对应的位移平均做功为 0,即:

$$\int_0^l\{\rho A\sum_{m=1}^{n}\varphi_m(x)\ddot{q}_m(t)+P_0\sum_{m=1}^{n}\varphi_m^{n}(x)q_m(t)+EI\sum_{m=1}^{n}\varphi_m^{(4)}(x)q_m(t)-3EI\left(\sum_{m=1}^{n}\varphi_m''(x)q_m(t)\right)^3-$$
$$11EI[\sum_{m=1}^{n}\varphi_m^{n}(x)q_m(t)][\sum_{m=1}^{n}\varphi_m^{m}(x)q_m(t)][\sum_{m=1}^{n}\varphi_m'(x)q_m(t)]+[(2P_0-\frac{3}{2}EA)\sum_{m=1}^{n}\varphi_m''(x)q_m(t)-$$
$$3EI\sum_{m=1}^{n}\varphi_m^{(4)}(x)q_m(t)+\frac{21}{2}EI(\sum_{m=1}^{n}\varphi_m''(x)q_m(t))^3](\sum_{m=1}^{n}\varphi_m'(x)q_m(t))^2\}\mathrm{d}x=0\tag{1-3-99}$$

最常用的形状函数为该问题自身的固有振型,它们不仅满足边界条件,而且是正交函数系,可以进一步简化上述积分方程,从而可以得到 n 个常微分方程。

例如:考虑简支梁的低频振动,若只取梁的第一阶固有振型 $\varphi_1(x)=\sin\dfrac{\pi x}{l}$,则有

$$\begin{cases}\int_0^l \varphi_1 \mathrm{d}x = 2l/\pi \\ \int_0^l \varphi_1' \mathrm{d}x = 0 \\ \int_0^l \varphi_1'' \mathrm{d}x = -2\pi/l \\ \int_0^l \varphi_1^{(3)} \mathrm{d}x = 0 \\ \int_0^l \varphi_1^{(4)} \mathrm{d}x = 2\pi^3/l^3 \\ \int_0^l (\varphi_1'')^3 \mathrm{d}x = -4\pi^5/(3l^5)\end{cases}$$

$$\begin{cases}\int_0^l \varphi_1'\varphi_1''\varphi_1^{(3)} \mathrm{d}x = 2\pi^5/(3l^5) \\ \int_0^l (\varphi_1'')^3(\varphi_1')^2 \mathrm{d}x = 4\pi^7/(15l^7) \\ \int_0^l \varphi_1''(\varphi_1')^2 \mathrm{d}x = -5\pi^3/(3l^3) \\ \int_0^l \varphi_1^{(4)}(\varphi_1')^2 \mathrm{d}x = 2\pi^5/(3l^5)\end{cases} \tag{1-3-100}$$

代入式(1-3-97)，化简、整理，有单自由度的非线性振动的常微分方程：

$$\ddot{q}_1(t)+\frac{1}{\rho A}\left\{\left(\frac{\pi^4}{l^4}EI-\frac{\pi^2}{l^2}P_0\right)q_1(t)-\left[\frac{5\pi^4}{12l^4}(4P_0-3EA)+\frac{8\pi^6}{3l^6}EI\right]q_1^3(t)+\frac{7\pi^8}{5l^8}EIq_1^5(t)\right\}=0 \tag{1-3-101}$$

可见，虽然它的系数都是常数，但仍然是非线性的单自由度二阶微分方程。

1.4　方程的无量纲化

动力学中研究的微分方程或偏微分方程，其自变量和应变量一般都是无量纲的，是从数学角度表达的系统变量之间的关系。前面机械工程中的各种微分方程或偏微分方程一般需要从某种物理定理出发，进行推导、化简、整理，其自变量和应变量一般都是有明确的物理含义的，是有量纲的。如何把一个描述物理规律的微分方程或偏微分方程转化成无量纲的形式需要一定的技巧。量纲分析理论利用了物理方程量纲的齐次性，可以将物理方程转化成无量纲的数学方程[1,2]。

无量纲量，数学上称为无名数。有量纲量，数学上称为有名数。任一物理量，以及用量度量这一物理量，都必须是性质相同的量，也就是说，必须具有相同的量纲。Maxwell 采用符号$[A]$表示物理量 A 的量纲，例如，长度$[l]=\mathrm{L}$，时间$[t]=\mathrm{T}$，速度$[v]=\mathrm{LT}^{-1}$。

每一个物理量，按其定义，都以一定的关系式相联系，如 $v=\frac{l}{t}$，$a=\frac{v}{t}$。另外，各物理量又都按照某些物理定律相联系，如 $F=\lambda ma$，其中 λ 为比例系数，当 F、m、a 取不同单位度量时，λ 有不同的数值。一般约定：F、m、a 三个变量中，可任意选择两个，第三个一定由 $\lambda=1$ 的条件来决定。例如，当 $m=1[m]$，$a=1[a]$ 时，相应的 $F=1[F]$，也就是力的度量单位必定满足$[F]=[m][a]$。

于是在物理关系式中，取某些量为基本量，其量纲称为基本量纲，用$[A_1]$，$[A_2]$，…，$[A_k]$表示。其余的物理量的度量单位就按定义或物理定律完全确定下来，它们的量纲就称为导出量纲。例如某一物理量的导出量纲用$[A]$表示，则有量纲方程如下：

$$[A]=f([A_1],[A_2],\cdots,[A_k]) \tag{1-4-1}$$

可见，当基本度量单位不同时，对应的量纲方程的形式也不同，但任意物理量的两个不同数值之比必然与基本度量单位的选择无关。例如，无论面积的度量单位是平方米，还是平方厘米、平方毫米、平方分米、平方微米，最终得到的面积之比完全相同。可以证明：满足上述条件所有物理量的量纲方程具有幂次单项式的简洁形式：

$$[A]=[A_1]^{\alpha_1}[A_2]^{\alpha_2}\cdots[A_n]^{\alpha_n} \tag{1-4-2}$$

力学中常用的基本量纲为长度$[l]=\mathrm{L}$、时间$[t]=\mathrm{T}$、质量$[m]=\mathrm{M}$。

热力学中常用的基本量纲为长度$[l]=\mathrm{L}$、时间$[t]=\mathrm{T}$、质量$[m]=\mathrm{M}$、热量$[h]=\mathrm{H}$、温度$[q]=\mathrm{Q}$。

电磁学中常用的基本量纲分以下 4 种：

对电磁系统，常用的基本量纲为质量$[m]=\mathrm{M}$、长度$[l]=\mathrm{L}$、时间$[t]=\mathrm{T}$、真空导磁常数μ_0；对静电系统，常用的基本量纲为质量$[m]=\mathrm{M}$、长度$[l]=\mathrm{L}$、时间$[t]=\mathrm{T}$、真空电介常数ε_0；对电量系统，常用的基本量纲为质量$[m]=\mathrm{M}$、长度$[l]=\mathrm{L}$、时间$[t]=\mathrm{T}$、电量$[q]=\mathrm{Q}$；对电阻系统，常用的基本量纲为质量$[m]=\mathrm{M}$、长度$[l]=\mathrm{L}$、时间$[t]=\mathrm{T}$、电阻$[r]=\mathrm{R}$。

物理定律的数学形式一般为$p=g(p_1,p_2,\cdots,p_m)$。我们称$p_1,p_2,\cdots,p_m$为主定量，均为有量纲的变量或常数；称p为被定量，为有量纲的未知量；函数g的数学形式可以是代数方程、微分方程或积分方程。它两边的量纲必须是相同的，这就是物理方程量纲的齐次性。正确的物理方程，当其中各物理量的度量单位按比例改变时，该方程的形式不变，它与度量单位的选取无关。设$p_1,p_2,\cdots,p_m$中量纲独立的为$p_1,p_2,\cdots,p_k(k\leqslant m)$，并取之为基本量，其对应的量纲记为$[p_i]=S_i$，$i=1,2,\cdots,k$，则$p_{k+1},p_{k+2},\cdots,p_m,p$的量纲分别如下：

$$\begin{cases}[p_{k+1}]=S_1^{u_1}S_2^{u_2}\cdots S_k^{u_k}\\ \qquad\vdots\\ [p_m]=S_1^{v_1}S_2^{v_2}\cdots S_k^{v_k}\\ [p]=S_1^{w_1}S_2^{w_2}\cdots S_k^{w_k}\end{cases} \tag{1-4-3}$$

如果将$p_1,p_2,\cdots,p_k$的度量单位分别改为原来的$\frac{1}{\alpha_1},\frac{1}{\alpha_2},\cdots,\frac{1}{\alpha_k}$，此时，$p_{k+1},p_{k+2},\cdots,p_m,p$的量纲分别改变为：

$$\begin{cases}p_1'=\alpha_1p_1,p_2'=\alpha_2p_2,\cdots,p_k'=\alpha_kp_k\\ p_{k+1}'=\alpha_1^{u_1}\alpha_2^{u_2}\cdots\alpha_k^{u_k}p_{k+1}\\ \qquad\vdots\\ p_m'=\alpha_1^{v_1}\alpha_2^{v_2}\cdots\alpha_k^{v_k}p_m\\ p'=\alpha_1^{w_1}\alpha_2^{w_2}\cdots\alpha_k^{w_k}p\end{cases} \tag{1-4-4}$$

在新度量单位下：

$$\begin{aligned}p'&=\alpha_1^{w_1}\alpha_2^{w_2}\cdots\alpha_k^{w_k}g(p_1,p_2,\cdots,p_m)\\ &=g(\alpha_1p_1,\alpha_2p_2,\cdots,\alpha_kp_k,\alpha_1^{u_1}\alpha_2^{u_2}\cdots\alpha_k^{u_k}p_{k+1},\cdots,\alpha_1^{v_1}\alpha_2^{v_2}\cdots\alpha_k^{v_k}p_m)\end{aligned} \tag{1-4-5}$$

由此可见，函数g对度量单位的比例尺$\alpha_1,\alpha_2,\cdots,\alpha_k$也是齐次的，即方程两端对应有同样的放大或缩小，此即物理方程的齐次性。

量纲分析的基础是 Kunkingham 提出的π定理。利用比例尺的任意性，令$\alpha_1=\frac{1}{p_1},\alpha_2=\frac{1}{p_2},\cdots,\alpha_k=\frac{1}{p_k}$，则：

$$p'=g\left(1,1,\cdots,1,\frac{p_{k+1}}{p_1^{u_1}p_2^{u_2}\cdots p_k^{u_k}},\cdots,\frac{p_m}{p_1^{v_1}p_2^{v_2}\cdots p_k^{v_k}}\right) \tag{1-4-6}$$

定义无量纲量：

$$\begin{cases}\pi_1=\dfrac{p_{k+1}}{p_1^{u_1}p_2^{u_2}\cdots p_k^{u_k}}\\ \quad\vdots\\ \pi_{m-k}=\dfrac{p_m}{p_1^{v_1}p_2^{v_2}\cdots p_k^{v_k}}\\ \pi=\dfrac{p}{p_1^{w_1}p_2^{w_2}\cdots p_k^{w_k}}\end{cases} \tag{1-4-7}$$

于是,物理方程的无量纲表示为：

$$\pi=g(1,1,\cdots,1,\pi_1,\cdots,\pi_{m-k}) \tag{1-4-8}$$

此即 π 定理。这表明:由$(m+1)$个不同量纲的物理量 $p,p_1,p_2,\cdots,p_m$ 表达的物理方程,取其中 k 个量纲独立的物理量 $p_1,p_2,\cdots,p_k$ 为基本量,则这个物理方程一定可以由$(m+1-k)$个无量纲量 $\pi_1,\cdots,\pi_{m-k},\pi$ 完全表达出来,从而得到无量纲之间的表达式。下面用例子来说明应用量纲分析法的具体步骤。

1.4.1　船的运行阻力问题

例 1-5　海洋热液硫化矿激电法勘探船在河流中行进测试,其阻力 F 与特征尺寸 L、船速 v、重力加速度 g、河水的密度 ρ、河水的动力黏度系数 μ 等因素有关,船的运行阻力 F 的物理方程表示为:$F=g(L,v,g,\rho,\mu)$[1]。

解：

(1)采用解指数方程的量纲分析法求得该方程的无量纲形式。

取 L、v、ρ 为相互独立的基本量,则 $m=5,k=3,m+1=k+3$,于是无量纲方程可写为：

$$\pi=g(1,1,\pi_1,1,\pi_2) \tag{1-4-9}$$

而：

$$\begin{cases}\pi_1=L^{u_1}v^{u_2}\rho^{u_3}g\\ \pi_2=L^{v_1}v^{v_2}\rho^{v_3}\mu\\ \pi=L^{w_1}v^{w_2}\rho^{w_3}F\end{cases} \tag{1-4-10}$$

采用 F、L、T 为基本量纲,则有以下量纲：

$$\begin{cases}[\pi_1]=[L^{u_1}v^{u_2}\rho^{u_3}g]=(\mathrm{L})^{u_1}(\mathrm{LT^{-1}})^{u_2}(\mathrm{FL^{-4}}T^2)^{u_3}(\mathrm{LT^{-2}})\\ [\pi_2]=[L^{v_1}v^{v_2}\rho^{v_3}\mu]=(\mathrm{L})^{v_1}(\mathrm{LT^{-1}})^{v_2}(\mathrm{FL^{-4}T^2})^{v_3}(\mathrm{FTL^{-2}})\\ [\pi]=[L^{w_1}v^{w_2}\rho^{w_3}F]=(\mathrm{L})^{w_1}(\mathrm{LT^{-1}})^{w_2}(\mathrm{FL^{-4}T^2})^{w_3}(\mathrm{F})\end{cases} \tag{1-4-11}$$

由于 π_1、π_2、π 无量纲,可得：

$$\pi_1:\begin{cases}\mathrm{F}:u_3=0\\ \mathrm{L}:u_1+u_2-4u_3+1=0\\ \mathrm{T}:-u_2+2u_3-2=0\end{cases}\Rightarrow\begin{cases}u_1=1\\ u_2=-2\\ u_3=0\end{cases}\Rightarrow\pi_1=gL/v^2 \tag{1-4-12}$$

$$\pi_2:\begin{cases}\mathrm{F}:v_3+1=0\\ \mathrm{L}:v_1+v_2-4v_3-2=0\\ \mathrm{T}:-v_2+2v_3+1=0\end{cases}\Rightarrow\begin{cases}v_1=-1\\ v_2=-1\\ v_3=-1\end{cases}\Rightarrow\pi_2=\mu/(Lv\rho) \tag{1-4-13}$$

$$\pi:\begin{cases}\mathrm{F}:w_3+1=0\\ \mathrm{L}:w_1+w_2-4w_3=0\\ \mathrm{T}:-w_2+2w_3=0\end{cases}\Rightarrow\begin{cases}w_1=-2\\ w_2=-2\\ w_3=-1\end{cases}\Rightarrow\pi=F/(L^2v^2\rho) \tag{1-4-14}$$

无量纲方程为：

$$\pi=g(1,1,\pi_1,1,\pi_2) \tag{1-4-15}$$

即：

$$\frac{F}{L^2v^2\rho}=g(1,1,\frac{gL}{v^2},1,\frac{\mu}{Lv\rho})=f(\frac{gL}{v^2},\frac{\mu}{Lv\rho}) \tag{1-4-16}$$

(2)采用量纲矩阵法求得该方程的无量纲形式。

设各物理量的任何乘积组成的无量纲量具有如下形式：$\pi=F^{k_1}v^{k_2}L^{k_3}\mu^{k_4}\rho^{k_5}g^{k_6}$。采用 F、L、T 为基本量纲，则有：

$$[\pi]=[F^{k_1}v^{k_2}L^{k_3}\mu^{k_4}\rho^{k_5}g^{k_6}]=\mathrm{F}^{k_1}(\mathrm{LT}^{-1})^{k_2}\mathrm{L}^{k_3}(\mathrm{FL}^{-2}\mathrm{T})^{k_4}(\mathrm{FL}^{-4}\mathrm{T}^2)^{k_5}(\mathrm{LT}^{-2})^{k_6} \tag{1-4-17}$$

列出量纲矩阵 $\boldsymbol{M}_\pi$：

	k_1	k_2	k_3	k_4	k_5	k_6
	F	v	L	μ	ρ	g
F	1	0	0	1	1	0
L	0	1	1	−2	−4	1
T	0	−1	0	1	2	−2

$$\mathrm{rank}(\boldsymbol{M}_\pi)=\mathrm{rank}\begin{pmatrix}1&0&0&1&1&0\\0&1&1&-2&-4&1\\0&-1&0&1&2&-2\end{pmatrix}=3 \tag{1-4-18}$$

这表明 6 个物理量中，量纲独立的物理量有 3 个，取之为基本量，则无量纲量的个数为 6−3=3。

由 $\boldsymbol{M}_\pi$ 中相应的行，有：

$$[\pi]=F^{k_1+k_4+k_5}L^{k_2+k_3-2k_4-4k_5+k_6}T^{-k_2+k_4+2k_5-2k_6} \tag{1-4-19}$$

它是无量纲量，于是有：

$$\begin{cases}k_1+k_4+k_5=0\\k_2+k_3-2k_4-4k_5+k_6=0\\-k_2+k_4+2k_5-2k_6=0\end{cases}\Rightarrow\begin{cases}k_4=-2k_1-\frac{1}{3}k_2-\frac{2}{3}k_3\\k_5=k_1+\frac{1}{3}k_2+\frac{2}{3}k_3\\k_6=-\frac{1}{3}k_2+\frac{1}{3}k_3\end{cases} \tag{1-4-20}$$

分别取 $\begin{bmatrix}k_1\\k_2\\k_3\end{bmatrix}$ 为 $\begin{bmatrix}1\\0\\0\end{bmatrix}$、$\begin{bmatrix}0\\1\\0\end{bmatrix}$、$\begin{bmatrix}0\\0\\1\end{bmatrix}$，则量纲矩阵确定如下：

	k_1	k_2	k_3	k_4	k_5	k_6
	F	v	L	μ	ρ	g
π_4	1	0	0	−2	1	0
π_5	0	1	0	−1/3	1/3	−1/3
π_6	0	0	1	−2/3	2/3	1/3

于是得到无量纲量：

$$\begin{cases}\pi_4=\dfrac{F\rho}{v^2}\\\pi_5=\dfrac{v\sqrt[3]{\rho}}{\sqrt[3]{\mu g}}\\\pi_6=\dfrac{L\sqrt[3]{\rho^2 g}}{\sqrt[3]{\mu^2}}\end{cases} \tag{1-4-21}$$

为消除分数指数，各无量纲量进行乘除，同时考虑无量纲量的物理意义，可取如下结果：$\pi_1=\frac{\pi_5^2}{\pi_6}=\frac{v^2}{gL}$，它正是傅汝德数的平方，即兴波阻力系数的平方；$\pi_2=\pi_5\pi_6=\frac{vL\rho}{\mu}$，它正是流体力学中的雷诺数；$\pi=\frac{\pi_4}{\pi_5^2\pi_6^2}=$

$\frac{F}{\rho v^2 L^2}$，它正是流体力学中的欧拉数。最后得无量纲方程为：$\pi=g(1,1,\pi_1,1,\pi_2)$，即$\frac{F}{L^2 v^2 \rho}=f(\frac{gL}{v^2},\frac{\mu}{Lv\rho})$，与前面的结果一样。

1.4.2　探杆落体运动的原型问题[1]

例 1-6　在海洋地质原位探测中，设质量为 m 的物体（探杆），距离水平地面高度 h 处，以初始速度 v_0 在重力作用下铅锤下落，重力加速度为 g，如果不计空气阻力，求落地的时间 τ 的函数表达式。

解：可设 $\tau=f(m,g,h,v_0)$。采用 M、L、T 为基本量纲，则 $\hat{m}=4$，$\hat{m}+1=5$，量纲矩阵 $\boldsymbol{M}_\pi$ 为：

	k_1	k_2	k_3	k_4	k_5
	τ	m	g	h	v_0
M	0	1	0	0	0
L	0	0	1	1	1
T	1	0	−2	0	−1

$$\text{rank}(\boldsymbol{M}_\pi)=\text{rank}\begin{bmatrix}0 & 1 & 0 & 0 & 0\\ 0 & 0 & 1 & 1 & 1\\ 1 & 0 & -2 & 0 & -1\end{bmatrix}=3 \tag{1-4-22}$$

这表明在 5 个物理量中，量纲独立的物理量有 3 个，取之为基本量，则无量纲量的个数为 5－3＝2。M_π 中的相应的行有：

$$[\pi]=M^{k_2}L^{k_3+k_4+k_5}T^{k_1-2k_3-k_5} \tag{1-4-23}$$

它是无量纲量，于是有：

$$\begin{cases}k_2=0\\ k_3+k_4+k_5=0\\ k_1-2k_3-k_5=0\end{cases}\Rightarrow\begin{cases}k_3=-k_4-k_5\\ k_1=-2k_4-k_5\end{cases} \tag{1-4-24}$$

取$\begin{bmatrix}k_4\\ k_5\end{bmatrix}$分别为$\begin{bmatrix}1\\ 0\end{bmatrix}$、$\begin{bmatrix}0\\ 1\end{bmatrix}$，则量纲矩阵确定如下：

	k_1	k_2	k_3	k_4	k_5
	τ	m	g	h	v_0
π_1	−2	0	−1	1	0
π_2	−1	0	−1	0	1

于是得到无量纲量：$\pi_1=\frac{h}{\tau^2 g}$，$\pi_2=\frac{v_0}{\tau g}$。最后由 $\tau=f(m,g,h,v_0)$ 可得无量纲方程为：$\pi=f(\pi_1,\pi_2,1,1)=\hat{f}(\pi_1,\pi_2)$，进而有 $\pi_1=p(\pi,\pi_2)$。

为求出更简洁的形式，用 π_1、π_2 的各种组合，可以构成新的无量纲量。例如取 $\hat{\pi}_2=\frac{\pi_2}{\sqrt{\pi_1}}=\frac{v_0}{\sqrt{gh}}$，$\frac{1}{\sqrt{\pi_1}}=\tau\sqrt{\frac{g}{h}}=\hat{\pi}$，则有 $\tau=\sqrt{\frac{h}{g}}\frac{1}{\sqrt{\pi_1}}\Rightarrow\tau=\sqrt{\frac{h}{g}}\hat{p}(\hat{\pi},\hat{\pi}_2)=\sqrt{\frac{h}{g}}\hat{p}(\hat{\pi}_2)=\sqrt{\frac{h}{g}}\hat{p}\left(\frac{v_0}{\sqrt{gh}}\right)$。

特别地，对于自由落体运动 $v_0=0$，则 $\tau=f(m,g,h)$，此时 3 个主定量的量纲是相互独立的，无量纲被定量 $\hat{\pi}=\tau\sqrt{g/h}$ 一定与主定量无关，必有 $\hat{\pi}=\text{const}$ 为常数，于是 $\tau=\text{const}\cdot\sqrt{h/g}$。仅需做一次实验即可定出常数 const 的数值。

1.4.3　上抛运动的原型问题[1]

例 1-7　设物体以初始速度 v_0 向上抛，它在时刻 t 的位移为 $x(t)$，运动方程为$\frac{\mathrm{d}^2 x}{\mathrm{d}t^2}=\ddot{x}(t)=$

$-\dfrac{gR^2}{(x+R)^2}$，初始条件为 $x(0)=0, \dot{x}(0)=v_0$，其中 R 为地球的半径，求其无量纲方程。

解：对于这种不是很复杂的物理问题，进行无量纲处理时，可以使用下列方法。列出所有的参数、变量以及它们的量纲，其中采用 M、L、T 为基本量纲，则有：

	x	t	g	v_0	R
M-L-T	L	T	LT^{-2}	LT^{-1}	L

利用上表，很容易找出无量纲量的组合：$y(t)=x(t)/R, \tau=tv_0/R$。于是有：

$$\frac{d^2x}{dt^2}=\ddot{x}(t)\Rightarrow\frac{d^2(Ry)}{d(R\tau/v_0)^2}=\frac{R}{(R/v_0)^2}\frac{d^2(y)}{d(\tau)^2}=\frac{v_0^2}{R}\frac{d^2y}{d\tau^2}\tag{1-4-25}$$

$$\frac{dx}{dt}=\ddot{x}(t)\Rightarrow\frac{d(Ry)}{d(R\tau/v_0)}=\frac{R}{(R/v_0)}\frac{d(y)}{d(\tau)}=v_0\frac{dy}{d\tau}\tag{1-4-26}$$

$$\frac{d^2x}{dt^2}=-\frac{gR^2}{(x+R)^2}\Rightarrow\frac{v_0^2}{R}\frac{d^2y}{d\tau^2}=-\frac{gR^2}{(Ry+R)^2}\Rightarrow\frac{v_0^2}{gR}\frac{d^2y}{d\tau^2}=-\frac{1}{(y+1)^2}$$

$$\Rightarrow\delta\frac{d^2y}{d\tau^2}=-\frac{1}{(y+1)^2},\delta=\frac{v_0^2}{gR},\frac{dy(0)}{d\tau}=1,y(0)=0\tag{1-4-27}$$

此处 $\delta=\dfrac{v_0^2}{gR}$ 的量纲是 $[\delta]=\left[\dfrac{v_0^2}{gR}\right]=(LT^{-1})^2/(LT^{-2}\cdot L)$，是一个无量纲的参数。显然，无量纲化处理可以简化微分方程，使得原来含有 g、R、v_0 三个参数的函数，简化成只有 δ 一个参数，且这个参数 δ 还是无量纲的。原问题的解 $x=f(t,g,R,v_0)$ 对应简化问题的解 $y=p(\tau,\delta)$，无量纲处理后的解表明：上抛运动问题中找到的无量纲的解，只依赖于参数 δ。假设需要求得最高点的时间 $\hat{\tau}$，则可求解 $\left.\dfrac{dy}{d\tau}\right|_{\tau=\hat{\tau}}=\left.\dfrac{dp(\tau,\delta)}{d\tau}\right|_{\tau=\hat{\tau}}=0$。这表明，存在函数 q 使得 $\hat{\tau}=q(\delta)$。回到原方程的形式，得到有量纲表示的形式：

$$\hat{t}v_0/R=q(\frac{v_0^2}{gR})，即\ \hat{t}=\frac{R}{v_0}\cdot q\left(\frac{v_0^2}{gR}\right)\tag{1-4-28}$$

由此可见，即使不知道基本方程和初始条件，利用无量纲化处理也可以得到这个关系式。例如，我们需要求的无量纲量是上述问题中有量纲量的一个函数，如：$t/\sqrt{R/g}=\phi(v_0,g,R)$，由于函数左边是无量纲量，其右边也应该是无量纲量。则需要找到 v_0、g、R 的无量纲组合 π_1，很容易得到 $\pi_1=\dfrac{v_0^2}{gR}$，于是可得

$$t/\sqrt{R/g}=\phi\left(\frac{v_0^2}{gR}\right)\Rightarrow t=\sqrt{R/g}\cdot\phi\left(\frac{v_0^2}{gR}\right)\Rightarrow t=\frac{R}{v_0}\cdot\phi\left(\frac{v_0^2}{gR}\right)\tag{1-4-29}$$

上述结果中，虽然函数 g、ϕ 的具体形式不知道，但在实验数据的整理和处理时仍然有指导意义。例如，从各行星上做的众多试验收集到的数据中，假设某个人需要从中得到有关 $\hat{t}$ 的数据，不清楚无量纲处理的人可能会这样处理数据：固定 g，对某个 R，由数据描画出 $\hat{t}$ 随 v_0 变化的曲线；然后保持 g 不变，选择其他的 R，由数据描画出 $\hat{t}$ 随 v_0 变化的曲线；再改变 g，再重复上述过程；最后可以得到很多曲线，却不能反映出有规律的现象，难以得到有效的结论。如果他懂得无量纲化处理，则会根据相应的试验数据描画出 $\dfrac{\hat{t}v_0}{R}$ 随 $\dfrac{v_0^2}{gR}$ 变化的曲线，很容易得到有规律的现象，并获得有价值的结论。

1.4.4 液体边界层流动问题

例 1-8 对于黏性很小或者雷诺数很大的流体流经物体(固体)表面时，在距离物体表面较远的区域，流体的流动以惯性作用为主导，黏性作用可以忽略。只有在紧靠物体表面的区域，存在一个以黏性作用为主导的薄层，称之为边界层。边界层内液体的流动，经过类似例 1-4 的微元体的受力分析，可得到 Navier-Stokes 方程 $\left(\dfrac{\partial \boldsymbol{v}}{\partial t}+(\boldsymbol{v}\cdot\nabla)\boldsymbol{v}=\boldsymbol{F}-\dfrac{1}{\rho}\nabla p+\gamma\nabla^2\boldsymbol{v}\right)$，其中从左到右各项依次表示流体流动的非定

常项、对流项、单位质量流体的体积力、单位质量流体的压力差、单位质量流体的扩散项或者黏性力项。

对于平面问题，令 $\boldsymbol{v}=(u,v)$，即流体流速在 x,y 方向的分量分别为 u,v。忽略惯性力，定常不可压缩黏性流体的二维 Navier - Stokes 方程如下：

$$\begin{cases} uu_x+vu_y=-\dfrac{1}{\rho}p_x+\gamma(u_{xx}+u_{yy}) \\ uv_x+vv_y=-\dfrac{1}{\rho}p_y+\gamma(v_{xx}+v_{yy}) \\ u_x+v_y=0 \end{cases} \tag{1-4-30}$$

其中 $u_x=\dfrac{du}{dx},u_{xx}=\dfrac{d^2u}{dx^2},u_y=\dfrac{du}{dy},u_{yy}=\dfrac{d^2u}{dy^2},v_x=\dfrac{dv}{dx},v_{xx}=\dfrac{d^2v}{dx^2},v_y=\dfrac{dv}{dy},v_{yy}=\dfrac{d^2v}{dy^2},p_x=\dfrac{dp}{dx},p_y=\dfrac{dp}{dy}$。

进行无量纲处理后，简化上述偏微分方程组，以便求解。

解：设最大流速处于边界层外缘 x 方向，数值为 U，即自由流速，L 为特征尺寸，$R=\dfrac{UL}{\gamma}$ 为雷诺数，引进无量纲量如下：$u^*=\dfrac{u}{U},v^*=\dfrac{v}{U},x^*=\dfrac{x}{L},y^*=\dfrac{y}{L},p^*=\dfrac{p}{\rho U^2},R=\dfrac{UL}{\gamma}$。经过推导，可得如下无量纲方程组：

$$\begin{cases} u^*u^*_{x^*}+v^*u^*_{y^*}=-p^*_{x^*}+\dfrac{1}{R}(u^*_{x^*x^*}+u^*_{y^*y^*}) \\ u^*v^*_{x^*}+v^*v^*_{y^*}=-p^*_{y^*}+\dfrac{1}{R}(v^*_{x^*x^*}+u^*_{y^*y^*}) \\ u^*_{x^*}+v^*_{y^*}=0 \end{cases} \tag{1-4-31}$$

由于式(1-4-31)中各项均为无量纲化的，可以进行量级比较，从而根据边界层的物理特性作定性分析：设边界层的厚度为 δ，边界层厚度很薄，与物体的特征尺寸 L 相比，δ 很小，$\delta/L=\varepsilon\ll 1$ 可忽略不计。在边界层外缘 x 方向，$u_{\max}=U$，从而 $u_{\max}/U=1$，于是有：

$$x^*=O(1),y^*=O(\varepsilon),u^*_{x^*}=O(1),u^*_{y^*}=O(1/\varepsilon) \tag{1-4-32}$$

根据连续性方程[式(1-4-31)]，有 $v^*_{y^*}=-u^*_{x^*}=O(1)$，意味着 $v^*=O(\varepsilon)$，进而 $u^*v^*_{x^*}+v^*v^*_{y^*}=O(1)\cdot O(\varepsilon)+O(\varepsilon)\cdot O(1)=O(\varepsilon)$，于是无量纲方程组的第二式相比第一式和第三式，其作用是次要的，可以忽略。且在边界层内一般假设有 $p^*_{y^*}=0$，即意味着在边界层内压力沿 y 方向不变；再从无量纲方程组的第一式可见，$O(1)=u^*_{x^*x^*}\ll u^*_{y^*y^*}=O(\varepsilon^{-2})$，$u^*u^*_{x^*}+v^*u^*_{y^*}=O(1)\cdot O(1)+O(\varepsilon)O(1/\varepsilon)=O(1)$，第一式成立必须有 $\dfrac{1}{R}=O(\varepsilon^2)$，因此得：

$$O(\varepsilon)=\delta/L\sim\sqrt{1/R}=\sqrt{\frac{\gamma}{UL}}=O(\varepsilon) \tag{1-4-33}$$

这说明 $\dfrac{1}{R}$ 是问题的小参数。于是方程组可以简化为：

$$\begin{cases} uu_x+vu_y=-\dfrac{1}{\rho}p_x+\gamma(u_{xx}+u_{yy}) \\ u_x+v_y=0 \end{cases} \tag{1-4-34}$$

从而方便求解。例如，对于半无限大平板的层流边界层问题，$0<x<\infty$，Navier - Stokes 方程和边界条件为：

$$\begin{cases} uu_x+vu_y=\gamma u_{yy} \\ u_x+v_y=0 \\ u=v=0 \quad (y=0,x>0) \\ u=u_0 \quad (y\to\infty) \end{cases} \tag{1-4-35}$$

引进无量纲量：$u^*=\dfrac{u}{u_0},v^*=\dfrac{v}{v_0},\xi=\dfrac{x}{x_0},\eta=\dfrac{y}{y_0}$。称 u_0,v_0,x_0,y_0 为特征参数组。经过推导，可得如下无量

纲方程组：

$$\begin{cases} u^* u_\xi^* + \dfrac{v_0 x_0}{u_0 y_0} v^* u_\eta^* = \gamma \dfrac{x_0}{u_0 y_0^2} u_{\eta\eta}^* \\ u_\xi^* + \dfrac{v_0 x_0}{u_0 y_0} v_\eta^* = 0 \\ u^* = v^* = 0 \quad (\eta=0, \xi>0) \\ u^* = 1 \quad (\eta \to \infty) \end{cases} \tag{1-4-36}$$

令$\dfrac{v_0 x_0}{u_0 y_0}=1, \gamma \dfrac{x_0}{u_0 y_0^2}=1$，则有以下更简洁的无量纲方程组：

$$\begin{cases} u^* u_\xi^* + v^* u_\eta^* = u_{\eta\eta}^* \\ u_\xi^* + v_\eta^* = 0 \\ u^* = v^* = 0 \quad (\eta=0, \xi>0) \\ u^* = 1 \quad (\eta \to \infty) \end{cases} \tag{1-4-37}$$

同时有 $y_0=\sqrt{\gamma \dfrac{x_0}{u_0}}, v_0=\dfrac{u_0 y_0}{x_0}=\sqrt{\dfrac{\gamma u_0}{x_0}}=\gamma\sqrt{\dfrac{u_0}{\gamma x_0}}=\dfrac{\gamma}{y_0}$。统一用 u_0, x_0 表达无量纲量：

$$u^*(\xi,\eta)=\frac{u}{u_0}=u^*\left(\frac{x}{x_0}, \sqrt{\frac{u_0}{\gamma x_0}} y\right) \tag{1-4-38}$$

$$v^*(\xi,\eta)=\frac{v}{v_0}=\frac{v}{\sqrt{\dfrac{\gamma u_0}{x_0}}}=v^*\left(\frac{x}{x_0}, \sqrt{\frac{u_0}{\gamma x_0}} y\right) \tag{1-4-39}$$

$$\xi=\frac{x}{x_0}, \eta=\sqrt{\frac{u_0}{\gamma x_0}} y \tag{1-4-40}$$

消去 x_0，得相似变量 $\zeta=\eta/\sqrt{\xi}=\sqrt{\dfrac{u_0}{\gamma}} y/\sqrt{x}$，它仍然是无量纲的。自变量都转化为 ζ 的函数：

$$u=u_0 u^*(\xi,\eta)=u_0 \hat{u}(\zeta), v=v_0 v^*(\xi,\eta)=\sqrt{\frac{\gamma u_0}{x_0}} v^*(\xi,\eta)=\sqrt{\frac{\gamma u_0}{x_0}} \tilde{v}(\zeta) \tag{1-4-41}$$

并取 $\hat{v}(\zeta)=\sqrt{\xi}\,\tilde{v}(\zeta)=\sqrt{\xi} v^*(\xi,\eta)$，方程组可以进一步简化为：

$$\begin{cases} u^* u_\xi^* + v^* u_\eta^* = u_{\eta\eta}^* \\ u_\xi^* + v_\eta^* = 0 \end{cases} \Rightarrow \begin{cases} -0.5\zeta \hat{u}\hat{u}_\zeta + \hat{v}\hat{u}_\zeta = \hat{u}_{\zeta\zeta} \\ -0.5\zeta \hat{u}_\zeta + \hat{v}_\zeta = 0 \end{cases} \tag{1-4-42}$$

由 $-0.5\zeta\hat{u}_\zeta+\hat{v}\zeta=0$，可得：

$$\hat{v}_\zeta = 0.5\zeta\hat{u}_\zeta \Rightarrow \hat{v} = \int(0.5\zeta \mathrm{d}\hat{u})\mathrm{d}\zeta = 0.5\zeta\hat{u} - \left(\int 0.5\hat{u}\right)\mathrm{d}\zeta \tag{1-4-43}$$

记 $f(\zeta) = \left(\int 0.5\hat{u}\right)\mathrm{d}\zeta$，则 $f'(\zeta)=\dfrac{\mathrm{d}f(\zeta)}{\mathrm{d}\zeta}=0.5\hat{u}$，从而有 $\hat{v}=\zeta f'(\zeta)-f(\zeta), \hat{u}=2f'(\zeta)$。代入 $-0.5\zeta\hat{u}\hat{u}_\zeta+\hat{v}\hat{u}_\zeta=\hat{u}_{\zeta\zeta}$，从而有非线性常微分方程如下：

$$f'''(\zeta)+f(\zeta)f''(\zeta)=0 \tag{1-4-44}$$

利用定解条件：

$$\begin{cases} u^*=v^*=0 \quad (\eta=0,\xi>0) \Rightarrow f(0)=0, f'(0)=0 \\ u^*=1 \quad (\eta\to\infty) \Rightarrow f'(\infty)=0.5 \end{cases} \tag{1-4-45}$$

当 ζ 很小时有解，用幂级数法(3 个定解条件可确定前 3 个系数)求得近场解如下：

$$f(\zeta)=\frac{\theta\zeta^2}{2!}-\frac{\theta^2\zeta^5}{5!}-\frac{\theta^3\zeta^8}{8!}+O(\zeta^{11}), \theta=f''(0)=0.332 \tag{1-4-46}$$

当 ζ 很大时，远场解如下：

$$f(\zeta) = \zeta - 1.73 + \gamma\int_\infty^\zeta \mathrm{d}\omega \int_\infty^\omega \exp\left[-\frac{1}{4}(\zeta-1.73)^2\right]\mathrm{d}\zeta \tag{1-4-47}$$

于是可以据此对问题进行定性分析，也可以返回到原物理量，对问题进行定量分析。

对 $f'''(\zeta)+f(\zeta)f''(\zeta)=0$ 这个微分方程的求解，需要一定的技巧，仅仅借助 Maple，它也是无能为力的，运行后没有结果，如图 1－6 所示。

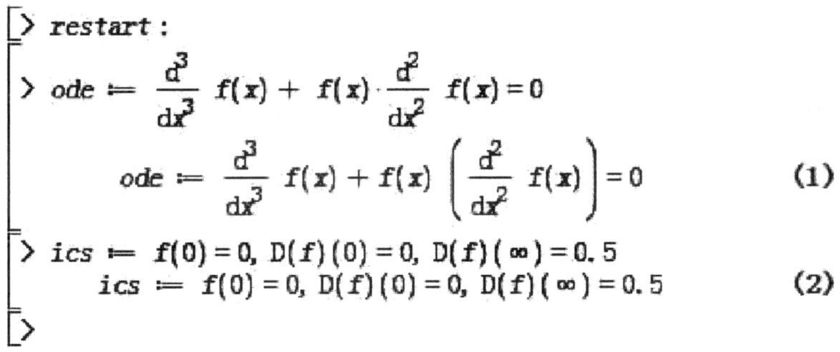

> restart :
> ode := d^3/dx^3 f(x) + f(x)·d^2/dx^2 f(x) = 0
ode := d^3/dx^3 f(x) + f(x) (d^2/dx^2 f(x)) = 0　(1)
> ics := f(0) = 0, D(f)(0) = 0, D(f)(∞) = 0.5
ics := f(0) = 0, D(f)(0) = 0, D(f)(∞) = 0.5　(2)
>

图 1－6　三阶非线性微分方程的 Maple 解代码及运行结果截图

1.4.5　地质工程多孔介质的非线性渗流问题

在石油工程、环境工程、采矿工程中，流体渗流是不可回避的关键问题。例如在井下煤层气抽采钻孔过程中的孔壁垮塌问题往往采用注浆的方法予以解决，涉及浆液这种非牛顿流体在井下煤层气松散段的多孔介质的渗流问题。这是一个气体、液体、固体的三相耦合三维渗流问题，是工程中的热点和难点。再如地下水渗流引起的地面沉降问题、石油天然气工程中油气的运移和抽采问题，都必须考虑渗透参数随压力变化的非线性渗流问题。

简化问题为一维非线性渗流问题，并满足假设：固体多孔介质的变形属于线弹性变形；渗流过程为等温过程；流体渗流看作单相流，遵守达西定律，且不考虑流体的源项和汇项。

考虑可变形多孔介质一维非线性渗流问题，液体在多孔介质中的质量守恒方程为对流-扩散模型：

$$\frac{\partial(\rho\varphi)}{\partial t}+\nabla(\rho V)=0 \tag{1-4-48}$$

式中，V 为液体流速；ρ 为液体密度；φ 为孔隙度；t 为时间。

根据多孔介质的流体力学特性，得运动方程为：

$$V=-\frac{k(p)}{\mu}\nabla\cdot p \tag{1-4-49}$$

式中，V 为液体流速；p 为孔隙压力；k 为有效渗透率；μ 为动力黏度系数。

由实验研究得渗流参数随压力的变化规律的状态方程为：

$$\begin{aligned}
&k(p)=k_0\mathrm{e}^{-\alpha_k(p_0-p)}\\
&\varphi(p)=\varphi_0\mathrm{e}^{-\alpha_\varphi(p_0-p)}\\
&\rho(p)=\rho_0\mathrm{e}^{-\alpha_\rho(p_0-p)}\\
&\alpha_k=\frac{1}{k}\ \frac{\mathrm{d}k}{\mathrm{d}p}\\
&\alpha_\varphi=\frac{1}{\varphi}\ \frac{\mathrm{d}\varphi}{\mathrm{d}p}\\
&\alpha_\rho=\frac{1}{\rho}\ \frac{\mathrm{d}\rho}{\mathrm{d}p}
\end{aligned} \tag{1-4-50}$$

式中，k_0、φ_0、ρ_0 分别为压力 p_0 时的液体在多孔介质的渗流率、孔隙度、密度；α_k 为液体在多孔介质中的渗流率变化系数；α_φ 为孔隙度变化系数；α_ρ 为密度变化系数。

联立上述方程并化简有：

$$\frac{\partial(\rho)}{\partial t}\varphi+\rho\frac{\partial(\varphi)}{\partial t}+\rho\nabla(V)+\nabla(\rho)V=0$$

$$\Rightarrow\frac{\partial(\rho_0 e^{-\alpha_\rho(p_0-p)})}{\partial t}(\varphi_0 e^{-\alpha_\varphi(p_0-p)})+\rho_0 e^{-\alpha_\rho(p_0-p)}\frac{\partial(\varphi_0 e^{-\alpha_\varphi(p_0-p)})}{\partial t}+\rho_0 e^{-\alpha_\rho(p_0-p)}\nabla\left(-\frac{k_0 e^{-\alpha_k(p_0-p)}}{\mu}\nabla p\right)+$$

$$\nabla(\rho_0 e^{-\alpha_\rho(p_0-p)})\left(-\frac{k_0 e^{-\alpha_k(p_0-p)}}{\mu}\nabla p\right)=0$$

$$\Rightarrow\rho_0\alpha_p e^{-\alpha_\rho(p_0-p)}\frac{\partial(p)}{\partial t}(\varphi_0 e^{-\alpha_\varphi(p_0-p)})+\rho_0 e^{-\alpha_\rho(p_0-p)}\varphi_0\alpha_\varphi e^{-\alpha_\varphi(p_0-p)}\frac{\partial(p)}{\partial t}+$$

$$\rho_0 e^{-\alpha_\rho(p_0-p)}\nabla(-\frac{k_0 e^{-\alpha_k(p_0-p)}}{\mu}\nabla p)+\nabla(\rho_0 e^{-\alpha_\rho(p_0-p)})\left(-\frac{k_0 e^{-\alpha_k(p_0-p)}}{\mu}\nabla p\right)=0$$

$$\Rightarrow\rho_0\varphi_0(\alpha_\rho+\alpha_\varphi)e^{-(\alpha_\rho+\alpha_\varphi)(p_0-p)}\frac{\partial(p)}{\partial t}+\rho_0 e^{-\alpha_\rho(p_0-p)}\left(-\frac{k_0 e^{-\alpha_k(p_0-p)}}{\mu}\right)\nabla(\nabla p)+$$

$$\rho_0 e^{-\alpha_\rho(p_0-p)}\nabla(-\frac{k_0 e^{-\alpha_k(p_0-p)}}{\mu})\cdot\nabla p+\nabla(\rho_0 e^{-\alpha_\rho(p_0-p)})\left(-\frac{k_0 e^{-\alpha_k(p_0-p)}}{\mu}\nabla\cdot p\right)=0$$

$$\Rightarrow\rho_0\varphi_0(\alpha_\rho+\alpha_\varphi)e^{-(\alpha_\rho+\alpha_\varphi)(p_0-p)}\frac{\partial(p)}{\partial t}-\frac{k_0\rho_0 e^{-(\alpha_k+\alpha_\rho)(p_0-p)}}{\mu}(\nabla^2 p)-$$

$$\frac{k_0\rho_0\alpha_k e^{-(\alpha_k+\alpha_\rho)(p_0-p)}}{\mu}(\nabla p)^2-\frac{k_0\rho_0\alpha_\rho e^{-(\alpha_k+\alpha_\rho)(p_0-p)}}{\mu}(\nabla p)^2=0$$

$$\Rightarrow\rho_0\varphi_0(\alpha_\rho+\alpha_\varphi)e^{-(\alpha_\rho+\alpha_\varphi)(p_0-p)}\frac{\partial(p)}{\partial t}-\frac{k_0\rho_0 e^{-(\alpha_k+\alpha_\rho)(p_0-p)}}{\mu}(\nabla^2 p)-\frac{k_0\rho_0(\alpha_k+\alpha_\rho)e^{-(\alpha_k+\alpha_\rho)(p_0-p)}}{\mu}(\nabla p)^2=0$$

$$\Rightarrow\rho_0\varphi_0(\alpha_\rho+\alpha_\varphi)e^{-(\alpha_\rho+\alpha_\varphi)(p_0-p)}\frac{\partial(p)}{\partial t}-\frac{k_0\rho_0 e^{-(\alpha_k+\alpha_\rho)(p_0-p)}}{\mu}[\nabla^2 p+(\alpha_k+\alpha_\rho)(\nabla p)^2]=0$$

$$\Rightarrow\frac{\mu}{k_0\rho_0 e^{-(\alpha_k+\alpha_\rho)(p_0-p)}}\rho_0\varphi_0(\alpha_\rho+\alpha_\varphi)e^{-(\alpha_\rho+\alpha_\varphi)(p_0-p)}\frac{\partial(p)}{\partial t}-[\nabla^2 p+(\alpha_k+\alpha_\rho)(\nabla p)^2]=0 \tag{1-4-51}$$

最后得到控制方程及相应的边界条件和初始条件为：

$$\begin{cases}\dfrac{\mu}{k_0}\varphi_0(\alpha_\rho+\alpha_\varphi)e^{-(\alpha_\varphi-\alpha_k)(p_0-p)}\dfrac{\partial(p)}{\partial t}-[\nabla^2 p+(\alpha_k+\alpha_\rho)(\nabla p)^2]=0\\ p(x,t)|_{x=0}=p_1\\ p(x,t)|_{x=L}=p_0\\ p(x,t)|_{t=0}=p_0\end{cases} \tag{1-4-52}$$

上述可变形多孔介质一维非线性渗流问题，是一个强非线性二阶偏微分方程，无精确解。以下采用渐近分析方法求一级近似解析解，或称一阶拟解析解。

根据试验结果，可以假定 α_k 相比 α_ρ、α_φ 数值大很多，即 $\alpha_k\gg\alpha_\rho+\alpha_\varphi=\alpha_t$，则一维非线性渗流方程简化为：

$$\frac{\mu\varphi_0}{k_0}\alpha_t e^{\alpha_k(p_0-p)}\frac{\partial(p)}{\partial t}-\left[\frac{\partial^2 p}{\partial x^2}+\alpha_k\left(\frac{\partial p}{\partial x}\right)^2\right]=0 \tag{1-4-53}$$

引进无量纲量：$\hat{p}=\dfrac{p_0-p}{p_0-p_1}$，$\hat{x}=\dfrac{x}{L}$，$\hat{t}=\dfrac{k_0 t}{\varphi_0\mu\alpha_t L^2}$，$\varepsilon=\alpha_k(p_0-p)$，则一维非线性渗流方程简化为：

$$\frac{\mu\varphi_0}{k_0}\alpha_t e^{\alpha_k\hat{p}(p_0-p_1)}\frac{\partial(\hat{p})}{\partial\hat{t}}\frac{\partial\hat{t}/\partial t}{\partial\hat{p}/\partial p}-\left[\frac{\partial}{\partial\hat{x}}\left(\frac{\partial\hat{p}}{\partial\hat{x}}\frac{\partial\hat{x}/\partial x}{\partial\hat{p}/\partial p}\right)\frac{\partial\hat{x}}{\partial x}+\alpha_k\left(\frac{\partial\hat{p}}{\partial\hat{x}}\frac{\partial\hat{x}/\partial x}{\partial\hat{p}/\partial p}\right)^2\right]=0\Rightarrow e^{\varepsilon\hat{p}}\frac{\partial(\hat{p})}{\partial\hat{t}}-\frac{\partial^2\hat{p}}{\partial\hat{x}^2}+\varepsilon\left(\frac{\partial\hat{p}}{\partial\hat{x}}\right)^2=0 \tag{1-4-54}$$

令 $\hat{p}(\hat{x},\hat{t})=-\dfrac{\ln(1-\varepsilon w(\hat{x},\hat{t}))}{\varepsilon}$，则有：

$$\begin{cases}\dfrac{\partial(\hat{p})}{\partial\hat{t}}=\dfrac{1}{1-\varepsilon w}\dfrac{\partial w}{\partial\hat{t}}\\ \dfrac{\partial\hat{p}}{\partial\hat{x}}=\dfrac{1}{1-\varepsilon w}\dfrac{\partial w}{\partial\hat{x}}\\ \left(\dfrac{\partial\hat{p}}{\partial\hat{t}}\right)^2=\left(\dfrac{1}{1-\varepsilon w}\right)^2\left(\dfrac{\partial w}{\partial\hat{x}}\right)^2\\ \dfrac{\partial^2\hat{p}}{\partial\hat{x}^2}=\dfrac{\varepsilon}{(1-\varepsilon w)^2}\left(\dfrac{\partial w}{\partial\hat{x}}\right)^2+\dfrac{1}{1-\varepsilon w}\dfrac{\partial^2 w}{\partial\hat{x}^2}\end{cases}\tag{1-4-55}$$

则一维非线性渗流方程及相应的边界条件和初始条件化为：

$$\begin{cases}\dfrac{1}{1-\varepsilon w}\dfrac{\partial w(\hat{x},\hat{t})}{\partial\hat{t}}=\dfrac{\partial^2 w(\hat{x},\hat{t})}{\partial\hat{x}^2}\\ w(\hat{x},\hat{t})|_{\hat{x}=0}=\dfrac{1-e^{-\varepsilon}}{\varepsilon}\\ w(\hat{x},\hat{t})|_{\hat{x}=1}=0\\ w(\hat{x},\hat{t})|_{\hat{t}=0}=0\end{cases}\tag{1-4-56}$$

(1)当小参数 $\varepsilon=0$ 时，该问题化为：

$$\begin{cases}\dfrac{\partial w(\hat{x},\hat{t})}{\partial\hat{t}}=\dfrac{\partial^2 w(\hat{x},\hat{t})}{\partial\hat{x}^2}\\ w(\hat{x},\hat{t})|_{\hat{x}=0}=1\\ w(\hat{x},\hat{t})|_{\hat{x}=1}=0\\ w(\hat{x},\hat{t})|_{\hat{t}=0}=0\end{cases}\tag{1-4-57}$$

式(1－4－57)可用分离变量法得其解如下：

首先把非齐次边界条件化为齐次的，令 $w(\hat{x},\hat{t})=\hat{w}(\hat{x},\hat{t})+1$，则式(1－4－51)转化为：

$$\begin{cases}\dfrac{\partial\hat{w}(\hat{x},\hat{t})}{\partial\hat{t}}=\dfrac{\partial^2\hat{w}(\hat{x},\hat{t})}{\partial\hat{x}^2}\\ \hat{w}(\hat{x},\hat{t})|_{\hat{x}=0}=0\\ \hat{w}(\hat{x},\hat{t})|_{\hat{x}=1}=-1\\ \hat{w}(\hat{x},\hat{t})|_{\hat{t}=0}=-1\end{cases}\tag{1-4-58}$$

再查数学物理方程，作变量代换 $z=\sqrt{\dfrac{-(\hat{x}-\vartheta)}{4\hat{t}}}$，式(1－4－58)的解为：

$$\hat{w}(\hat{x},\hat{t})\mid=\int_{-\infty}^{0}\frac{1}{2\sqrt{\pi\hat{t}}}e^{-\frac{(\hat{x}-\vartheta)}{4\hat{t}}}d\vartheta-\int_{-\infty}^{0}\frac{1}{2\sqrt{\pi\hat{t}}}e^{-\frac{(\hat{x}-\vartheta)}{4\hat{t}}}d\vartheta=-\frac{2}{\sqrt{\pi}}\int_0^{\frac{\hat{x}}{2\sqrt{\hat{t}}}}e^{-z^2}dz=-\operatorname{erf}(\frac{\hat{x}}{2\sqrt{\hat{t}}})$$

$$\Rightarrow w(\hat{x},\hat{t})=\hat{w}(\hat{x},\hat{t})+1\mid=1-\operatorname{erf}(\frac{\hat{x}}{2\sqrt{\hat{t}}})=\operatorname{erfc}(\frac{\hat{x}}{2\sqrt{\hat{t}}})$$

$$\Rightarrow\hat{p}(\hat{x},\hat{t})=\frac{\ln(1-\varepsilon\cdot\operatorname{erfc}(\frac{\hat{x}}{2\sqrt{\hat{t}}}))}{\varepsilon}$$

$$\Rightarrow p(x,t)=p_0-(p_1-p_0)\frac{\ln\left[1-\alpha_k(p_0-p)\cdot\operatorname{erfc}\left(\dfrac{x\sqrt{\varphi_0\mu\alpha_t}}{2\sqrt{k_0 t}}\right)\right]}{\alpha_k(p_0-p)}\tag{1-4-59}$$

(2)当小参数 $\varepsilon\approx0$ 时，式(1－4－56)的解可应用渐近分析的多尺度法求解，例如：

首先令 $w(\hat{x},\hat{t})=w_0(\hat{x},\hat{t})+\delta w_1(\hat{x},\hat{t})+\delta^2 w_2(\hat{x},\hat{t})+\cdots$，其中 δ 为无穷小量。w_0、w_1、w_2 为相互独立的 3 个尺度函数。

将之代入式(1－4－56)第一个方程，有：

$$\frac{1}{(1-\varepsilon w_0-\varepsilon\delta w_1-\varepsilon\delta^2 w_2-\cdots)}\left[\frac{\partial w_0}{\partial\hat{t}}+\delta\frac{\partial w_1}{\partial\hat{t}}+\delta^2\frac{\partial w_2}{\partial\hat{t}}+\cdots\right]=\frac{\partial^2 w_0}{\partial\hat{x}^2}+\delta\frac{\partial^2 w_1}{\partial\hat{x}^2}+\delta^2\frac{\partial^2 w_2}{\partial\hat{x}^2}+\cdots$$

$$\Rightarrow\left[\frac{\partial w_0}{\partial \hat{t}}+\delta\frac{\partial w_1}{\partial \hat{t}}+\delta^2\frac{\partial w_2}{\partial \hat{t}}+\cdots\right]=(1-\varepsilon w_0-\varepsilon\delta w_1-\varepsilon\delta^2 w_2-\cdots)\left(\frac{\partial^2 w_0}{\partial \hat{x}^2}+\delta\frac{\partial^2 w_1}{\partial \hat{x}^2}+\delta^2\frac{\partial^2 w_2}{\partial \hat{x}^2}+\cdots\right)\quad(1-4-60)$$

合并 δ 的同次幂项，得到：

$$\delta^0:\begin{cases}\dfrac{\partial w_0}{\partial \hat{t}}=(1-\varepsilon w_0)\dfrac{\partial^2 w_0}{\partial \hat{x}^2}\\ w_0(\hat{x},0)=0,w_0(0,\hat{t})=\dfrac{1-e^{-\varepsilon}}{\varepsilon},w_0(1,\hat{t})=0\end{cases}\quad(1-4-61)$$

$$\delta^1:\begin{cases}\dfrac{\partial w_1}{\partial \hat{t}}=(1-\varepsilon w_0)\dfrac{\partial^2 w_1}{\partial \hat{x}^2}-\varepsilon w_1\dfrac{\partial^2 w_0}{\partial \hat{x}^2}\\ w_1(\hat{x},0)=0,w_1(0,\hat{t})=0,w_1(1,\hat{t})=0\end{cases}\quad(1-4-62)$$

$$\delta^2:\begin{cases}\dfrac{\partial w_2}{\partial \hat{t}}=(1-\varepsilon w_0)\dfrac{\partial^2 w_2}{\partial \hat{x}^2}-\varepsilon w_1\dfrac{\partial^2 w_1}{\partial \hat{x}^2}-\varepsilon w_2\dfrac{\partial^2 w_0}{\partial \hat{x}^2}\\ w_2(\hat{x},0)=0,w_2(0,\hat{t})=0,w_2(1,\hat{t})=0\end{cases}\quad(1-4-63)$$

式(1-4-61)这种非线性二阶扩散型偏微分方程，直接用分离变量法、椭圆函数展开法，或者 Laplace 变换法都无法求解。改用 Maple，得解如图 1-7 所示：

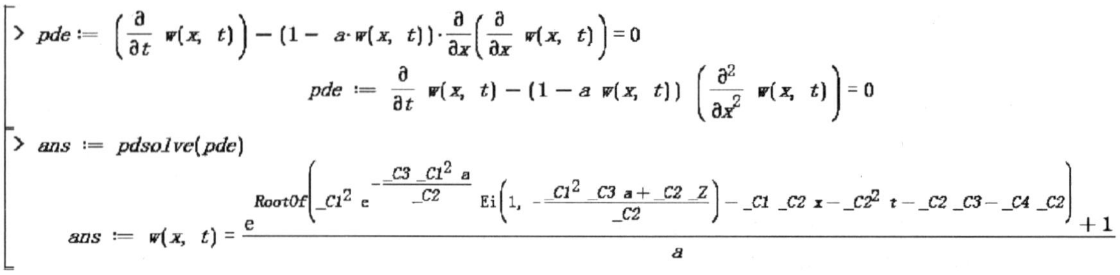
> pde := (∂/∂t w(x, t)) − (1 − a·w(x, t))·∂/∂x(∂/∂x w(x, t)) = 0
pde := ∂/∂t w(x, t) − (1 − a w(x, t)) (∂²/∂x² w(x, t)) = 0
> ans := pdsolve(pde)
ans := w(x, t) = (e^RootOf(_C1² e^(−_C3 _C1² a/_C2) Ei(1, −(_C1² _C3 a + _C2 _Z)/_C2) − _C1 _C2 x − _C2² t − _C2 _C3 − _C4 _C2) + 1)/a

图 1-7　扩散型偏微分方程的 Maple 解代码及运行结果截图

在图 1-7 中，指数积分函数 $\mathrm{Ei}(a,z)=z^{a-1}\Gamma(1-a,z)=z^{a-1}\Gamma(1-a,z)$，$z$ 为整数，$\_C1$、$\_C2$、$\_C3$、$_C4$为待定常数，由定解条件确定。

对式(1-4-62)、式(1-4-63)可类似求解，然后返回到式(1-4-60)，得其近似解析解。可见，这个过程比较繁杂，要求良好的数学物理基础。

1.4.6　Chua 氏非线性电路问题[2]

Chua 电路是由非线性电阻构成的经典的可实现混沌现象的电路之一。它由两个线性电容、一个线性电感、一个线性电阻、一个 Chua 二极管(虚线框电路)组成，如图 1-8 所示。

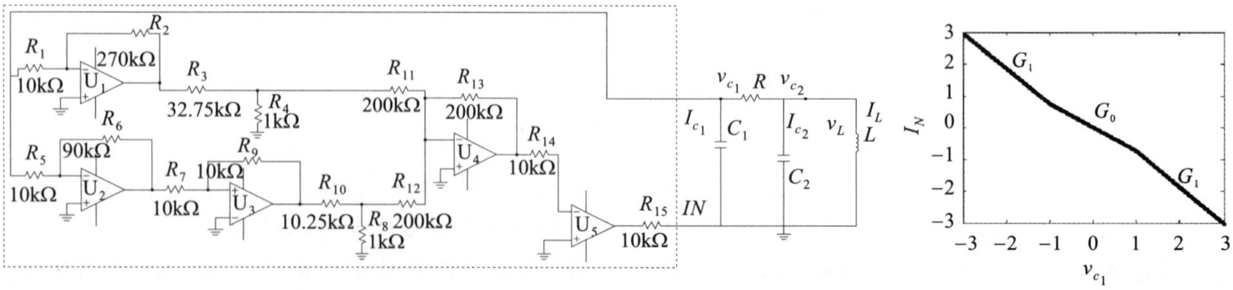

(1)　　(2)

图 1-8　Chua 电路原理(1)及 Chua 二极管的伏安特性(2)

R. 电阻；v. 电压降；U. 运算放大器元件；L. 电感；v_L. 电感电压降；I_L. 电感的电流；C. 电容；G. 电导

Chua 二极管的伏安特性为分段线性函数：

$$I_N=f(v_{C_1})=G_1v_{C_1}+0.5(G_0-G_1)[|v_{C_1}+E|-|v_{C_1}-E|] \tag{1-4-64}$$

式中，G_0 为伏安特性中间区域的斜率；G_1 为伏安特性中间区域以外的斜率；E 为两个区域结合点处的电压。

求此非线性电路的无量纲方程。

解：首先根据电路网络的 KCL 和 KVL 定律，得其电压平衡和电流平衡方程如下。

$$\begin{cases} L\dfrac{\mathrm{d}i_L}{\mathrm{d}t}=-v_{C_2} \\ i_{C_1}=C_1\dfrac{\mathrm{d}v_{C_1}}{\mathrm{d}t}=\dfrac{v_{C_2}-v_{C_1}}{R}-f(v_{C_1}) \\ i_{C_2}=C_2\dfrac{\mathrm{d}v_{C_2}}{\mathrm{d}t}=\dfrac{v_{C_1}-v_{C_2}}{R}+i_L \end{cases} \tag{1-4-65}$$

有量纲的微分方程一般不能直接用于 MATLAB 仿真，需先转化成无量纲方程。式(1-4-65)可简化为：

$$\begin{cases} RC_2\dfrac{\mathrm{d}i_L}{\mathrm{d}t}=-\dfrac{RC_2}{L}v_{C_2} \\ RC_2\dfrac{\mathrm{d}v_{C_1}}{\mathrm{d}t}=\dfrac{C_2}{C_1}[(v_{C_2}-v_{C_1})-Rf(v_{C_1})] \\ RC_2\dfrac{\mathrm{d}v_{C_2}}{\mathrm{d}t}=v_{C_1}-v_{C_2}+Ri_L \end{cases} \Rightarrow \begin{cases} \dfrac{\mathrm{d}(Ri_L/E)}{\mathrm{d}(t/\tau_0)}=-\dfrac{R^2C_2}{L}\dfrac{v_{C_2}}{E} \\ \dfrac{\mathrm{d}(v_{C_1}/E)}{\mathrm{d}(t/\tau_0)}=\dfrac{C_2}{C_1}\left[\left(\dfrac{v_{C_2}}{E}-\dfrac{v_{C_1}}{E}\right)-\dfrac{R}{E}f(v_{C_1})\right] \\ \dfrac{\mathrm{d}(v_{C_2}/E)}{\mathrm{d}(t/\tau_0)}=\dfrac{v_{C_1}}{E}-\dfrac{v_{C_2}}{E}+\dfrac{R}{E}i_L \end{cases} \tag{1-4-66}$$

令 $\tau_0=RC_2$ 为时间常数，它具有时间的量纲，则取无量纲量 $\tau=t/\tau_0$，$x=v_{C_1}/E$，$y=v_{C_2}/E$，$z=Ri_L/E$，$\alpha=C_1/C_2$，$\beta=\dfrac{R^2C_2}{L}=\dfrac{RC_2}{L/R}$，则式(1-4-66)可简化为：

$$\begin{cases} \dfrac{\mathrm{d}x}{\mathrm{d}\tau}=\alpha\left[y-x-\dfrac{R}{E}f(v_{C_1})\right] \\ \dfrac{\mathrm{d}y}{\mathrm{d}\tau}=x-y+z \\ \dfrac{\mathrm{d}z}{\mathrm{d}\tau}=-\beta y \end{cases} \tag{1-4-67}$$

再将非线性函数 $f(v_{C_1})$ 转化为无量纲形式，取无量纲量 $m_0'=RG_0$，$m_1'=RG_1$，有：

$$\begin{aligned} g(x)=\frac{R}{E}f(v_{C_1})&=RG_1\frac{v_{C_1}}{E}+0.5(RG_0-RG_1)\left[\left|\frac{v_{C_1}}{E}+1\right|-\left|\frac{v_{C_1}}{E}-1\right|\right] \\ &=m_1'x+0.5(m_0'-m_1')[|x+1|-|x-1|] \end{aligned} \tag{1-4-68}$$

最后得到无量纲的 Chua 氏方程为：

$$\begin{cases} \dot{x}=\alpha[y-x-g(x)] \\ \dot{y}=x-y+z \\ \dot{z}=-\beta y \end{cases} \tag{1-4-69}$$

其中 $g(x)=m_1'x+0.5(m_0'-m_1')[|x+1|-|x-1|]$。若取 $\alpha=10$，$\beta=15$，$m_0'=-8/7$，$m_1'=-5/7$，得到 Chua 氏方程具体如下：

$$\begin{cases} \dot{x}=10\left[y-x+\dfrac{5}{7}x-\dfrac{3}{14}[|x+1|-|x-1|]\right] \\ \dot{y}=x-y+z \\ \dot{z}=-15y \end{cases} \tag{1-4-70}$$

Chua 氏方程的数值解比较容易，第 2 章对它有充分的研究。

第 2 章　常见非线性微分方程的数值解

MATLAB 中基于 Runge - Kutta 法求解微分方程的函数有两个，其调用格式如下：

[t,y]=ode23('functionname',tspan,y0)

[t,y]=ode45('functionname',tspan,y0)

其中，functionname 为定义的函数文件名；tspan 形式为[t0,tf]，表示求解区间；y0 是初始状态向量。

Maple 中可以指定使用 Runge - Kutta 法求解微分方程。

对于时滞微分方程的求解，MATLAB 中使用的函数有 3 个，其调用格式如下：

sol=dde23(@ddefun,lags,@history,tspan)

sol=ddesd(@ddefun,delays,history,tspan)

sol=ddensd(@ddefun,dely,delyp,history,tspan)

"dde23"用于求解具有固定时滞的微分方程。其中，"ddefun"为定义的函数句柄；"lags"是延迟时间，正值，行向量；"history"为当 $t\leqslant 0$ 时状态变量的值；"tspan"形式为[t0,tf]，表示求解区间。

"ddesd"用于求解带常规时滞的时滞微分方程。"ddensd"用于求解中立型的时滞微分方程。

下面是几个常见的非线性方程，用数值求解，以了解其解的一些形态。

在数值求解时，一般需对解有一个全局的、定性的了解，主要通过吸引子的判断、分岔图的分析、Lyapunov 指数谱等手段来了解非线性方程解运动的全貌，然后找到特殊点，再进行详细的定量的计算，得到准确的结果，并通过 Lyapunov 指数、Lyapunov 维数等指标检验。

本章程序均在 MATLAB 2012a 或 Maple 2016 中调试通过。

本节介绍了常见的二维和三维单自由度的非线性动力学微分方程，重点研究了 Duffing 方程和 Lorenz 方程。本节通过分岔图、Lyapunov 指数谱、Lyapunov 维数、相图、功率谱等研究了非线性微分方程的动力学行为特性，展示了其周期运动、概周期运动、混沌运动、稳定运动的丰富形式，还研究了混沌运动的抑制、同步、反同步的一些控制方法，如周期信号激励、单状态反馈、线性反馈控制、非线性反馈控制、自适应控制等，启发读者在相应领域进行深入研究。本章提供的程序都有详细的代码(以二维码的形式呈现)供参考，可以为读者的深入研究提供借鉴。

2.1　低维非线性微分方程的数值解

2.1.1　阻尼单摆方程

例 2 - 1　阻尼单摆方程 $\ddot{\theta}+\beta\dot{\theta}+\alpha\sin\theta=F\cos(\omega t)$，初始条件为 θ_0、$\dot{\theta}_0$ [11,12]。

取状态变量为 $x_1=\theta,x_2=\dot{\theta}$，则单摆的非线性模型为：

$$\begin{cases}\dot{x}_1=x_2\\ \dot{x}_2=-\alpha\sin x_1-\beta x_2+F\cos(\omega t)\end{cases}\tag{2-1-1}$$

其相空间体积变化率为 $\dfrac{\mathrm{d}V}{\mathrm{d}t}=\oint\limits_{v}\left(\dfrac{\mathrm{d}}{\mathrm{d}x_1}\dot{x}_1+\dfrac{\mathrm{d}}{\mathrm{d}x_2}\dot{x}_2\right)=-\beta$，可见，当 $\beta>0$ 时，系统是耗散的，存在吸引子。平衡点 $(x,\dot{x})=(0,0)$ 是稳定的。取系数 $\alpha=1$，调节阻尼系数 β 和激励幅度 F，不同的初始条件下，可以得到不同的解。无阻尼无外激励下、有阻尼无外激励下、有阻尼有外激励下的相图如图 2 - 1 所示。

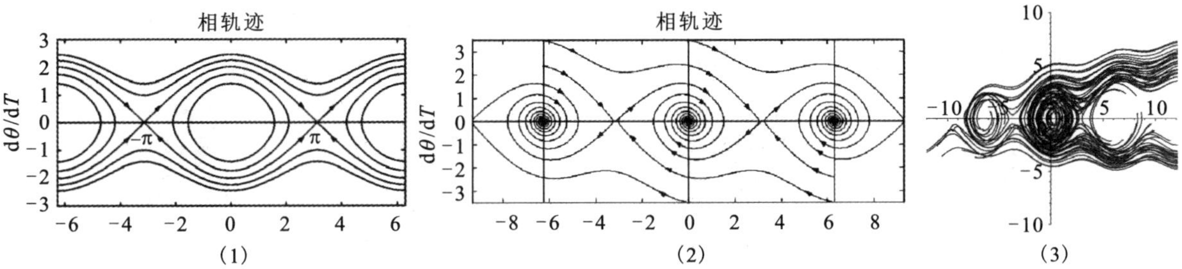

图 2-1　单摆方程的相图示意图

(1)无阻尼无外激励;(2)有阻尼无外激励;(3)有阻尼有外激励

单摆方程解的具体分析如下：

(1)在无阻尼、无外激励条件下。在 MATLAB 中运行程序 pendlA,得解为等幅振荡。

(2)在有阻尼、无外激励、任意摆角条件下。在 MATLAB 中运行程序 pendlB,得到单摆方程的解为衰减振荡。

(3)在有阻尼、有外激励、小摆角条件下。单摆方程可近似为 Duffing 方程：$\ddot{\theta}+\zeta\dot{\theta}+\alpha(\theta-\theta^3/6)=F\cos(\omega t)$,随着激励幅度的增加,单摆方程的稳态解可以表现为 2 周期振荡、4 周期振荡、混沌运动、多周期振荡、1 周期振荡等。在 MATLAB 中运行程序 pendlC,得到的解为其中之一。此时单摆方程的解对外激励的幅值很敏感。

(4)在有阻尼、有外激励、大摆角条件下。随着激励幅度的增加,单摆方程的稳态解可以表现为周期振荡、混沌运动、概周期振荡等。当 $\beta=0.1,\alpha=1,\omega=1$① 时,分别取 $F=1.128\ 51$、1.128 55、1.128 555、1.128 555 5,在 MATLAB 中运行程序 pendlD,得到方程的解。

(5)取状态变量为 $x_1=\theta,x_2=\dot{\theta},x_3=\omega t$,则单摆的非线性模型为：

$$\begin{cases}\dot{x}_1=x_2\\ \dot{x}_2=-\alpha\sin x_1-\zeta x_2+F\cos(x_3)\\ \dot{x}_3=\omega\end{cases}\tag{2-1-2}$$

取 $\beta=0.1$、$\alpha=1$、$\omega=1$、$F=1.128\ 55$,在 MATLAB 中运行程序 pendl_lyapunov_exp,得到单摆解的 Lyapunov 指数谱。

可见,单摆方程此时解的 Lyapunov 指数 $\lambda_1=0.085\ 709$、$\lambda_2=0$、$\lambda_3=-0.185\ 71$,符合 $(\lambda_1,\lambda_2,\lambda_3)=(+,0,-)$,存在奇怪吸引子的判断条件,即此时的解对应混沌运动。相应的 Lyapunov 维数 $L_D=2+\dfrac{\lambda_1+\lambda_2}{|\lambda_3|}=2.461\ 52$,为非整数,再次确认了混沌运动的存在。

(6)取 $\alpha=1$、$\omega=1$,分别取 $(\beta,F)=(0,0)$、$(0.1,0)$、$(0.1,1)$、$(0.1,1.128\ 55)$,在 MATLAB 中运行程序 pendl_psd,得对应的功率谱。混沌运动对应连续的功率谱。

程序 pendlA　程序 pendlB　程序 pendlC　程序 pendlD　程序 pendl_lyapunov_exp　程序 pendl_psd

(7)在 MATLAB 中运行程序 pendl_poincare,得到单摆方程解的 Poincaré 截面图。

(8)在 Maple 中编写程序 pendlphaseplot01,运行后可绘制阻尼单摆方程($\ddot{\theta}+\beta\dot{\theta}+\alpha\sin\theta=0$,初始条件为 θ_0、$\dot{\theta}_0$)在各参数条件下的相图。可见,无外激励的相图与前面所述规律一致。

(9)在 Maple 中编写程序 pendlphaseplot02,运行可绘制单摆 $\ddot{\theta}+\beta\dot{\theta}+\alpha\sin\theta=F\cos(\omega t)$,$\theta_0$,$\dot{\theta}_0$ 在各参数条件下的二维相图。可见,有外激励的相图与前面所述规律一致。

① 为了编码便捷,α、β、ω 在程序中分别用 a、b、w 代替,后同。

(10)取 $\beta=0.1$、$\alpha=1$、$\omega=1$、$F=1.1\sim1.3$，在 MATLAB 中运行程序 pendl_bifurcation 近 60h，得到单摆解的分岔图和吸引子图(受迫单摆的全局特性)。

程序 pendl_poincare　　程序 pendlphaseplot01　　程序 pendlphaseplot02　　程序 pendl_bifurcation

2.1.2　Duffing 方程

例 2-2　机械工程中的转子轴承的非线性动力学问题、海洋船舶的横摇运动等，弹性梁/索/带的纵横共振、弹黏性杆/基桩的非线性等问题，在一定程度上都可以近似为 Duffing 方程[11]。

Duffing 方程的基本类型有 4 种($\alpha>0,\beta>0$)。

(1)$\ddot{x}+k\dot{x}+\alpha x+\beta x^3=H\cos(\omega t)$，$x_0$，$\dot{x}_0$，硬特性型。

(2)$\ddot{x}+k\dot{x}+\alpha x-\beta x^3=H\cos(\omega t)$，$x_0$，$\dot{x}_0$，软特性型之一。

(3)$\ddot{x}+k\dot{x}-\beta x^3=H\cos(\omega t)$，$x_0$，$\dot{x}_0$，上田型。

(4)$\ddot{x}+k\dot{x}-\alpha x+\beta x^3=H\cos(\omega t)$，$x_0$，$\dot{x}_0$，Holmes 型，软特性型之一。

此外还有各种时滞型 Duffing 方程。

对 Duffing 方程 $\ddot{x}+k\dot{x}+\alpha x+\beta x^3=H\cos(\omega t)$，$x_0$，$\dot{x}_0$，取状态变量 $x=x$，$y=\dot{x}$，将 Duffing 方程转换为一阶微分方程组：

$$\begin{cases}\dfrac{\mathrm{d}x}{\mathrm{d}t}=y\\[2ex]\dfrac{\mathrm{d}y}{\mathrm{d}t}=H\cos(\omega t)-(ky+\alpha x+\beta x^3)\end{cases}\tag{2-1-3}$$

其相空间体积变化率为 $\dfrac{\mathrm{d}V}{\mathrm{d}t}=\oint\limits_V\left(\dfrac{\mathrm{d}}{\mathrm{d}x}\dot{x}+\dfrac{\mathrm{d}}{\mathrm{d}y}\dot{y}\right)=-k$。可见当 $k>0$ 时，系统是耗散的，存在吸引子。

Duffing 方程作为典型的非线性振子，在不同的参数组合下存在不同的解。以下分 5 种情况讨论此 Duffing 方程的解。

(1)无阻尼无激励时($k=H=0$)的自由振动：$\ddot{x}+\alpha x+\beta x^3=0$，稳态时，有 $\dot{x}=\ddot{x}=0$，则 $\alpha x+\beta x^3=0$。

当 $\alpha>0,\beta>0$ 时，平衡点$(x,\dot{x})=(0,0)$是中心点，存在周期振荡，此时的相图如图 2-2(1)所示。

当 $\alpha<0,\beta>0$ 时，方程有 3 个根，$x_1=0$，$x_{2,3}=\pm\sqrt{\alpha/\beta}$，相应地有 3 个平衡点，$(x,\dot{x})=(0,0)$，$(\sqrt{\alpha/\beta},0)$，$(-\sqrt{\alpha/\beta},0)$，其中(0,0)是不稳定的，其余两个是稳定的，此时的相图如图 2-2(2)所示。

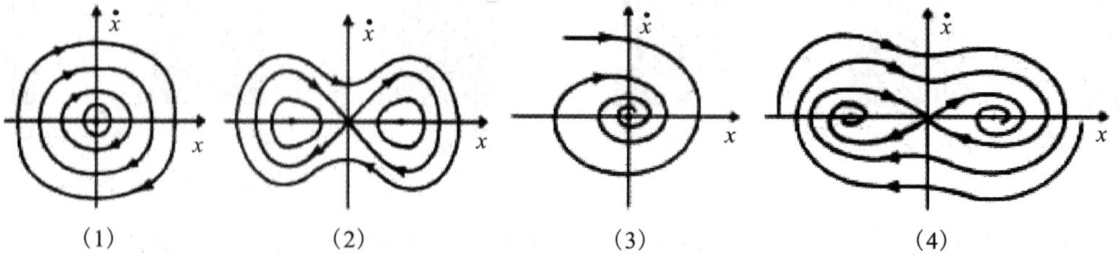

图 2-2　Duffing 方程的自由振动相图

(1)$k=0,\alpha>0,\beta>0$；(2)$k=0,\alpha<0,\beta>0$；(3)$k>0,\alpha>0,\beta>0$；(4)$k>0,\alpha<0,\beta>0$

(2)有阻尼无激励时($k>0$，$H=0$)的自由振动：$\ddot{x}+kx+\alpha x+\beta x^3=0$，稳态时，有 $\dot{x}=\ddot{x}=0$，则 $\alpha x+\beta x^3=0$。

当 $\alpha>0,\beta>0$ 时，平衡点$(x,\dot{x})=(0,0)$是稳定焦点，此时的相图如图 2-2(3)所示。

当 $\alpha<0,\beta>0$ 时，有 3 个根，$x_1=0,x_{2,3}=\pm\sqrt{\alpha/\beta}$，相应地有 3 个平衡点，$(x,\dot{x})=(0,0)$、$(\sqrt{\alpha/\beta},0)$、$(-\sqrt{\alpha/\beta},0)$，其中(0,0)不稳定，其余两个是稳定的，此时相图如图 2－2(4)所示。

在 MATLAB 中运行程序 duffing01，得到无阻尼无激励时 Duffing 方程自由振动的解。可见，此时 Duffing 方程的解为周期振荡，相图为同心圆。

在 MATLAB 中运行程序 duffing02，得到无阻尼无激励时 Duffing 方程自由振动的解。可见，此时 Duffing 方程的解为周期振荡，相图为极限环，原点为鞍点。

在 MATLAB 中运行程序 duffing03，得有阻尼无激励时 Duffing 方程自由振动的解，从而验证了只要阻尼为正，Duffing 方程的解为衰减振荡，相图为螺旋线，原点为稳定焦点。

程序 duffing01　　程序 duffing02　　程序 duffing03

(3)有阻尼时，Duffing 强迫振子的主谐共振。用多尺度法解 Duffing 振子 $\ddot{x}+k\dot{x}+\alpha x+\beta x^3=H\cos(\omega t)$，$x_0,\dot{x}_0,k>0$ 的强迫主谐共振问题，对应的稳态运动 $x(t)$的定常解的振幅 A 和相位 φ 满足以下关系式：

$$\begin{cases}x(t)=a(\varepsilon t)\cos[\omega t-\varphi(\varepsilon t)]\\ \omega=\omega_0+\varepsilon\sigma\\ \omega_0=\sqrt{\alpha}\\ \zeta=k/(2\sqrt{\alpha})\\ \sigma=O(1)\\ k\mathrm{A}=\dfrac{H}{\sqrt{\alpha}}\sin\varphi\\ \varepsilon\sigma\mathrm{A}-\dfrac{3}{8}\varepsilon\sqrt{\alpha}\mathrm{A}^3=\dfrac{H}{2\sqrt{\alpha}}\cos\varphi\end{cases}\tag{2-1-4}$$

在 Maple 中依次编写程序并运行，可得到 Duffing 强迫振子主谐共振的结果。

Duffing 强迫振子主谐共振程序

(4)有阻尼时，Duffing 强迫振子的 1/3 次谐共振。用多尺度法解 Duffing 振子 $\ddot{x}+k\dot{x}+\alpha x+\beta x^3=H\cos(\omega t)$，$x_0,\dot{x},k>0$ 的 1/3 次谐共振问题，对应的稳态运动 $x(t)$的定常解的振幅 A 和相位 φ 满足以下关系式：

$$\begin{cases}x(t)=a(\varepsilon t)\cos\left(\dfrac{\omega t-\varphi(\varepsilon t)}{3}\right)+\dfrac{H}{\alpha-\omega^2}\cos(\omega t)\\ \omega=3\omega_0+\varepsilon\sigma\\ \omega_0=\sqrt{\alpha}\\ \zeta=k/(2\sqrt{\alpha})\\ \dot{\sigma}=O(1)\\ k=-\dfrac{3\varepsilon H\sqrt{\alpha}\mathrm{A}}{4(\alpha-\omega^2)}\sin\varphi\\ \sigma-\dfrac{9H^2\sqrt{\alpha}}{4(\alpha-\omega^2)^2}-\dfrac{9\sqrt{\alpha}\mathrm{A}^2}{8}=\dfrac{9\sqrt{\alpha}H}{8(\alpha-\omega^2)}\cos\varphi\end{cases}\tag{2-1-5}$$

在 Maple 中编写 Duffing 强迫振子 1/3 次谐共振程序，运行后可得到用多尺度法解 Duffing 强迫振子的 1/3 次谐共振的结果。

Duffing 强迫振子 1/3 次谐共振程序

(5)有阻尼时的 Duffing 强迫振子 3 次超谐共振。用多尺度法解 Duffing 振子 $\ddot{x}+k\dot{x}+\alpha x+\beta x^3=H\cos(\omega t)$，$x_0,\dot{x}_0,k>0$ 的 3 次超谐共振问题，对应的稳态运动

$x(t)$的定常解的振幅 A 和相位 φ 满足以下关系式：

$$\begin{cases} x(t)=a(\varepsilon t)\cos(3\omega t-\varphi(\varepsilon t))+\dfrac{H}{\alpha-\omega^2}\cos(\omega t) \\ 3\omega=\omega_0+\varepsilon\sigma \\ \omega_0=\sqrt{\alpha} \\ \zeta=k/(2\sqrt{\alpha}) \\ \sigma=O(1) \\ k\mathrm{A}=-\dfrac{\varepsilon H^3\sqrt{\alpha}}{4(\alpha-\omega^2)^3}\sin\varphi \\ \sigma\mathrm{A}-\dfrac{3H^2\sqrt{\alpha}}{4(\alpha-\omega^2)^2}\mathrm{A}-\dfrac{3\sqrt{\alpha}}{8}\mathrm{A}^3=\dfrac{\sqrt{\alpha}H^3}{8(\alpha-\omega^2)^3}\cos\varphi \end{cases} \tag{2-1-6}$$

在 Maple 中编写程序，运行得多尺度法解 Duffing 强迫振子 3 次超谐共振的结果。

Duffing 强迫振子 3 次超谐共振程序

(6)有阻尼时的强迫组合共振。用多尺度法解 Duffing 振子 $\ddot{x}+k\dot{x}+\alpha x+\beta x^3=H_1\cos(\omega_1 t)+H_2\cos(\omega_2 t)$，$x_0$，$\dot{x}_0$，$k>0$，$\omega_2>\omega_1$ 的组合共振问题，对应有 11 种可能共振的情况：

$$\begin{cases} \omega_0=\sqrt{\alpha}\approx 3\omega_1 \\ \sqrt{\alpha}\approx 3\omega_2 \\ \sqrt{\alpha}\approx\omega_1/3 \\ \sqrt{\alpha}\approx\omega_2/3 \\ \sqrt{\alpha}\approx\omega_2\pm 2\omega_1 \\ \sqrt{\alpha}\approx 2\omega_2\pm\omega_1 \\ \sqrt{\alpha}\approx 2\omega_1-\omega_2 \\ \sqrt{\alpha}\approx(\omega_2\pm\omega_1)/2 \end{cases} \tag{2-1-7}$$

当$\sqrt{\alpha}\approx\omega_2+2\omega_1$ 时，组合共振的稳态运动 $x(t)$的定常解的振幅 A 和相位 φ 满足以下关系：

$$\begin{cases} x(t)=a(\varepsilon t)\cos[(2\omega_1+\omega_2)t+2\theta_1+\theta_2-\varphi(\varepsilon t)]+\dfrac{H_1}{\alpha-\omega_1^2}\cos(\omega_1 t+\theta_1)+\dfrac{H_2}{\alpha-\omega_2^2}\cos(\omega_2 t+\theta_2) \\ 2\omega_1+\omega_2=\omega_0+\varepsilon\sigma \\ \omega_2=\sqrt{\alpha} \\ \zeta=k/(2\sqrt{\alpha}) \\ \sigma=O(1) \\ \left(\dfrac{k}{2\varepsilon}\right)^2A^2+\left(\sigma-\dfrac{3\sqrt{\alpha}}{4}\left[\dfrac{H_1^2}{(\alpha-\omega_1^2)^2}+\dfrac{H_2^2}{(\alpha-\omega_2^2)^2}\right]-\dfrac{3\sqrt{\alpha}A^2}{8}\right)^2A^2=\left[\dfrac{3\sqrt{\alpha}H_1^2H_2}{8(\alpha-\omega_1^2)^2(\alpha-\omega_2^2)}\right]^2 \\ \dfrac{-k/2\varepsilon}{\alpha-\dfrac{3\sqrt{\alpha}}{4}\left[\dfrac{H_1^2}{(\alpha-\omega_1^2)^2}+\dfrac{H_2^2}{(\alpha-\omega_2^2)^2}\right]-\dfrac{3\sqrt{\alpha}A^2}{8}}=\tan\varphi \end{cases} \tag{2-1-8}$$

根据前述方法，可进行类似计算。

(7)Lyapunov 指数谱。Duffing 振子 $\ddot{x}+k\dot{x}+\alpha x+\beta x^3=H\cos(\omega t)$，$x_0=0$，$\dot{x}_0=0$，当参数组合$(k,\alpha,\beta,H,\omega)$取值如下时，可产生混沌运动：(0.168，−0.5，0.5，0.22，1)，(0.084 5，−1，1，0.1，1)，(0.3，−1，1，8.5，1)，(0.05，0，1，7.5，1)，(0.3，0，1，39，1)，(0.4，−1.1，1，1.498，1.8)。参数组合分别取(0.4，−1.1，1，1.498，1.8)，(0.05，0，1，7.5，1)，在 MATLAB 中运行程序 duffing_lyapunov_exp01，得到 Duffing 方程解的 Lyapunov 指数谱。

程序 duffing_lyapunov_exp01

运行程序 duffing_lyapunov_exp02,得到 Duffing 振子 $\ddot{x}+k\dot{x}+\alpha x+\beta x^3=H\cos(\omega t)$ 取 $x_0=1,\dot{x}_0=1$,参数组合$(k,\alpha,\beta,H,\omega)=(1,-1,1,0.4-0.6,0.2)$最大 Lyapunov 指数谱随激励振幅变化的曲线。

(8)功率谱。参数组合$(k,\alpha,\beta,H,\omega)$分别取值(0.4,−1.1,1,1,498,1.8)、(0.05,0,1,7.5,1),在 MATLAB 中运行程序 duffing_psd,得到相应的功率谱。

(9)Poincaré 截面。参数组合$(k,\alpha,\beta,H,\omega)$分别取值(0.4,−1.1,1,1.498,1.8)、(0.25,1,1,0.1,1)、(0.25,1,1,0.3,1)、(0.25,1,1,3,1),在 MATLAB 中运行程序 duffing_poincare 得 Duffing 方程解的 Poincaré 截面。

(10)有阻尼时,Duffing 强迫振子的二维相图。改变参数组合$(k,\alpha,\beta,H,\omega)$的取值,运行程序 duffing04,得到相应解的相图,可见其中的单周期运动、多周期运动、概周期运动、混沌运动。

(11)分岔图。在 MATLAB 中运行程序 duffing_bifurcation,可得当 $F=0.263\sim0.298$ 时,Duffing 振子的分岔图。

程序 duffing_lyapunov_exp02　　程序 duffing_psd　　程序 duffing_poincare　　程序 duffing04　　程序 duffing_bifurcation

2.1.3 van der Pol 方程

例 2-3　van der Pol 方程 $\ddot{x}+\varepsilon(x^2-1)\dot{x}+x=F\cos\omega t,x_0,\dot{x}_0$[1]. 取状态变量$\begin{cases}x_1=x\\x_2=\dot{x}\end{cases}$,化自治 van Der Pol 方程为一阶微分方程组:$\begin{cases}\dot{x}_1=x_2\\\dot{x}_2=-\varepsilon(x_1^2-1)x_2-x_1\end{cases}$。其相空间体积变化率为 $\dfrac{dV}{dt}=\oint_v\left(\dfrac{d}{dx_1}\dot{x}_1+\dfrac{d}{dx_2}\dot{x}_2\right)=-\varepsilon(x_1^2-1)$,可见当$\varepsilon(x_1^2-1)>0$时,系统是耗散的,存在吸引子。

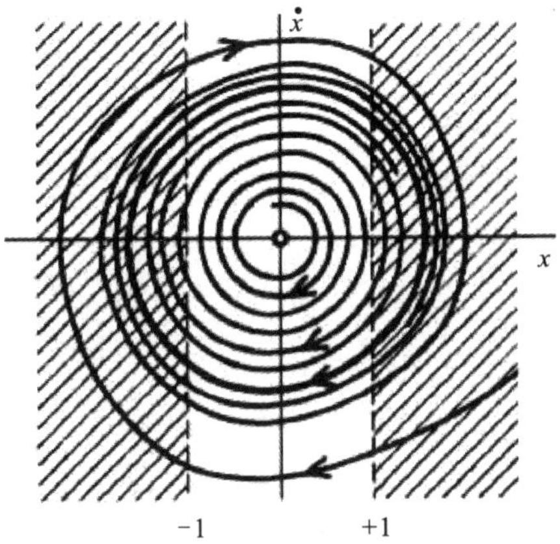

图 2-3　van Der Pol 自由振子的相图

(1)无激励时的自由振动,$F=0$。系统的平衡点为(0,0),在平衡点处的 Jacobi 矩阵的特征值为 $\lambda=\dfrac{1}{2}(\varepsilon\pm\sqrt{\varepsilon^2-4})$,因此当$\varepsilon<0$时,(0,0)点是渐近稳定的;当 $\varepsilon>0$ 时,(0,0)点是不稳定的;当 $\varepsilon=0$ 时,$\lambda=\pm i,\dfrac{d\lambda}{d\varepsilon}=-\dfrac{1}{2}\neq0,\varepsilon=0$ 是平衡点(0,0)上的一个 Hopf 分岔点。因此,系统存在极限环,当$\varepsilon<0$时,极限环渐近稳定;当 $\varepsilon>0$ 时,极限环不稳定,此时的相图如图 2-3 所示。

在 MATLAB 中运行程序 vanderpol01,可得 ε① = 0.1、0、−0.1 的时程曲线和相曲线。

若 ε 值很大,在 MATLAB 中运行程序 vanderpol02,得到的相图偏离圆形,相应的等幅振荡成为张驰震荡。

程序 vanderpol01　　程序 vanderpol02

(2)有激励时的 van der Pol 振子。非自治 van der Pol

① 在程序中,ε 用代码 Mu 代替,即 μ。

方程 $\ddot{x}+\varepsilon(x^2-1)\dot{x}+x=F\cos\omega t$，取状态变量 $\begin{cases}x_1=x\\x_2=\dot{x}\end{cases}$，化方程为一阶微分方程组 $\begin{cases}\dot{x}_1=x_2\\\dot{x}_2=-\varepsilon(x_1^2-1)x_2-x_1+F\cos\omega t\end{cases}$。

先考察 Lyapunov 指数随 ε、F 的变化情况。在 MATLAB 中运行程序 van der pol_lyapunov_exp01①，得到 van der Pol 强迫振子的 Lyapunov 指数随参数的变化情况。同理，可得到 van der Pol 强迫振子的 Lyapunov 指数随 Mu、F、ω 的变化情况。

Lyapunov 指数谱：在 MATLAB 中运行程序 van der pol_lyapunov_exp02，得 van der Pol 强迫振子的 Lyapunov 指数谱。可见，当 Mu＝0.4，F＝1.498，ω＝1.8 时，Lyapunov 方程的解为混沌运动。

(3)Maple 相图。在 Maple 中编写程序 vanderpolphaseplot，运行后可绘制 van der Pol 振子在各参数条件下的二维相图。可见，无外激励的相图与前面所述规律一致。

(4)其余共振问题的解可参照 Duffing 方程的情况类似研究。

程序 van der pol_ lyapunov_ exp01　　程序 van der pol_ lyapunov_exp02　　程序 vanderpolphaseplot

2.1.4　三阶自治非线性微分方程

例 2-4　三阶自治非线性微分方程 $\dddot{x}+a\ddot{x}-\dot{x}^2+x=0$，$x_0=\dot{x}_0=\ddot{x}_0=0.05$。取状态变量 $\begin{cases}x_1=x\\x_2=\dot{x}\\x_3=\ddot{x}\end{cases}$，化方程为一阶微分方程组：$\begin{cases}\dot{x}_1=x_2\\\dot{x}_2=x_3\\\dot{x}_3=-x_1+x_2^2-ax_3\end{cases}$。其相空间体积变化率为 $\frac{dV}{dt}=\oint_V\left(\frac{d}{dx_1}\dot{x}_1+\frac{d}{dx_2}\dot{x}_2+\frac{d}{dx_3}\dot{x}_3\right)=-a$。可见，当 $a>0$ 时，系统是耗散的，存在吸引子。

(1)分岔图。在 MATLAB 中运行程序 F3_ode_bifurcation，得 a＝2.020～2.082 的分岔图。

当 a＝2.080 时，方程的解对应 2 周期运动；当 a＝2.070 时，方程的解对应 4 周期运动；当 a＝2.045 时，方程的解对应概周期运动或混沌运动；当 a＝2.030 时，方程的解对应周期运动；当 a＝2.025、2.020 时，方程的解对应概周期运动或混沌运动。

(2)三维相图与时域响应。在 MATLAB 中运行程序 solu_De3eq，修改参数 a，可得相应的三维相图和时程图。

(3)Lyapunov 指数谱。在 MATLAB 中运行程序 Deq03_lyapunov_exp，得 a＝2.00～2.10 的 Lyapunov 指数谱。

程序 F3_ode_ bifurcation　　程序 solu_De3eq　　程序 Deq03_ lyapunov_exp

① 此代码运行耗时较长，约 30 min，请耐心等待。

由 Lyapunov 指数谱可见其运动规律的结论基本一致：当 $a=2.080$ 时，方程的解对应 2 周期运动；当 $a=2.070$ 时，方程的解对应 4 周期运动；当 $a=2.045$ 时，方程的解对应概周期运动或混沌运动；当 $a=2.030$时，方程的解对应周期运动；当 $a=2.025, 2.020$ 时，方程的解对应概周期运动或混沌运动。

(4)Maple 相图。在 Maple 中编写程序 De3eqphaseplot，运行后可绘制三阶自治非线性方程在不同参数条件下的三维相图。所得的三维相图与前面所述的规律一致。当 $a=2.08221\sim2.08225$ 时，方程的解对应倍周期序列—概周期/混沌—倍周期序列—收敛稳定。

程序 De3eqphaseplot

(5)其余情况可参照 Duffing 方程类似研究。

2.1.5 Lorenz 方程

例 2-5　大气对流的 Lorenz 方程：$\begin{cases}\dfrac{\mathrm{d}x}{\mathrm{d}t}=-c(x-y)\\ \dfrac{\mathrm{d}y}{\mathrm{d}t}=ax-y-xz\\ \dfrac{\mathrm{d}z}{\mathrm{d}t}=xy-bz\end{cases}$，初始条件为 x_0, y_0, z_0[3]。其相空间体积变化率为 $\dfrac{\mathrm{d}V}{\mathrm{d}t}=\oint\limits_V\left(\dfrac{\mathrm{d}}{\mathrm{d}x}\dot{x}+\dfrac{\mathrm{d}}{\mathrm{d}y}\dot{y}+\dfrac{\mathrm{d}}{\mathrm{d}z}\dot{z}\right)=-(c+1+b)$。可见，当$(c+1+b)>0$ 时，系统是耗散的，存在吸引子。平衡点方程为：

$$\begin{cases}x=y\\ (a-1-z)x=0\\ \dfrac{\mathrm{d}z}{\mathrm{d}t}=x=\pm\sqrt{b(a-1)}\end{cases}\tag{2-1-9}$$

其解的形态与 a 的取值相关：当 $a<1$ 时，方程的解只有一个平衡点(0,0,0)；当 $a>1$ 时，方程的解有两个平衡点 $A_{1,2}=(\pm\sqrt{b(a-1)}, \pm\sqrt{b(a-1)}, a-1)$，(0,0,0)不再是平衡点。当 a 持续增加时，系统随机地围绕着某个平衡点运动；当 $a>15$ 时，系统出现不稳定极限环，开始混沌运动；当 a 持续增加到 28 时，系统达到双吸引子的混沌运动。

(1)Lyapunov 指数随 a 的变化情况。在 MATLAB 中运行程序 lorenzz_lyapunov_exp，得系统关于 a 的 Lyapunov 指数谱。程序运行的基本过程：选定时间区间 T，迭代次数 K，确定参数 $a=a_0$，解一阶微分方程组：

$$\begin{cases}\dfrac{\mathrm{d}\boldsymbol{X}}{\mathrm{d}t}=\mathrm{Function}(\boldsymbol{X}(t))\\ \boldsymbol{X}=(x,y,z)\end{cases}\tag{2-1-10}$$

程序 lorenzz_lyapunov_exp

设初始条件为 x_0、y_0、z_0，得 $X=(x,y,z)$，而系统轨线的切向量 $\boldsymbol{W}$ 满足方程：

$$\begin{cases}\dfrac{\mathrm{d}\boldsymbol{W}}{\mathrm{d}t}=\mathrm{Jacob}(\boldsymbol{X}(t))\boldsymbol{W}\\ \boldsymbol{X}=(x,y,z)\\ \boldsymbol{W}_0=\boldsymbol{I}\\ \mathrm{Jacob}(\boldsymbol{X}(t))=\begin{bmatrix}-c & c & 0\\ a+z & -1 & -x\\ y & x & b\end{bmatrix}\end{cases}\tag{2-1-11}$$

得：

$$\boldsymbol{W}=(w_1, w_2, w_3)\tag{2-1-12}$$

即在初始正交向量条件 $\boldsymbol{W}_0=\boldsymbol{I}$ 经过 T 时间积分，得到向量 $\boldsymbol{W}=(w_1, w_2, w_3)$，$\boldsymbol{W}$ 经过 Gram - Schmit

正交化后得向量 $\boldsymbol{V}=(v_1,v_2,v_3)$，规范化后得向量 $\boldsymbol{U}=(u_1,u_2,u_3)$。以 $\boldsymbol{U}$ 作为 $\boldsymbol{W}_0^*$，重复上述过程，直到 Lyapunov 指数收敛或者达到最大迭代次数 K 为止。当 K 足够大时，有 Lyapunov 指数：

$$\mathrm{LE}_i = \lim_{K\to\infty}\frac{1}{KT}\sum_{k=1}^{k=K}\ln(|\ v_i^{(k)}\ |) \quad 其中\ i=1,2,3 \tag{2-1-13}$$

(2)特征点 a 处的相图。从 Lorenz 方程的 Lyapunov 指数谱可以直观地看到：随着 a 的变化，Lorenz 方程解的运动变化趋势。例如，当 $a=18,24,70,92,\cdots$ 附近时，Lorenz 方程的解产生突变，存在分岔。取 $b=8/3,c=10$，改变 a，在 MATLAB 中运行程序 lorenz_phase01，得 Lorenz 方程解的图像。

取 $a=28,b=8/3,c=10$，经程序 lorenz_lyapunov_exp 计算，得到 Lorenz 方程解的 Lyapunov 指数 $\lambda_1=0.866\ 25,\lambda_2=-0.000\ 907\ 54,\lambda_3=-14.530\ 3$，符合 $(\lambda_1,\lambda_2,\lambda_3)=(+,0,-)$，存在奇怪吸引子的判断条件，即此时的解对应混沌运动。相应的 Lyapunov 维数 $L_D=2+\dfrac{\lambda_1+\lambda_2}{|\lambda_3|}=2.059\ 6$，为非整数，再次确认了混沌运动的存在。

(3)分岔图。在 MATLAB 中运行程序 lorenz_bifurcation，得系统关于 a 的分岔图，如图 2-4 所示。

程序 lorenz_phase01　　程序 lorenz_lyapunov_exp　　程序 lorenz_bifurcation

由分岔图 2-4 可更详细地判定 Lorenz 方程的解的性质和规律。

改变 a，在 MATLAB 中运行程序 lorenz_phase01，可得到相应的图像，进而判定解的性质和规律。例如：

由图 2-4(1)知，当 $13.926\ 4<a<13.926\ 5$ 时，解由一个平衡焦点跳到另一个平衡焦点。

由图 2-4(2)知，当 $24.073\ 77<a<24.073\ 78$ 时，解由周期运动跳变到混沌运动。

由图 2-4(4)知，当 $69.7<a<69.8$ 时，解为混沌运动中的周期运动窗口；当 $71.5<a<71.7$ 时，解为混沌运动中的周期运动窗口。

由图 2-4(5)知，当 $83.54<a<83.60$ 时，解为混沌运动中的周期运动窗口，如图 2-5(1)所示。

由图 2-4(6)知，当 $89.94<a<89.99$ 时，解为混沌运动中的周期运动窗口；当 $91.8<a<93.25$ 时，解为混沌运动中的周期运动窗口。

由图 2-4(7)知，当 $99.30<a<100.92$ 时，解为混沌运动中的周期运动窗口，如图 2-5(2)所示。

由图 2-4(9)知，当 $113.845<a<114.00$ 时，解为混沌运动中的周期运动窗口。

由图 2-4(11)知，当 $123.22<a<123.30$ 时，解为混沌运动中的周期运动窗口，如图 2-5(3)所示。

由图 2-4(12)知，当 $130.98<a<133.009$ 时，解为混沌运动中的周期运动窗口。

由图 2-4(14)知，当 $142.80<a<142.91$ 时，解为混沌运动中的周期运动窗口；当 $143.41<a<143.55$ 时，解为混沌运动中的周期运动窗口。

由图 2-4(15)知，当 $147<a<150$ 时，解由混沌运动转变为周期运动窗口。

由图 2-4(16)知，当 $150<a<155$ 时，解由高倍周期运动转变为低倍周期运动窗口。

由图 2-4(18)知，当 $165.85<a<165.86$ 时，解由周期运动转变为混沌运动；当 $172.936<a<172.957$ 时，解为混沌运动中的周期运动窗口。

由图 2-4(19)知，当 $177.720\ 0<a<177.792\ 5$ 时，解为混沌运动中的周期运动窗口；当 $180.83<a<181.52$ 时，解为混沌运动中的周期运动窗口。

由图 2-4(20)知，当 $185.769<a<185.803$ 时，解为混沌运动中的周期运动窗口；当 $190.740<a<190.783$ 时，解为混沌运动中的周期运动窗口。

由图 2-4(21)知，当 $198.915<a<199.016$ 时，解为混沌运动中的周期运动窗口；当 $a\approx198$ 时，解由

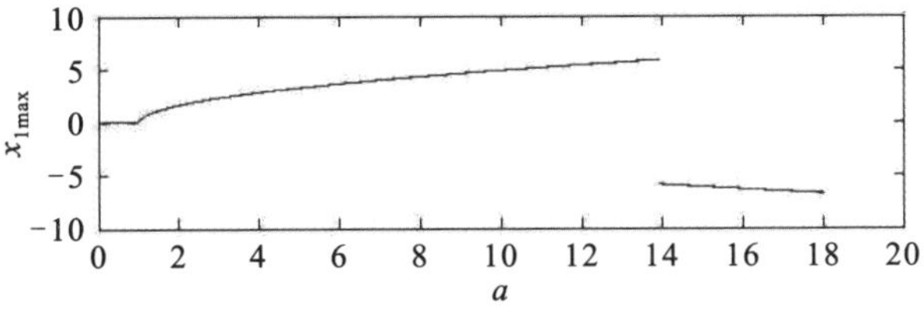

(1)

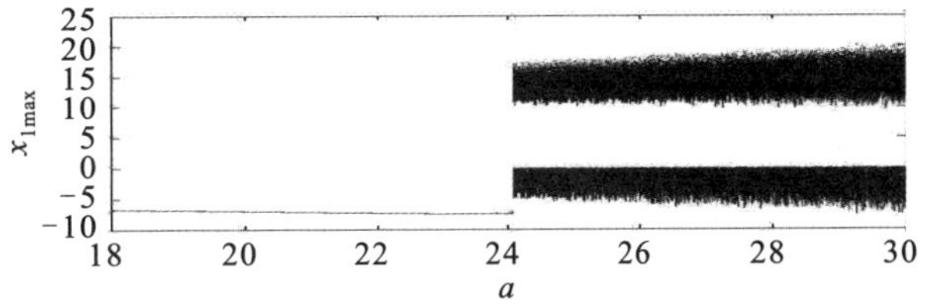

(2)

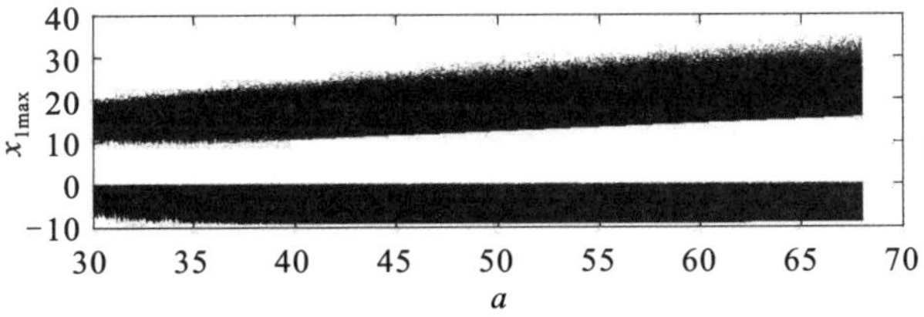

(3)

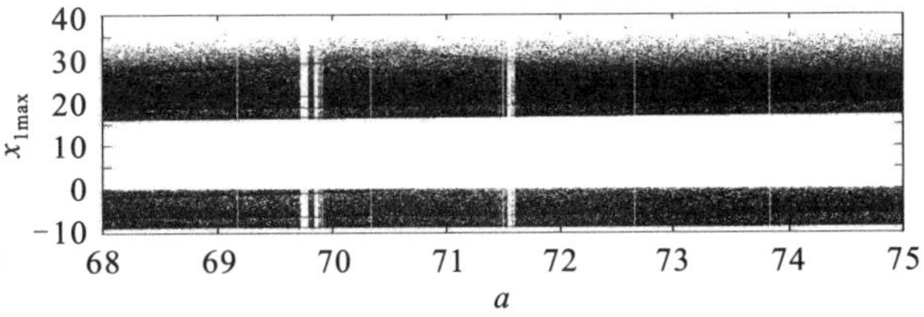

(4)

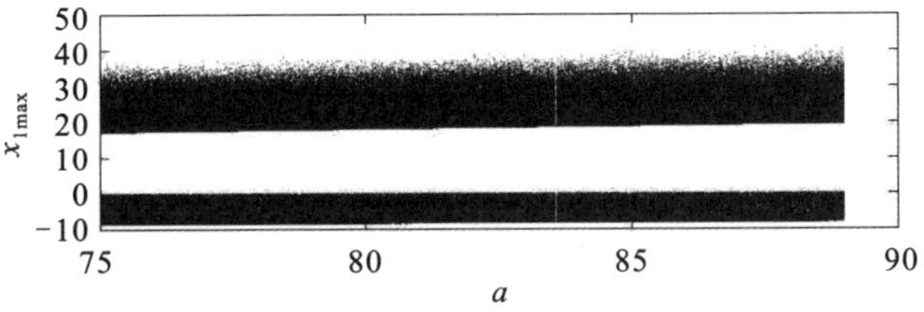

(5)

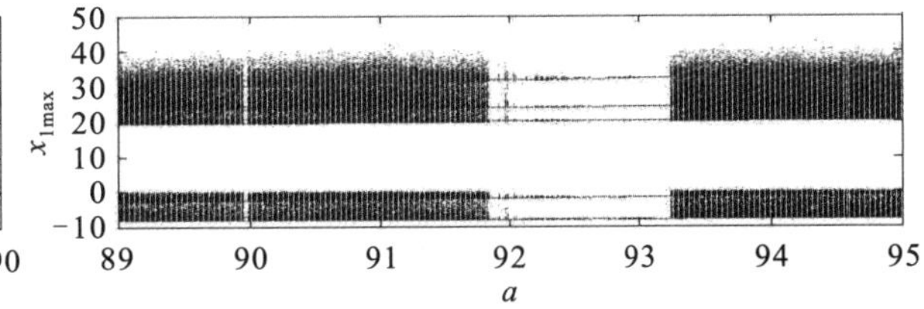

(6)

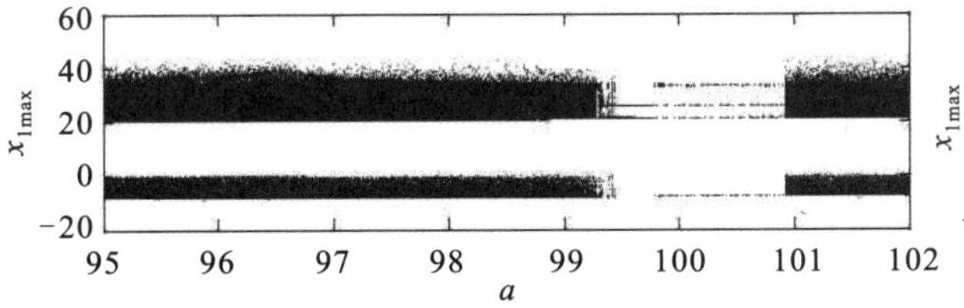

(7)

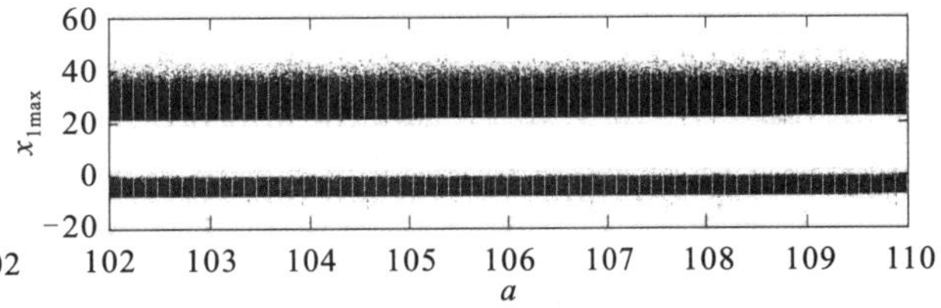

(8)

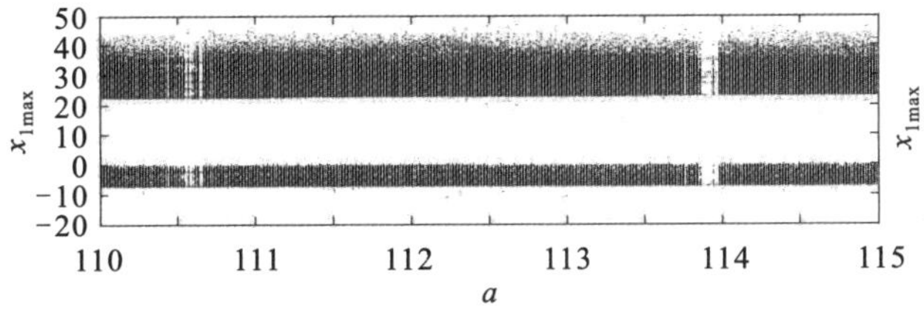

(9)

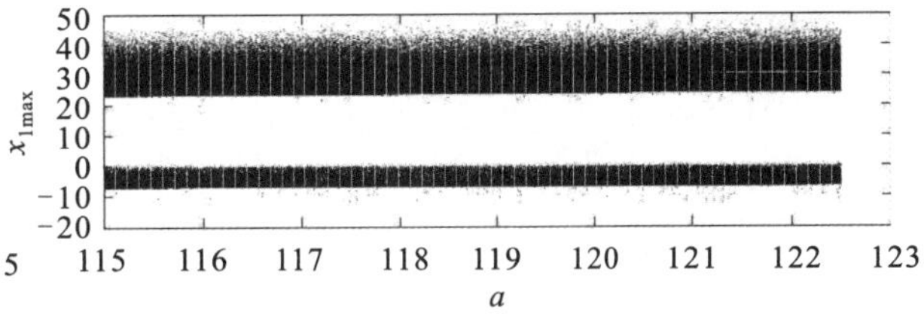

(10)

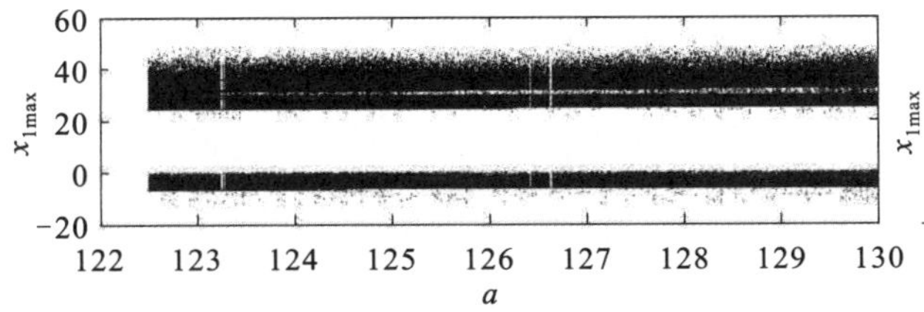

(11)

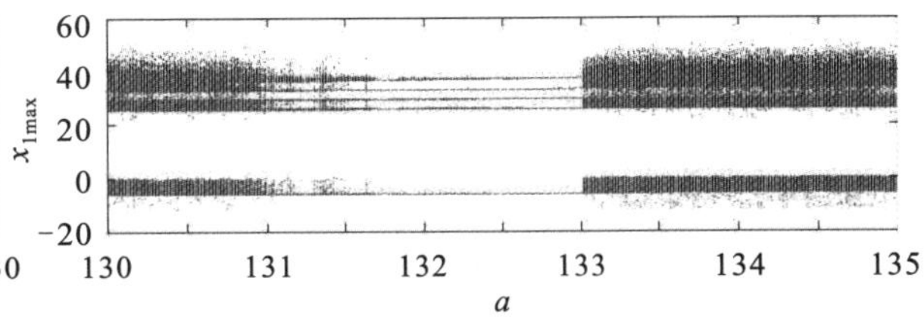

(12)

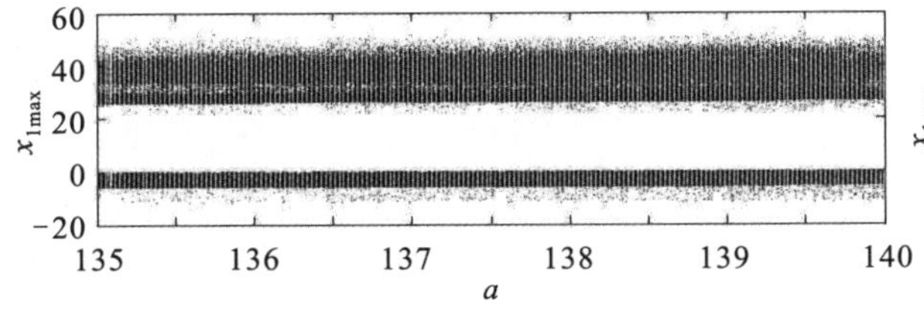

(13)

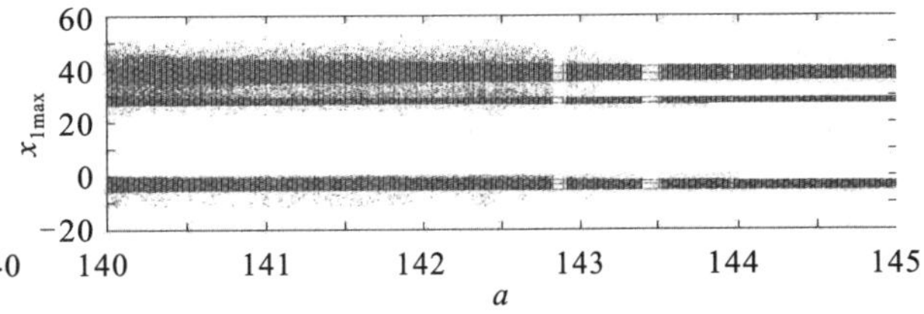

(14)

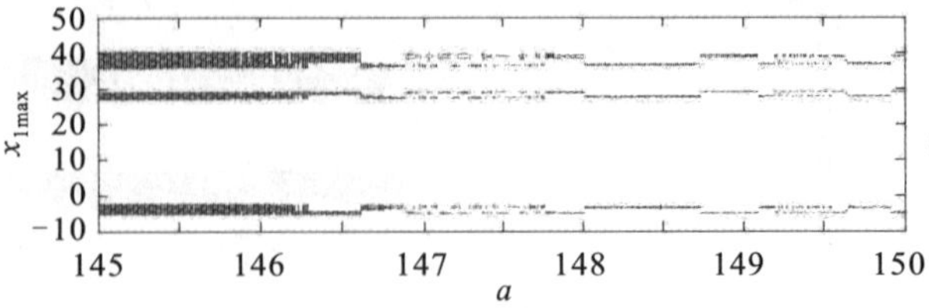

(15)

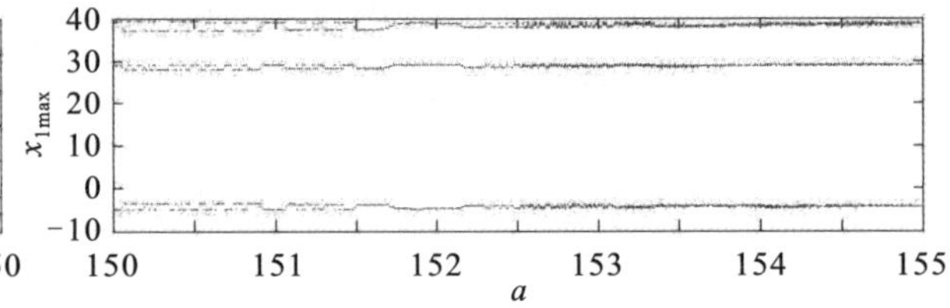

(16)

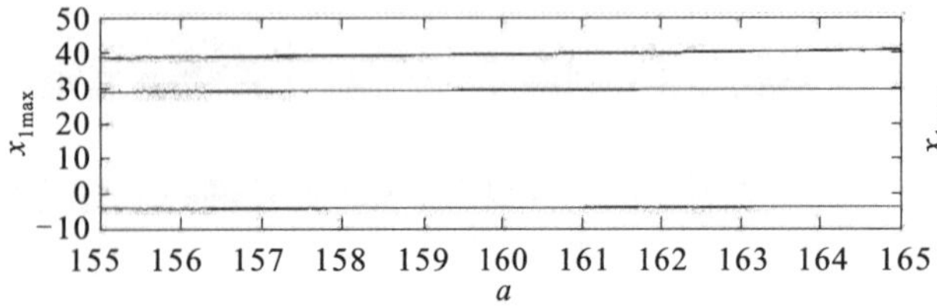

(17)

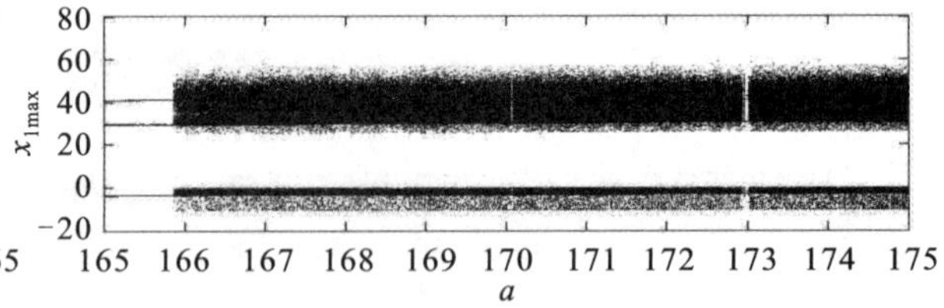

(18)

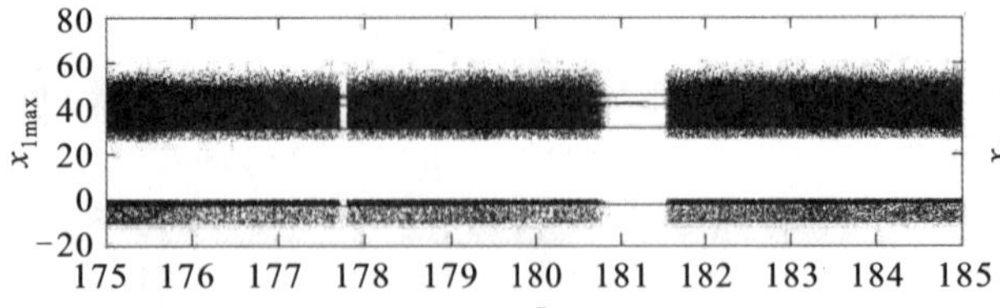

(19)

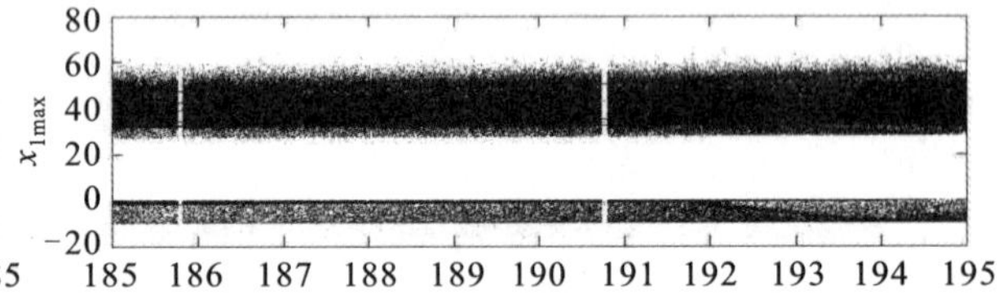

(20)

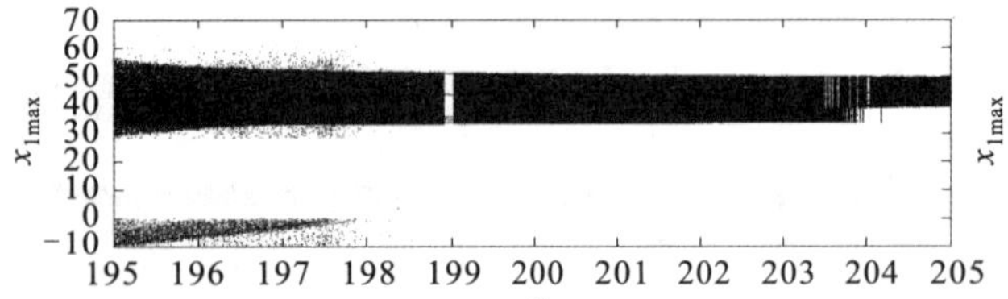

(21)

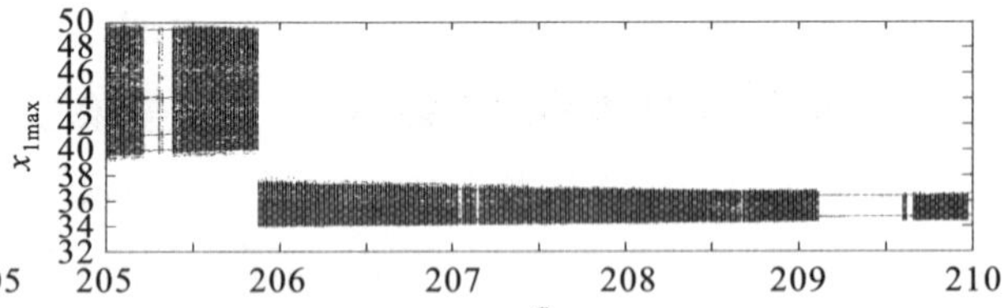

(22)

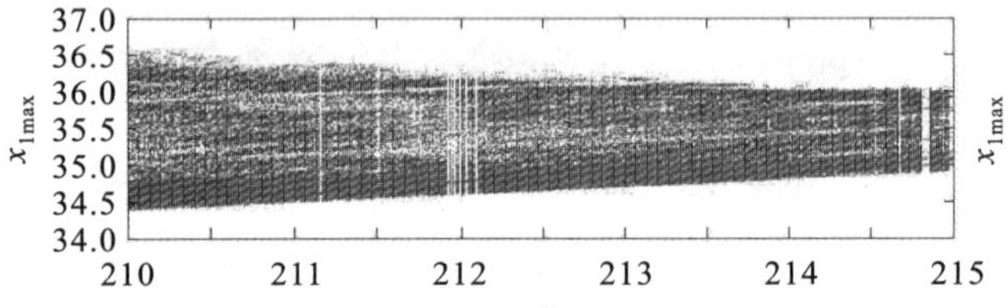

(23)

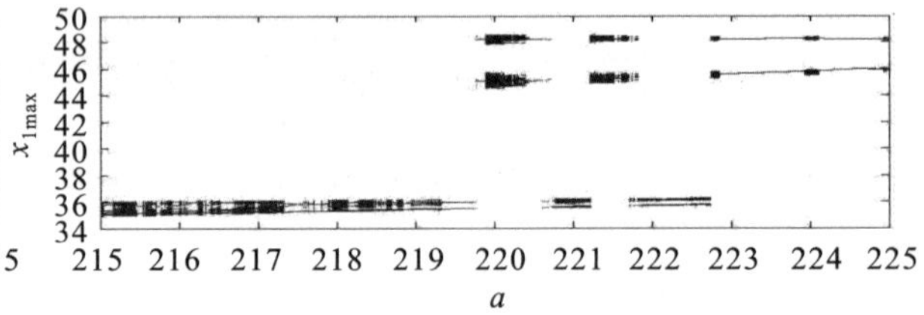

(24)

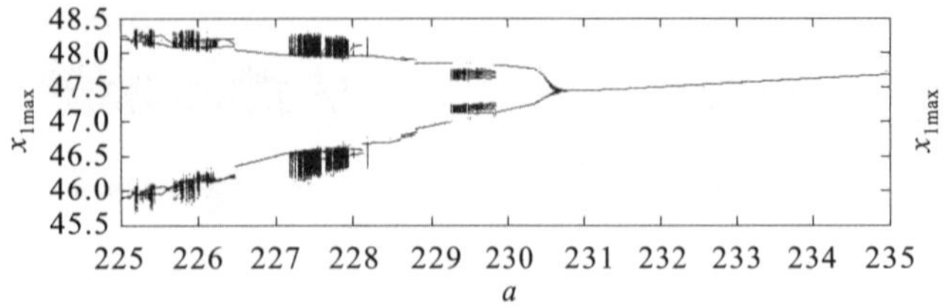

(25)

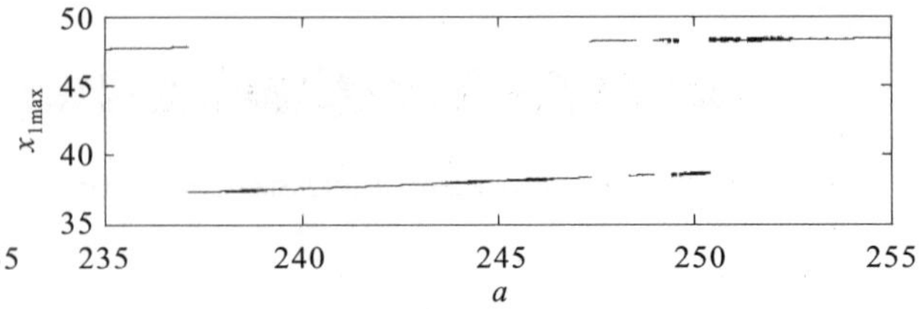

(26)

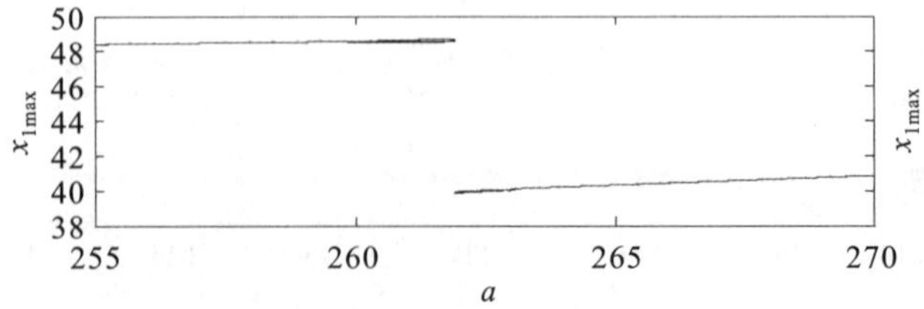

(27)

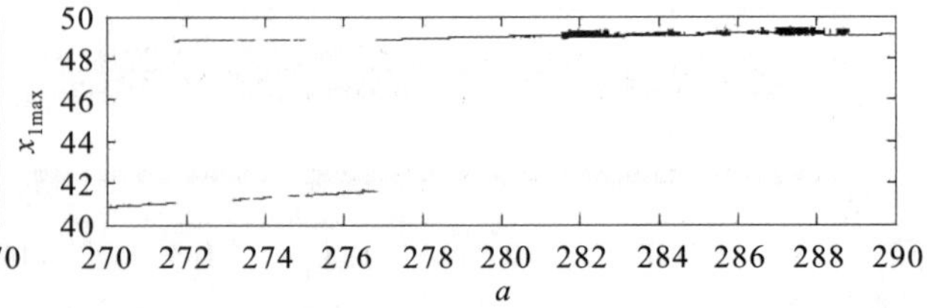

(28)

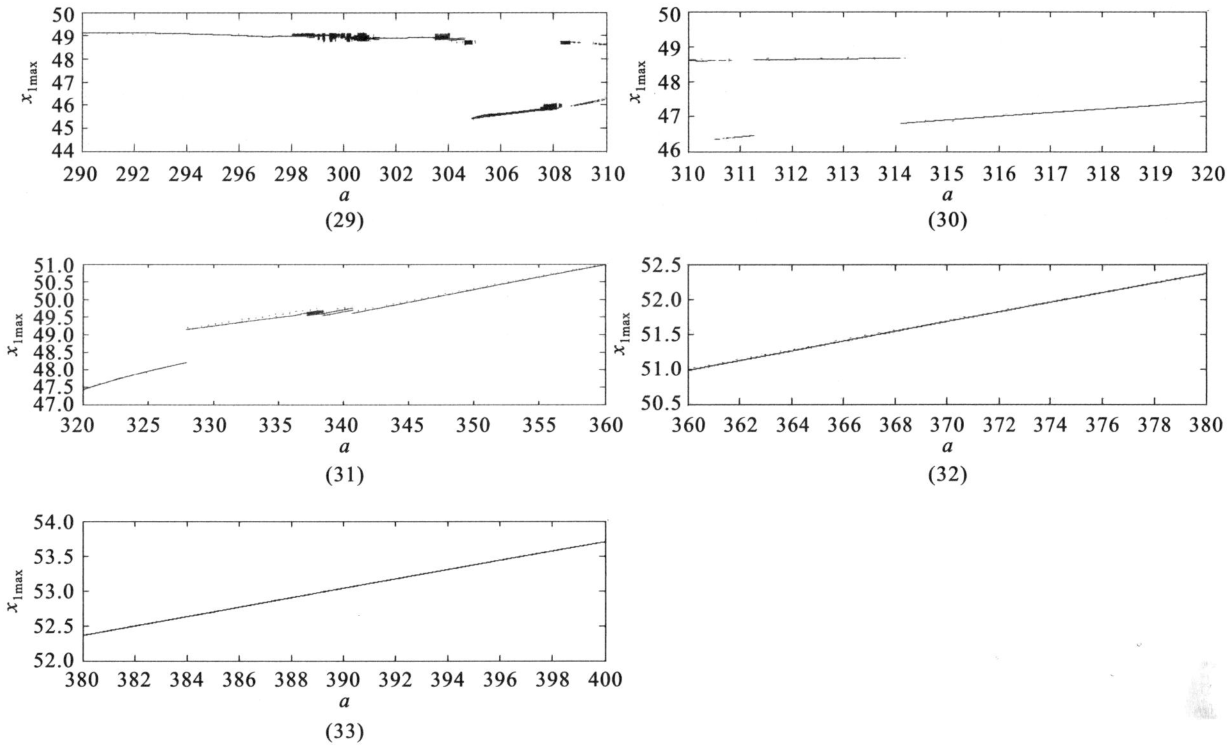

图 2－4　Lorenz 方程的分岔图

(1)a=0.1～18；(2)a=18～30；(3)a=30～68；(4)a=68～75；(5)a=75～89；(6)a=89～95；(7)a=95～102；(8)a=102～110；(9)a=110～115；(10)a=115～122.5；(11)a=122.5～130；(12)a=130～135；(13)a=135～140；(14)a=140～145；(15)a=145～150；(16)a=150～155；(17)a=155～165；(18)a=165～175；(19)a=175～185；(20)a=185～195；(21)a=195～205；(22)a=205～210；(23)a=210～215；(24)a=215～225；(25)a=225～235；(26)a=235～255；(27)a=255～270；(28)a=270～290；(29)a=290～310；(30)a=310～320；(31)a=320～360；(32)a=360～380；(33)a=380～400

围绕着 3 个平衡点的混沌运动跳变到围绕着两个平衡点的混沌运动。

由图 2－4(22)知，当 $205.22<a<205.37$ 时，解为混沌运动中的周期运动窗口；当 $a\approx205.89$ 时，解为围绕着平衡点的混沌运动跳变到另一平衡点的混沌运动；当 $209.15<a<209.55$ 时，解为混沌运动中的周期运动窗口。

由图 2－4(23)知，当 $214.82<a<214.85$ 时，解为混沌运动中的周期运动窗口。

由图 2－4(24)知，当 $a\approx219.75$ 时，解由 2 周期运动跳变为另一 2 周期运动；当 $a\approx220.73$ 时，解由另一2 周期运动跳变为原 2 周期运动；当 $a\approx221.22$ 时，解由多周期运动跳变为另一多周期运动；当 $a\approx221.71$ 时，解由另一多周期运动跳变为原多期运动；当 $a\approx222.74$ 时，解由原多周期运动跳变为另一多周期运动；当 $222.85<a<223.90$ 时，解为 2 周期运动；当 $223.95<a<224.10$ 时，解为多周期运动；当 $224.10<a<224.90$ 时，解为 2 周期运动。

由图 2－4(25)知，当 $a\approx219.75$ 时，解由 2 周期运动跳变为另一 2 周期运动；当 $a\approx220.73$ 时，解由另一2 周期运动跳变为原 2 周期运动；当 $a\approx221.22$ 时，解由多周期运动跳变为另一多周期运动；当 $a\approx221.71$ 时，解由另一多周期运动跳变为原多期运动；当 $a\approx222.74$ 时，解由原多周期运动跳变为另一多周期运动；当 $222.85<a<223.90$ 时，解为 2 周期运动；当 $223.95<a<224.10$ 时，解为多周期运动；当 $224.10<a<224.90$ 时，解为 2 周期运动。

由图 2－4(26)知，当 $a\approx237.085$ 时，解由 1 周期运动跳变为另一 1 周期运动，如图 2－5(4)所示；当 $a\approx247.36$ 时，解由另一1 周期运动跳变为原 1 周期运动；当 $a\approx248.35$ 时，解由原 1 周期运动跳变为另一 1 周期运动；当 $a\approx249.00$ 时，解由另一 1 周期运动跳变为原 1 周期运动；当 $a\approx249.60$ 时，解由原 1 周期运动跳变为另一 1 周期运动；当 $a\approx250.40$ 时，解由另一 1 周期运动跳变为原 1 周期运动。

由图 2-4(27)知，当 $a\approx 261.88$ 时，解由原 1 周期运动跳变为另一 1 周期运动，如图 2-5(5)所示。

由图 2-4(28)知，当 $a\approx 271.72$ 时，解由原 1 周期运动跳变为另一 1 周期运动，如图 2-5(6)所示。当 $a\approx 275.1$ 时，解由另一 1 周期运动跳变为原 1 周期运动；当 $a\approx 276.83$ 时，解由原 1 周期运动跳变为另一 1 周期运动；当 $a\approx 281.6$ 时，解由 1 周期运动跳变为多周期运动；当 $a\approx 288.9$ 时，解由多周期运动跳变为 1 周期运动。

由图 2-4(29)知，当 $a\approx 304.96$ 时，解由多周期运动跳变为另一多周期运动。

由图 2-4(30)知，当 $a\approx 314.1$ 时，解由原 1 周期运动跳变为另一 1 周期运动，但二者差别不大。

由图 2-4(31)知，当 $a\approx 327.9$ 时，解由原 1 周期运动跳变为另一 1 周期运动，但二者差别不大。

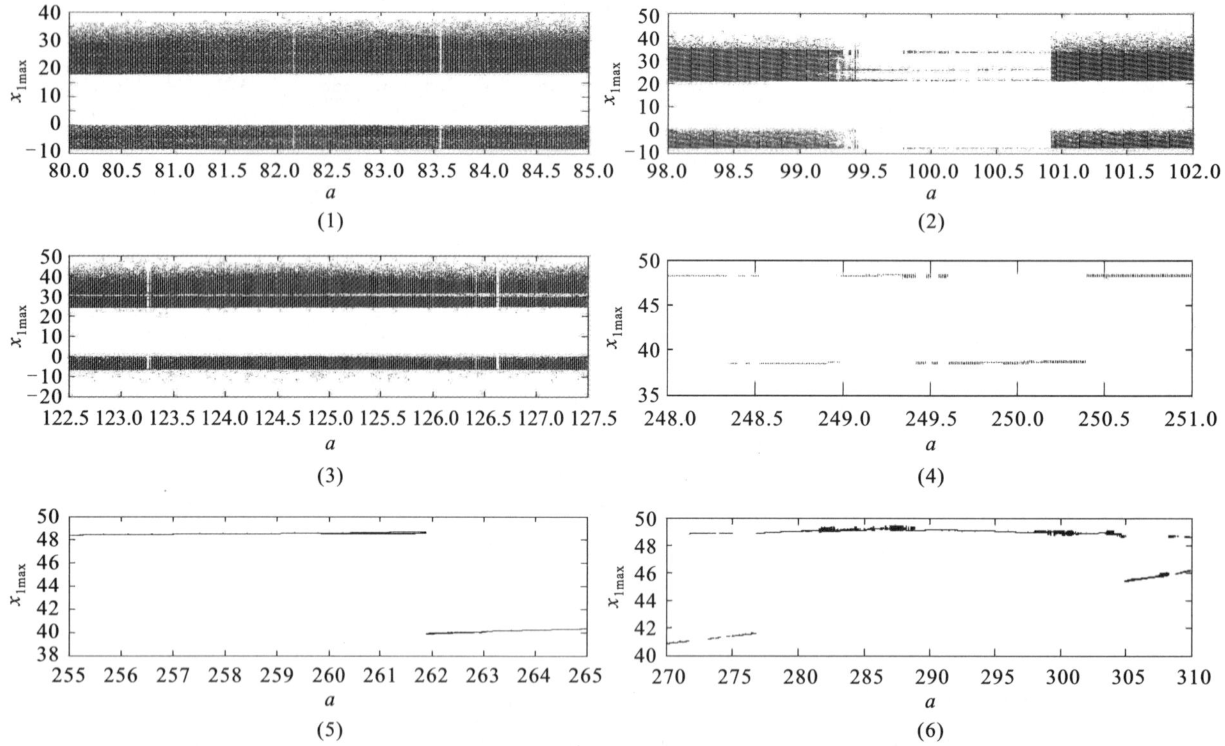

图 2-5　Lorenz 方程的分岔图(局部)

(1)$a=80\sim 85$；(2)$a=98\sim 102$；(3)$a=122.5\sim 127.5$；(4)$a=248\sim 251$；(5)$a=255\sim 265$；(6)$a=270\sim 310$

(4)混沌运动的单状态反馈抑制[11,13-18]。确定性运动、随机运动、混沌运动是自然界中普遍存在的 3 种运动形式。混沌运动是由确定性系统产生的不规则运动，具有初始条件敏感性、状态遍历性、全局有界性等特点。混沌在保密通信等领域是有益的，在齿轮传动等机械领域是不利的。要限制混沌行为不可预知性造成的影响，混沌运动的控制(消除或抑制)很有必要。主要的控制方法有 OGY 方法、主动控制法、滑模控制法、延时控制法、自适应控制法、脉冲控制法、线性反馈控制法、控制 Lyapunov 函数法等。这些方法各有利弊和适用范围。延时控制法不需要精确的系统模型，控制器简单，实时性好，易于工程实现。单状态反馈控制器原理简单，介绍如下：

定理 1　单状态 x 反馈 Lorenz 系统如下：

$$\begin{cases}\dfrac{\mathrm{d}x}{\mathrm{d}t}=-10(x-y)\\[2mm]\dfrac{\mathrm{d}y}{\mathrm{d}t}=28x-y-xz-kx\quad \text{其中 } \dot{k}=\alpha xy,\alpha>0\\[2mm]\dfrac{\mathrm{d}z}{\mathrm{d}t}=xy-\dfrac{8}{3}z\end{cases}\tag{2-1-14}$$

则单状态反馈 Lorenz 系统(2-1-14)的解 x,y,z 渐近稳定趋于平衡点 $S_0(0,0,0)$。

证明：构造 Lyapunov 能量函数 $E=\frac{1}{2}(x^2+y^2+z^2)+\frac{1}{2\alpha}(k-38)^2\geqslant 0,\forall(x,y,z)$，则：

$$\begin{aligned}\frac{\mathrm{d}}{\mathrm{d}t}E &= x\dot{x}+y\dot{y}+z\dot{z}+\frac{1}{\alpha}(k-38)\dot{k}\\ &=-10(x-y)x+(28x-y-xz-kx)y+(xy-\frac{8}{3}z)z+\frac{1}{\alpha}(k-38)\alpha xy\\ &=-10x^2-y^2-\frac{8}{3}z^2\leqslant 0\end{aligned}\tag{2-1-15}$$

由 $\frac{\mathrm{d}}{\mathrm{d}t}E$ 常负可知：

$$x,y,z,(k-38)\in L_\infty\tag{2-1-16}$$

即它们都是幅值有限函数类。

又由于 $\dot{E}=-10x^2-y^2-\frac{8}{3}z^2\leqslant-(x^2+y^2+z^2)$，有：

$$\int_0^t(x^2+y^2+z^2)\mathrm{d}t\leqslant\int_0^t\dot{E}\mathrm{d}t=E(0)-E(t)\leqslant E(0)\tag{2-1-17}$$

可知 $x,y,z\in L_2$，即它们都是平方可积函数类，即能量有限函数。

联合单状态反馈 Lorenz 系统的表达式，有：

$$\dot{x},\dot{y},\dot{z}\in L_\infty\tag{2-1-18}$$

即它们都是幅值有限函数。根据引理“如果函数 $f(t)\in L_2\cap L_\infty$，且 $\dot{f}(t)\in L_\infty$，则有$\lim\limits_{t\to\infty}f(t)=0$”有：$x,y,z$ 渐近稳定趋于平衡点 $S_0(0,0,0)$。

同理，单状态 y 反馈 Lorenz 系统如下：

$$\begin{cases}\frac{\mathrm{d}x}{\mathrm{d}t}=-10(x-y)-ky\\ \frac{\mathrm{d}y}{\mathrm{d}t}=28x-y-xz\\ \frac{\mathrm{d}z}{\mathrm{d}t}=xy-\frac{8}{3}z\end{cases}\quad 其中\ \dot{k}=\alpha xy,\alpha>0\tag{2-1-19}$$

则单状态反馈 Lorenz 系统(2-1-19)的解 x,y,z 渐近稳定趋于平衡点 $S_0(0,0,0)$。

定理 2　单状态 x 平移反馈 Lorenz 系统如下：

$$\begin{cases}\frac{\mathrm{d}x}{\mathrm{d}t}=-10(x-y)\\ \frac{\mathrm{d}y}{\mathrm{d}t}=28x-y-xz-k(x-\sqrt{72})\\ \frac{\mathrm{d}z}{\mathrm{d}t}=xy-\frac{8}{3}z\end{cases}\quad 其中\ \dot{k}=\beta(x-\sqrt{72})(y-\sqrt{72}),\beta>0\tag{2-1-20}$$

则单状态反馈 Lorenz 系统(2-1-20)的解 x,y,z 渐近稳定趋于平衡点 $S_+(\sqrt{72},\sqrt{72},27)$。

同理，单状态 y 平移反馈 Lorenz 系统如下：

$$\begin{cases}\frac{\mathrm{d}x}{\mathrm{d}t}=-10(x-y)-k(y-\sqrt{72})\\ \frac{\mathrm{d}y}{\mathrm{d}t}=28x-y-xz\\ \frac{\mathrm{d}z}{\mathrm{d}t}=xy-\frac{8}{3}z\end{cases}\quad 其中\ \dot{k}=\beta(x-\sqrt{72})(y-\sqrt{72}),\beta>0\tag{2-1-21}$$

则单状态反馈 Lorenz 受控(2-1-21)的解 x,y,z 渐近稳定趋于平衡点 $S_+(\sqrt{72},\sqrt{72},27)$。

程序 lorenz_phase02

在 MATLAB 中运行程序 lorenz_phase02，取 $\alpha=5,\beta=3$，得单状态反馈 Lorenz 系

统解的图像。从中可见，无状态反馈的 Lorenz 系统的图像是混沌运动，加入单状态反馈后，受控系统的相图无震荡，运动是关于平衡点收敛的。

(5)混沌运动的同步控制[13,17,19]。

Lorenz 驱动系统：

$$\begin{cases}\dfrac{\mathrm{d}x}{\mathrm{d}t}=-10(x-y)\\ \dfrac{\mathrm{d}y}{\mathrm{d}t}=28x-y-xz\\ \dfrac{\mathrm{d}z}{\mathrm{d}t}=xy-\dfrac{8}{3}z\end{cases}\tag{2-1-22}$$

系统(2-1-22)的解是混沌运动。

带有反馈控制器的 Lorenz 响应系统：

$$\begin{cases}\dfrac{\mathrm{d}x_1}{\mathrm{d}t}=-10(x_1-y_1)+u_1\\ \dfrac{\mathrm{d}y_1}{\mathrm{d}t}=28x_1-y_1-x_1z_1+u_2\\ \dfrac{\mathrm{d}z_1}{\mathrm{d}t}=x_1y_1-\dfrac{8}{3}z_1+u_3\end{cases}\tag{2-1-23}$$

式中，u_1,u_2,u_3 为控制量。

令 $e_1=x_1-x,e_2=y_1-y,e_3=z_1-z$，设计非线性反馈控制律，使得驱动系统(2-1-22)与响应系统(2-1-23)同步。取 Lyapunov 函数：$V(e_1,e_2,e_3)=\dfrac{1}{2}e_1^2+\dfrac{1}{2}e_2^2+\dfrac{1}{2}e_3^2>0$ 对 $\forall(e_1,e_2,e_3)\neq 0$ 成立。可以证明：当取 $u_1=-10e_2,u_2=-28e_1+e_1z+xe_3+e_1e_3,u_3=-xe_2-ye_1-e_1e_2$ 时，$\dfrac{\mathrm{d}}{\mathrm{d}t}V(e_1,e_2,e_3)=-10e_1^2-e_e^2-\dfrac{8}{3}e_3^2<0$ 对 $\forall(e_1,e_2,e_3)\neq 0$ 成立。由 Lyapunov 稳定性理论知：误差系统是渐近稳定的，从而保证驱动系统(2-1-22)和响应系统(2-1-23)达到同步。

在 MATLAB 中运行程序 lorenz_phase03，取 $(x,y,z)_0=(2,-2,2)$、$(x_1,y_1,z_1)_0=(5,5,5)$得 Lorenz 驱动系统和 Lorenz 受控系统的解。从中可见，在非线性反馈控制器作用下，Lorenz 驱动系统和响应系统在 2s 左右就达到同步。

程序 lorenz_phase03

(6)时滞混沌运动的同步控制[13,17]。

Lorenz 时滞驱动系统：

$$\begin{cases}\dfrac{\mathrm{d}x}{\mathrm{d}t}=-c(x-y(t-\tau))\\ \dfrac{\mathrm{d}y}{\mathrm{d}t}=ax-y-xz\\ \dfrac{\mathrm{d}z}{\mathrm{d}t}=xy-bz(t-\tau)\end{cases}\tag{2-1-24}$$

当 $c=10,b=8/3,a=28,\tau=0.002$ 时，方程(2-1-24)的解是混沌运动。在 MATLAB 中运行程序 lorenz_phase04，得 Lorenz 时滞驱动系统解的图像。

程序 lorenz_phase04

Lorenz 时滞响应系统：

$$\begin{cases}\dfrac{\mathrm{d}x_1}{\mathrm{d}t}=-10(x_1-y_1(t-\tau))+u_1\\ \dfrac{\mathrm{d}y_1}{\mathrm{d}t}=28x_1-y_1-x_1z_1+u_2\\ \dfrac{\mathrm{d}z_1}{\mathrm{d}t}=x_1y_1-\dfrac{8}{3}z_1(t-\tau)+u_3\end{cases}\tag{2-1-25}$$

式中，u_1，u_2，u_3 为控制量。

设计线性反馈控制律，使得驱动系统(2-1-24)与响应系统(2-1-25)同步。

令 $e_1=x_1-x$，$e_2=y_1-y$，$e_3=z_1-z$，由驱动系统(2-1-24)和响应系统(2-1-25)，可得误差系统：

$$\begin{cases}\dfrac{\mathrm{d}e_1}{\mathrm{d}t}=-10(e_1-e_2(t-\tau))+u_1\\ \dfrac{\mathrm{d}e_2}{\mathrm{d}t}=28e_1-e_2-x_1z_1+xz+u_2=28e_1-e_2-e_1e_3+e_1z-e_3x+u_2\\ \dfrac{\mathrm{d}e_3}{\mathrm{d}t}=x_1y_1-xy-\dfrac{8}{3}e_3(t-\tau)+u_3=e_1e_2+e_1y+e_3x-\dfrac{8}{3}e_3(t-\tau)+u_3\end{cases} \tag{2-1-26}$$

令线性反馈控制律 $u_1=-k_1e_1$，$u_2=-k_2e_2$，$u_3=-k_3e_3$，其中 k_1，k_2，k_3 待求。取 Lyapunov 函数如下：

$$V(e_1,e_2,e_3)=\frac{1}{2}e_1^2+\frac{1}{2}e_2^2+\frac{1}{2}e_3^2+\int_{-\tau}^{0}[e_1^2(t+\theta)+e_2^2(t+\theta)+e_3^2(t+\theta)]\mathrm{d}\theta \tag{2-1-27}$$

由于系统(2-1-24)是混沌系统，其状态是有界的，必存在常数 $M>0$，$N>0$ 满足 $|y|\leqslant M$，$|z|\leqslant N$。经过相应的计算和推导，有：

$$\frac{\mathrm{d}}{\mathrm{d}t}V(e_1,e_2,e_3)<\boldsymbol{e}^{\mathrm{T}}\boldsymbol{P}\boldsymbol{e} \tag{2-1-28}$$

而

$$\boldsymbol{e}^{\mathrm{T}}=[e_1\quad e_2\quad e_3\quad e_1(t-\tau)\quad e_2(t-\tau)\quad e_3(t-\tau)] \tag{2-1-29}$$

$$\boldsymbol{P}=\begin{bmatrix}-9+\dfrac{M+N}{2}-k_1 & 14 & 0 & 0 & 5 & 0\\ 14 & \dfrac{N}{2}-k_2 & 0 & 0 & 0 & 0\\ 0 & 0 & 1+\dfrac{M}{2}-k_3 & 0 & 0 & -\dfrac{4}{3}\\ 0 & 0 & 0 & -1 & 0 & 0\\ 5 & 0 & 0 & 0 & -1 & 0\\ 0 & 0 & -\dfrac{4}{3} & 0 & 0 & -1\end{bmatrix} \tag{2-1-30}$$

若 $\boldsymbol{P}<0$，则 $\dfrac{\mathrm{d}}{\mathrm{d}t}V(e_1,e_2,e_3)\leqslant\boldsymbol{e}^{\mathrm{T}}\boldsymbol{P}\boldsymbol{e}<0$，$V(e_1,e_2,e_3)\geqslant0$，对 $\forall\, t>0$ 成立。由 Lyapunov 稳定性理论知：误差系统是渐近稳定的，从而保证驱动系统(2-1-24)和响应系统(2-1-25)达到同步。

对 $\boldsymbol{P}<0$ 的线性矩阵不等式(LMI，linear matrix inequality)可以求解。由 Lorenz 时滞驱动系统解的图像，可取 $M=50$，$N=60$，令 $K=\mathrm{diag}\{k_1,k_2,k_3\}$，则有：

$$\begin{bmatrix}46-k_1 & 14 & 0 & 0 & 5 & 0\\ 14 & 30-k_2 & 0 & 0 & 0 & 0\\ 0 & 0 & 26-k_3 & 0 & 0 & -\dfrac{4}{3}\\ 0 & 0 & 0 & -1 & 0 & 0\\ 5 & 0 & 0 & 0 & -1 & 0\\ 0 & 0 & -\dfrac{4}{3} & 0 & 0 & -1\end{bmatrix}=\begin{bmatrix}\boldsymbol{A}-\boldsymbol{K} & \boldsymbol{B}\\ \boldsymbol{B}^{\mathrm{T}} & \boldsymbol{C}\end{bmatrix}<0 \tag{2-1-31}$$

执行下列 LMI 程序 feasp_exam，得到可行解如图 2-6所示。

由图 2-6 得到 $k_1=171.012\ 2$，$k_2=155.012\ 2$，$k_3=151.012\ 2$，P 的最大特征值为 $-0.466\ 547<0$，P 负定。

在 MATLAB 中运行程序 lorenz_phase05，得解的驱

程序 feasp_exam

程序 lorenz_phase05

```
Solver for LMI feasibility problems L(x) < R(x)
   This solver minimizes  t  subject to  L(x) < R(x) + t*I
   The best value of t should be negative for feasibility

Iteration   :    Best value of t so far

    1                       -0.466547

Result:  best value of t:    -0.466547
         f-radius saturation:  0.000% of R =  1.00e+09

KK =
   1.0e+02 *
   1.710122317755951                     0                 0
                   0     1.550122317755952                 0
                   0                     0 1.510122317755951
>> |
```

图 2-6　Lorenz 时滞响应系统的可行解

动系统(2-1-24)和响应系统(2-1-25)状态变量轨线、误差。可见，误差收敛到 0，状态变量的轨线是同步的。

可见，在毫秒级的时间段内，驱动系统(2-1-24)和响应系统(2-1-25)的状态轨线就基本重合了，但仍存在小幅震荡；约 30s 以后，小幅震荡也消失了，同步效果很好。

2.1.6　Rossler 方程

例 2-6　Rossler 方程 $\begin{cases}\dfrac{\mathrm{d}x}{\mathrm{d}t}=-y-z\\ \dfrac{\mathrm{d}y}{\mathrm{d}t}=by+x\\ \dfrac{\mathrm{d}z}{\mathrm{d}t}=c+z(x-a)\end{cases}$　其中初始条件为 x_0,y_0,z_0

Rossler 方程是 Lorenz 方程的简化，来源于化学反应系统的模型。其相空间体积变化率为

$$\frac{\mathrm{d}V}{\mathrm{d}t}=\oint_V\left(\frac{\mathrm{d}}{\mathrm{d}x}\dot{x}+\frac{\mathrm{d}}{\mathrm{d}y}\dot{y}+\frac{\mathrm{d}}{\mathrm{d}z}\dot{z}\right)=-(x-a+b) \tag{2-1-32}$$

可见，当$(x-a+b)>0$ 时，系统是耗散的，存在吸引子[13]。

当 $a^2-4bc>0$ 时，其平衡点为$\left(\dfrac{a-\sqrt{a^2-4bc}}{2},\dfrac{-a+\sqrt{a^2-4bc}}{2b},\dfrac{a-\sqrt{a^2-4bc}}{2b}\right)$，$\left(\dfrac{a+\sqrt{a^2-4bc}}{2},\dfrac{-a-\sqrt{a^2-4bc}}{2b},\dfrac{a+\sqrt{a^2-4bc}}{2b}\right)$，是实数。

(1)最大 Lyapunov 指数随 a 的变化情况。在 MATLAB 中运行程序 rossler_lyapunov_exp01①，得到系统关于 a 的 Lyapunov 指数谱。程序的基本过程：选定时间区间 T 和迭代次数 K，确定参数 $a=a_0=2.5$，解一阶微分方程组$\dfrac{\mathrm{d}X}{\mathrm{d}t}=\mathrm{Function}[X(t)]$，$X=(x,y,z)$，$x_0,y_0,z_0$，得 $\boldsymbol{X}=(x,y,z)$，而系统轨线的切向量 $\boldsymbol{W}$ 满足方程：

程序 rossler_lyapunov_exp01

① 该程序运行时间较长，约 25min，请耐心等待。

$$\begin{cases}\dfrac{\mathrm{d}\boldsymbol{X}}{\mathrm{d}t}=\mathrm{Jacob}[\boldsymbol{X}(t)]\boldsymbol{W}\\ \boldsymbol{X}=(x,y,z)\\ \boldsymbol{W}_0=\boldsymbol{I}\\ \mathrm{Jacob}(\boldsymbol{X}(t))=\begin{bmatrix}0 & -1 & -1\\ 1 & b & 0\\ z & 0 & x-a\end{bmatrix}\end{cases} \tag{2-1-33}$$

得：

$$\boldsymbol{W}=(w_1,w_2,w_3) \tag{2-1-34}$$

即在初始正交向量条件 $\boldsymbol{W}_0=\boldsymbol{I}$ 经过 T 时间积分，得到向量 $\boldsymbol{W}=(w_1,w_2,w_3)$，$\boldsymbol{W}$ 经过 Gram - Schmit 正交化后，得向量 $\boldsymbol{V}=(v_1,v_2,v_3)$，规范化后得向量 $\boldsymbol{U}=(u_1,u_2,u_3)$。以 U 作为 $\boldsymbol{W}_0^*$，重复上述过程，直到 Lyapunov 指数收敛或者达到最大迭代次数 K 为止。当 K 足够大时，有 Lyapunov 指数：

$$\mathrm{LE}_i=\lim_{K\to\infty}\frac{1}{KT}\sum_{k-1}^{k=K}\ln(|\ v_i^{(k)}\ |)\quad 其中\ i=1,2,3 \tag{2-1-35}$$

在 MATLAB 中运行程序 rossler_lyapunov_exp02，得到当系统 $a=4.6$ 时的 Lyapunov 指数谱。

可见 Rossler 系统在 $a=4.6$，$b=c=0.2$ 时，其 Lyapunov 指数为(＋，0，－)，存在混沌运动。

(2)分岔图。在 MATLAB 中运行程序 rossler_bifurcation01，得到系统关于 a 的分岔图。可见，随着 a 的变化，Rossler 方程解的变化。例如，当 $a=2.6$、3.5、4.0、4.6、5.35、5.5 时，Rossler 方程的解对应1 周期运动、2 周期运动、4 周期运动、混沌运动、3 周期运动、6 周期运动，如图 2 - 7 所示(在 MATLAB 运行程序 rossler_phase01)。

(3)混沌运动抑制的周期激励单项开环控制[13,20]。在周期激励作用下，选取合适的激励幅值，可将混沌运动控制为规则的周期运动。取周期激励 $u(t)=d\cos(\frac{2\pi}{5.83}t)$，将该项加在 Rossler 方程的第一个式子，则：

$$\begin{cases}\dfrac{\mathrm{d}x}{\mathrm{d}t}=-y-z+d\cos(\dfrac{2\pi}{5.83}t)\\ \dfrac{\mathrm{d}y}{\mathrm{d}t}=0.2y+x\\ \dfrac{\mathrm{d}z}{\mathrm{d}t}=0.2+z(x-4.6)\end{cases} \tag{2-1-36}$$

取 $0.1<d<0.5$，在 MATLAB 中运行程序 rossler_bifurcation02，得到系统关于 d 的分岔图。

可见，在周期激励作用下，选取合适的激励幅值，混沌运动可化为规则的周期运动。分别取 $d=0.28$、0.31，在 MATLAB 中运行程序 rossler_phase02，得到系统运动的图像。可见，在开环周期激励作用下，混沌运动转化为规则的 3 周期运动和 6 周期运动。

程序 rossler_ lyapunov_exp02

程序 rossler_ bifurcation01

程序 rossler_ phase01

程序 rossler_ bifurcation02

程序 rossler_ phase02

类似地，考虑在周期激励 $u(t)=0.28\cos(\omega t)$ 作用下，选取合适的激励频率 ω，可否将混沌运动控制为规则的周期运动。在 MATLAB 中运行程序 rossler_ bifurcation03，得到分岔图。

程序 rossler_ bifurcation03

此种想法的可行性尚需进一步研究。

运用类似的处理方法，混沌运动抑制的单项控制还可采用线性反馈控制器或非线

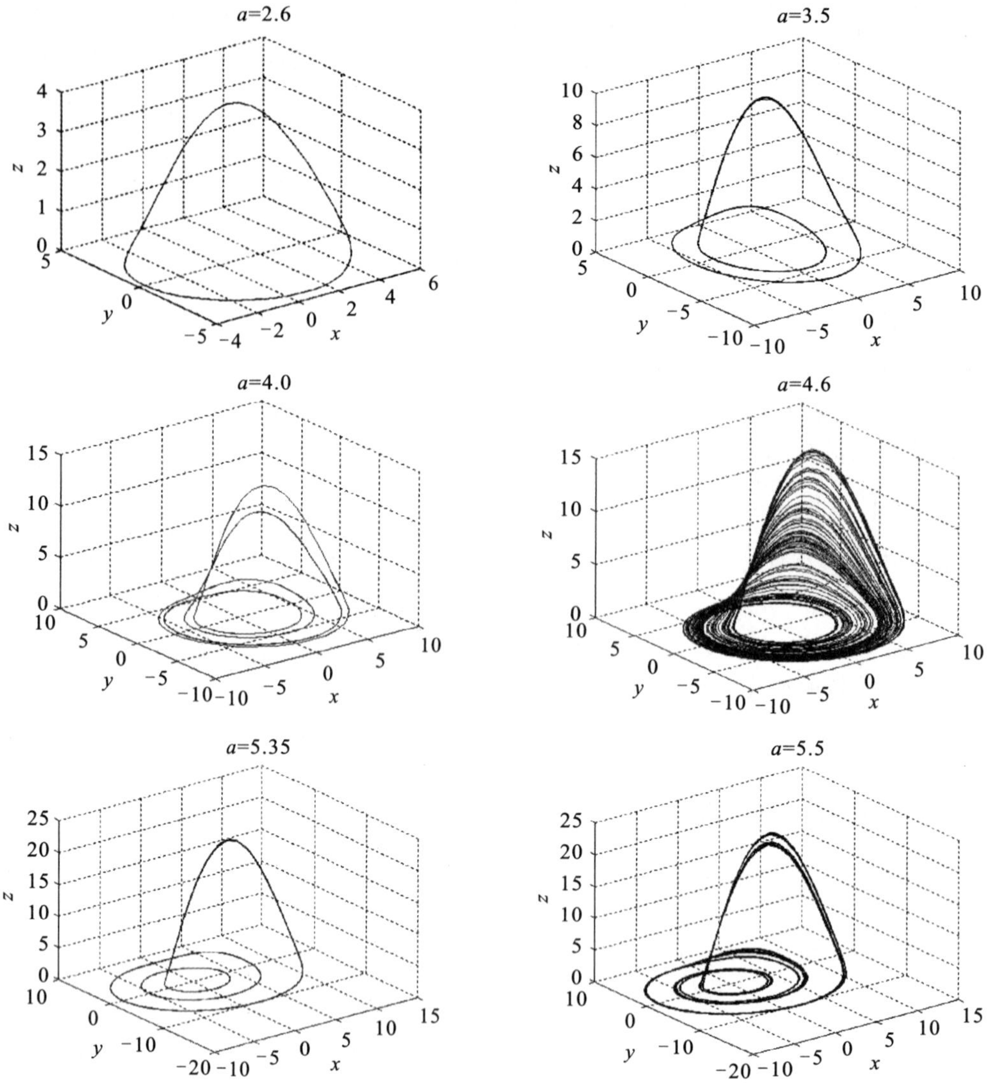

图 2－7　Rossler 方程解的图像

性反馈控制器实现，如：

$$\begin{cases}\dfrac{\mathrm{d}x}{\mathrm{d}t}=-y-z\\[2ex]\dfrac{\mathrm{d}y}{\mathrm{d}t}=by+x-ky\\[2ex]\dfrac{\mathrm{d}z}{\mathrm{d}t}=c+z(x-a)\end{cases}\tag{2-1-37}$$

或者：

$$\begin{cases}\dfrac{\mathrm{d}x}{\mathrm{d}t}=-y-z-kx|x|\\[2ex]\dfrac{\mathrm{d}y}{\mathrm{d}t}=by+x\\[2ex]\dfrac{\mathrm{d}z}{\mathrm{d}t}=c+z(x-a)\end{cases}\tag{2-1-38}$$

式中，$-ky$ 为线性反馈控制器；$-kx|x|$ 为非线性反馈控制器。

根据 Rossler 系统对参数 k 的分岔图，选取适当的 k，可将 Rossler 系统混沌运动抑制为周期运动。

(4)Rossler 混沌运动的追踪控制[21]。混沌控制的含义广泛，一般指改变系统的混沌性态，使之呈现或接近周期运动的动力学行为。追踪控制是指通过施加控制使新系统的输出达到给定的参考信号，具体如下。

原系统：

$$\begin{cases}\dfrac{dx}{dt}=-y-z\\ \dfrac{dy}{dt}=0.2y+x\\ \dfrac{dz}{dt}=0.2+z(x-5)\end{cases}\quad \text{其中初始条件为 } x_0,y_0,z_0 \tag{2-1-39}$$

新系统：

$$\begin{cases}\dfrac{dx}{dt}=-y-z\\ \dfrac{dy}{dt}=0.2y+x\\ \dfrac{dz}{dt}=0.2+z(x-5)+U\end{cases} \tag{2-1-40}$$

给定参考信号 $r(t)$，要设计一个控制器 U，使得新系统(2-1-40)的输出 $x(t)$ 追踪给定的参考信号 $r(t)$，即 $\lim\limits_{t\to\infty}|x(t)-r(t)|=\lim\limits_{t\to\infty}|e(t)|=0$。取控制器：

$$U(t)=-0.2+x-(2+0.2)y-(2-5)z-xz-2r-2\dot{r}-\ddot{r} \tag{2-1-41}$$

则 $x(t)$ 按指数速率收敛到 $r(t)$。

对新系统，取 Lyapunov 函数：

$$V(t)=(x-r)^2+(z-x+y+r+\dot{r})^2 \tag{2-1-42}$$

则：

$$\begin{aligned}\frac{d}{dt}V(t)&=2(x-r)(\dot{x}-\dot{r})+2(z-x+y+r+\dot{r})(\dot{z}-\dot{x}+\dot{y}+\dot{r}+\ddot{r})\\&=2(x-r)(-y-z-\dot{r})+2(z-x+y+r+\dot{r})(0.2+z(x-5)+U+y+z+0.2y+x+\dot{r}+\ddot{r})\\&=2(x-r)(-y-z-\dot{r})+2(z-x+y+r+\dot{r})(2x-y-z-2r-\dot{r})\\&=2(x-r)(-y-z-\dot{r})+2(z-x+y+r+\dot{r})(-z+x-y-r-\dot{r}+x-r)\\&=2(x-r)(-y-z-\dot{r})+2(z-x+y+r+\dot{r})(x-r)-2(z-x+y+r+\dot{r})^2\\&=2(x-r)(-y-z-\dot{r}+z-x+y+r+\dot{r})-2(z-x+y+r+\dot{r})^2\\&=2(x-r)(-x+r)-2(z-x+y+r+\dot{r})^2=-2(x-r)^2=2(z-x+y+r+\dot{r})^2\\&=-2V(t)\end{aligned} \tag{2-1-43}$$

则 $V(t)$ 正定，$\dot{V}(t)$ 负定，根据非线性系统的 Lyapunov 稳定性理论，新系统似乎应该是渐近稳定的，$\lim\limits_{t\to\infty}|e(t)|=0$。但实际并非如此，取参考信号 $r(t)=\sin(t)$，则 $U(t)=-0.2+x-2.2y+3z-xz-\sin t-2\cos t$，取初始条件 $(x_0,y_0,z_0)=(12,3,4)$，在 MATLAB 中运行程序 rossler_phase03，得到新系统输出 $x(t)$ 的轨迹和跟踪误差 $e(t)=x(t)-r(t)$。

程序 rossler_phase03

可见，$x(t)$ 在 $t\in[0,150]$ 时追踪 $r(t)$ 的速度很快，但在 $t\approx 175$s、540s、1980s、2820s、3060s 时，$x(t)$ 突变，数值增加很大；跟踪误差 $e(t)$ 也有相应的变化。故非线性控制器 U 并不能实现 Rossler 系统对正弦信号的追踪控制，必须寻找新的控制器，例如可用本教材 2.1.5 例 2-5(5)中的方法，通过 LMI 寻找线性反馈控制器进行尝试。

(5)Rossler 混沌运动的自同步控制[13,22-25]。驱动系统和响应系统选择相同的结构。

A. 驱动系统：

$$\begin{cases}\dfrac{\mathrm{d}u}{\mathrm{d}t}=-v-w\\ \dfrac{\mathrm{d}v}{\mathrm{d}t}=0.2v+u\\ \dfrac{\mathrm{d}w}{\mathrm{d}t}=0.2+w(u-5)\end{cases}\quad \text{其中初始条件为 } u_0,v_0,w_0 \tag{2-1-44}$$

式中，u 为参考信号。

B. 响应系统：

$$\begin{cases}\dfrac{\mathrm{d}x}{\mathrm{d}t}=-y-z+\alpha(t)\\ \dfrac{\mathrm{d}y}{\mathrm{d}t}=0.2y+x+\beta(t)\\ \dfrac{\mathrm{d}z}{\mathrm{d}t}=0.2+z(x-5)+\gamma(t)\end{cases}\quad \text{其中初始条件为 } x_0,y_0,z_0 \tag{2-1-45}$$

混沌自同步控制的目的：通过施加合适的控制函数 $U(t)=[\alpha,\beta,\gamma]$，使得驱动系统(2-1-44)的状态变量和响应系统(2-1-45)的状态变量同步。

令 $e_1=x-u,e_2=y-v,e_3=z-w$，由驱动系统(2-1-44)和响应系统(2-1-45)可得误差系统：

$$\begin{cases}\dfrac{\mathrm{d}e_1}{\mathrm{d}t}=-y-z+\alpha(t)+v+w=u-x=-e_1\\ \dfrac{\mathrm{d}e_2}{\mathrm{d}t}=0.2y+x+\beta(t)-0.2v-u=v-y=-e_2\\ \dfrac{\mathrm{d}e_3}{\mathrm{d}t}=z(x-5)+\gamma(t)-w(u-5)=w-z=-e_3\end{cases} \tag{2-1-46}$$

取非线性控制器 $U(t)=[\alpha,\beta,\gamma]$ 为：

$$\begin{cases}\alpha(t)=u-x+y+z-v-w\\ \beta(t)=1.2v-1.2y-x+u\\ \gamma(t)=-4w+4z-zx+wu\end{cases} \tag{2-1-47}$$

则可使误差系统(2-1-46)在平衡点零点处稳定，从而保证任意两个相同参数、不同初始条件的 Rossler 系统(2-1-44)和(2-1-45)实现同步控制，即 Rossler 系统的自同步控制。

取初始条件$(x_0,y_0,z_0)=(12,3,4)$，$(u_0,v_0,w_0)=(11,6,5)$，在 MATLAB 中运行程序 rossler_phase04，得到响应系统(2-1-45)输出 $x(t)$ 与驱动系统(2-1-44)输出 $u(t)$ 的误差 $e_1(t),e_2(t),e_3(t)$，从而验证了通过应用非线性控制器，Rossler 系统能够很好地实现自同步控制。

程序 rossler_phase04

(6)Rossler 混沌运动的异结构同步控制[22-15]。驱动系统和响应系统选择不同的结构，如驱动系统为 Rossler 系统(2-1-48)，响应系统为统一混沌系统(2-1-49)。

A. 驱动系统：

$$\begin{cases}\dfrac{\mathrm{d}x}{\mathrm{d}t}=-y-z\\ \dfrac{\mathrm{d}y}{\mathrm{d}t}=0.2y+x\\ \dfrac{\mathrm{d}z}{\mathrm{d}t}=0.2+z(x-5)\end{cases}\quad \text{其中初始条件为 } x_0,y_0,z_0 \tag{2-1-48}$$

B. 响应系统：

$$\begin{cases}\dfrac{\mathrm{d}u}{\mathrm{d}t}=(25\theta+10)(v-u)\\ \dfrac{\mathrm{d}v}{\mathrm{d}t}=(28-35\theta)u+(29\theta-1)v-wu \quad \text{其中初始条件为 } u_0,v_0,w_0\\ \dfrac{\mathrm{d}w}{\mathrm{d}t}=-\dfrac{8+\theta}{3}w+uv\end{cases}\tag{2-1-49}$$

对于任意的 $\theta\in[0,1]$，响应系统(2-1-49)为混沌运动。当 $\theta\in[0,0.8)$ 时，响应系统(2-1-49)为广义 Lorenz 系统。当 $\theta=0.8$ 时，响应系统(2-1-49)为广义 Lü 系统。当 $\theta\in(0.8,1]$ 时，响应系统(2-1-49)为广义 Chen 系统。混沌同步控制通过施加合适的控制函数 $U(t)=[\alpha,\beta,\gamma]$，使得驱动系统(2-1-48)的状态变量和响应系统(2-1-49)的状态变量同步，即：

$$\begin{cases}\dfrac{\mathrm{d}u}{\mathrm{d}t}=(25\theta+10)(v-u)+\alpha(t)\\ \dfrac{\mathrm{d}v}{\mathrm{d}t}=(28-35\theta)u+(29\theta-1)v-wu+\beta(t)\\ \dfrac{\mathrm{d}w}{\mathrm{d}t}=-\dfrac{8+\theta}{3}w+uv+\gamma(t)\end{cases}\tag{2-1-50}$$

令 $e_1=u-x,e_2=v-y,e_3=\omega-z$，由驱动系统(2-1-48)和响应系统(2-1-50)，可得到误差系统(2-1-51)：

$$\begin{cases}\dfrac{\mathrm{d}e_1}{\mathrm{d}t}=(25\theta+10)(v-u)+\alpha(t)-(-y-z)=-(25\theta+10)e_1+\Psi_1\\ \dfrac{\mathrm{d}e_2}{\mathrm{d}t}=(28-35\theta)u+(29\theta-1)v-wu+\beta(t)-0.2y-x=(29\theta-1)e_2+\Psi_2\\ \dfrac{\mathrm{d}e_3}{\mathrm{d}t}=-\dfrac{8+\theta}{3}w+uv+\gamma(t)-0.2-z(x-5)=-\dfrac{8+\theta}{3}e_3+\Psi_3\end{cases}\tag{2-1-51}$$

非线性控制器 $U(t)=[\alpha,\beta,\gamma]$ 取为：

$$\begin{cases}\alpha(t)=(25\theta+10)(x-v)-y-z+\Psi_1\\ \beta(t)=-(28-35\theta)u-(29\theta-1.2)y+wu+x+\Psi_2\\ \gamma(t)=\dfrac{8+\theta}{3}z-uv+0.2+z(x-5)+\Psi_3\end{cases}\quad \text{其中}[\Psi_1,\Psi_2,\Psi_3]^{\mathrm{T}}=\boldsymbol{A}[e_1,e_2,e_3]^{\mathrm{T}}\tag{2-1-52}$$

适当选择矩阵 $\boldsymbol{A}$，使 $\boldsymbol{A}$ 为负定的，即其特征值都具有负实部，可以使得误差系统(2-1-51)在平衡点零点处稳定，从而保证驱动系统(2-1-48)和响应系统(2-1-49)在不同初始状态的条件下实现同步控制，即异结构同步控制。可以选择：

$$\boldsymbol{A}=\begin{bmatrix}25\theta+9 & 0 & 0\\ 0 & -29\theta & 0\\ 0 & 0 & \dfrac{5+\theta}{3}\end{bmatrix}\tag{2-1-53}$$

则误差系统(2-1-51)具有特征值(−1,−1,−1)，从而当 $t\to\infty$ 时，$(e_1,e_2,e_3)\to(0,0,0)$，于是保证了 Rossler 系统(2-1-48)与统一混沌系统(2-1-49)的同步。

取初始条件 $(x_0,y_0,z_0)=(2,0,2)$，$(u_0,v_0,w_0)=(-3,4,-5)$，$\theta=0.8$，在 MATLAB 中运行程序 rossler_phase05，得到响应系统(2-1-49)输出与驱动系统(2-1-48)输出的误差 $e_1(t),e_2(t),e_3(t)$，从而验证了应用非线性控制器(2-1-52)，Rossler 系统(2-1-48) 与统一混沌系统(2-1-49)能够很好地实现同步控制。

程序 rossler_phase05

由此可见，应用非线性控制器(2-1-52)，Rossler 系统(2-1-48)与统一混沌系统(2-1-49)能够很好地实现同步控制，在 5s 左右即可使同步误差趋近 0。

(7)混沌运动的异结构自适应同步控制[22-25]。如果系统参数未知或不确定，如驱动系统为 Rossler 系统(2-1-54)，响应系统为统一混沌系统(2-1-55)，但 b,c,a,θ 的值不确定。

A. 驱动系统：

$$\begin{cases}\dfrac{\mathrm{d}x}{\mathrm{d}t}=-y-z\\ \dfrac{\mathrm{d}y}{\mathrm{d}t}=by+x\\ \dfrac{\mathrm{d}z}{\mathrm{d}t}=c+z(x-a)\end{cases}\quad \text{其中初始条件为 } x_0,y_0,z_0 \tag{2-1-54}$$

B. 响应系统：

$$\begin{cases}\dfrac{\mathrm{d}u}{\mathrm{d}t}=(25\theta+10)(v-u)+\alpha(t)\\ \dfrac{\mathrm{d}v}{\mathrm{d}t}=(28-35\theta)u+(29\theta-1)v-wu+\beta(t)\\ \dfrac{\mathrm{d}w}{\mathrm{d}t}=-\dfrac{8+\theta}{3}w+uv+\gamma(t)\end{cases} \tag{2-1-55}$$

同步控制的目的：使得驱动系统(2-1-54)的状态变量和响应系统(2-1-55)的状态变量全局渐近同步。

令 $e_1=u-x,e_2=v-y,e_3=w-z$，由驱动系统(2-1-54)和响应系统(2-1-55)，可得到误差系统：

$$\begin{cases}\dfrac{\mathrm{d}e_1}{\mathrm{d}t}=(25\theta+10)(v-u)+\alpha(t)-(-y-z)\\ \dfrac{\mathrm{d}e_2}{\mathrm{d}t}=(28-35\theta)u+(29\theta-1)v-wu+\beta(t)-by-x\\ \dfrac{\mathrm{d}e_3}{\mathrm{d}t}=-\dfrac{8+\theta}{3}w+uv+\gamma(t)-c-z(x-a)\end{cases} \tag{2-1-56}$$

控制器 $U(t)=[\alpha,\beta,\gamma]$ 取为：

$$\begin{cases}\alpha(t)=(25\bar{\theta}+10)(v-u)-y-z-k_1e_1\\ \beta(t)=-(28-35\bar{\theta})u-(29\bar{\theta}-1)v+\bar{b}y+wu+x-k_2e_2\\ \gamma(t)=\dfrac{8+\bar{\theta}}{3}w-uv+\bar{c}-\bar{a}z+zx-k_3e_3\end{cases} \tag{2-1-57}$$

参数自适应律为：

$$\begin{cases}\dot{\bar{b}}=-ye_2\\ \dot{\bar{c}}=-e_3\\ \dot{\bar{a}}=ze_3\\ \dot{\bar{\theta}}=25(v-u)e_1+(29v-35u)e_2-we_3/3\end{cases} \tag{2-1-58}$$

式中，k_1,k_2,k_3 均为正的常数；$\dot{\bar{b}},\dot{\bar{c}},\dot{\bar{a}},\dot{\bar{\theta}}$ 分别为 b,c,a,θ 的估计值。

则驱动系统(2-1-54)和响应系统(2-1-55)可达到全局渐近同步，证明如下。

由式(2-1-56)、式(2-1-57)知：

$$\begin{cases}\dfrac{\mathrm{d}e_1}{\mathrm{d}t}=-25(\bar{\theta}-\theta)(v-u)-k_1e_1\\ \dfrac{\mathrm{d}e_2}{\mathrm{d}t}=35(\bar{\theta}-\theta)u-29(\bar{\theta}-\theta)v+(\bar{b}-b)y-k_2e_2\\ \dfrac{\mathrm{d}e_3}{\mathrm{d}t}=\dfrac{\bar{\theta}-\theta}{3}w-z(\bar{a}-a)+(\bar{c}-c)-k_3e_3\end{cases} \tag{2-1-59}$$

令 $\theta_1=\bar{\theta}-\theta,a_1=\bar{a}-a,b_1=\bar{b}-b,c_1=\bar{c}-c$，取 Lyapunov 函数如下：

$$V(t)=\frac{1}{2}(\boldsymbol{e}^{\mathrm{T}}\boldsymbol{e}+a_1^2+b_1^2+c_1^2+\theta_1^2) \tag{2-1-60}$$

则：

$$\begin{aligned}\frac{\mathrm{d}}{\mathrm{d}t}V(t)&=\boldsymbol{e}^{\mathrm{T}}\dot{\boldsymbol{e}}+a_1\dot{a}_1+b_1\dot{b}_1+c_1\dot{c}_1+\theta_1\dot{\theta}_1\\&=e_1(-25\theta_1(v-u)-k_1e_1)+e_2(35\theta_1u-29\theta_1v+b_1y-k_2e_2)+e_3(\frac{\theta_1}{3}\omega-a_1z+c_1-k_3e_3)+\\&\quad b_1(-ye_2)+c_1(-e_3)+a_1(ze_3)+\theta_1(25(v-u)e_1+(29v-25u)e_2-we_3/3)\\&=-k_1e_1^2-k_2e_2^2-k_3e_3^2=-\boldsymbol{e}^{\mathrm{T}}\boldsymbol{P}\boldsymbol{e}\leqslant 0\end{aligned} \tag{2-1-61}$$

式中，$\boldsymbol{P}=\mathrm{diag}\{k_1,k_2,k_3\}$为正定矩阵；$\forall\,\boldsymbol{e}>0$。

则 $\dot{V}(t)$半负定，$e_1,e_2,e_3\in L_\infty$，即误差为幅值有限信号，e_1、e_2、e_3 有界；进而参数估计误差 $a_1,b_1,c_1,\theta_1\in L_\infty$，即参数估计误差也为有界信号，则 $V(t)$有下界；由式(2-1-61)知，$\dot{V}(t)$半负定，$\dot{e}_1,\dot{e}_2,\dot{e}_3\in L_\infty$ 即 $\dot{e}_1$、$\dot{e}_2$、$\dot{e}_3$ 有界；从而$\frac{\mathrm{d}}{\mathrm{d}t}\dot{V}(t)=-2k_1e_1\dot{e}_1-2k_2e_2\dot{e}_2-2k_3e_3\dot{e}_3$ 也是有界的，则 $\dot{V}(t)$是一致连续的。由 Barbalat 原理可得：$\lim\limits_{t\to\infty}\dot{V}(t)=0$，从而$\lim\limits_{t\to\infty}\|\boldsymbol{e}\|=0$，故驱动系统(2-1-54)和响应系统(2-1-55)可达到全局渐近同步。

取初始条件$(x_0,y_0,z_0)=(-1,0,1)$，$(u_0,v_0,w_0)=(1,2,1)$，$(b,c,a)=(0.2,0.2,5.7)$，$\theta=0.6$，$\{k_1,k_2,k_3\}=\{1,1,1\}$，$(\bar{b},\bar{c},\bar{a},\bar{\theta})_0=(1,1,1,1)$，在 MATLAB 中运行程序 rossler_phase06，得到响应系统(2-1-55)输出与驱动系统(2-1-54)输出的误差 $e_1(t)$，$e_2(t)$，$e_3(t)$及参数估计曲线，从而验证了应用非线性控制器(2-1-57)，Rossler 系统(2-1-54)与统一混沌系统(2-1-55)能够很好地实现自适应同步控制。

程序 rossler_phase06

重新取初始条件$(x_0,y_0,z_0)=(-2,0,2)$，$(u_0,v_0,w_0)=(2,8,8)$，$(b,c,a)=(0.2,0.2,5.7)$，$\theta=0.6$，$\{k_1,k_2,k_3\}=\{1,1,1\}$，$(\bar{b},\bar{c},\bar{a},\bar{\theta})_0=(1,1,1,0.5)$，在 MATLAB 中运行程序 rossler_phase06，得到响应系统(2-1-55)输出与驱动系统(2-1-54)输出的误差 $e_1(t)$，$e_2(t)$，$e_3(t)$及参数估计曲线，从而验证了应用非线性控制器(2-1-57)，Rossler 系统(2-1-54)与统一混沌系统(2-1-55)能够很好地实现自适应同步控制。

(8)混沌运动的自适应反同步控制[25]。选择驱动系统和响应系统的结构不同，如驱动系统为 Lorenz 系统(2-1-62)，响应系统为 Lü 系统(2-1-63)。

A. Lorenz 驱动系统：

$$\begin{cases}\dfrac{\mathrm{d}x}{\mathrm{d}t}=a(y-x)\\\dfrac{\mathrm{d}y}{\mathrm{d}t}=bx-y-xz\quad\text{其中初始条件为 }x_0,y_0,z_0\\\dfrac{\mathrm{d}z}{\mathrm{d}t}=xy-cz\end{cases} \tag{2-1-62}$$

B. Lü 响应系统：

$$\begin{cases}\dfrac{\mathrm{d}u}{\mathrm{d}t}=a_1(v-u)+\alpha\\\dfrac{\mathrm{d}v}{\mathrm{d}t}=-wu+b_1v+\beta\quad\text{其中初始条件为 }u_0,v_0,w_0\\\dfrac{\mathrm{d}w}{\mathrm{d}t}=uv-c_1w+\gamma\end{cases} \tag{2-1-63}$$

取 $a=10$，$b=28$，$c=\frac{8}{3}$，$a_1=36$，$b_1=20$，$c_1=3$，Lorenz 驱动系统(2-1-62)和无控制的 Lü 响应系统(2-1-63)均处于混沌运动状态。混沌反同步控制的目的：通过施加合适的控制函数 $U(t)=[\alpha,\beta,\gamma]$和参数

自适应律，使得驱动系统(2-1-62)的状态变量和响应系统(2-1-63)的状态变量反同步。

令 $e_1=u+x, e_2=v+y, e_3=w+z, \boldsymbol{e}=[e_1,e_2,e_3]$在任意初始状态下，满足$\lim\limits_{t\to\infty}\|\boldsymbol{e}\|=0$。误差系统如下：

$$\begin{cases}\dfrac{\mathrm{d}e_1}{\mathrm{d}t}=a_1(v-u)+\alpha+a(y-x)\\ \dfrac{\mathrm{d}e_2}{\mathrm{d}t}=-wu+b_1v+\beta+bx-y-xz\\ \dfrac{\mathrm{d}e_3}{\mathrm{d}t}=uv-c_1w+\gamma+xy-cz\end{cases}\tag{2-1-64}$$

控制器 $U(t)=[\alpha,\beta,\gamma]$取为：

$$\begin{cases}\alpha(t)=-\hat{a}_1(v-u)-\hat{a}(y-x)-k_1e_1\\ \beta(t)=wu-\hat{b}_1v-\hat{b}x+y+xz-k_2e_2\\ \gamma(t)=-uv+\hat{c}_1w-xy+\hat{c}z-k_3e_3\end{cases}\tag{2-1-65}$$

参数自适应律为：

$$\begin{cases}\dot{\hat{a}}=(y-x)e_1\\ \dot{\hat{b}}=xe_2\\ \dot{\hat{c}}=-ze_3\\ \dot{\hat{a}}_1=(v-u)e_1\\ \dot{\hat{b}}_1=ve_2\\ \dot{\hat{c}}_1=-we_3\end{cases}\tag{2-1-66}$$

式中，k_1,k_2,k_3 均为正的常数；$\hat{a},\hat{b},\hat{c},\hat{a}_1,\hat{b}_1,\hat{c}_1$ 分别为 a,b,c,a_1,b_1,c_1 的估计值。则驱动系统(2-1-62)和响应系统(2-1-63)可达到全局渐近同步，证明如下。

由方程(2-1-64)、方程(2-1-65)知：

$$\begin{cases}\dfrac{\mathrm{d}e_1}{\mathrm{d}t}=-\bar{a}_1(v-u)-\bar{a}(y-x)-k_1e_1\\ \dfrac{\mathrm{d}e_2}{\mathrm{d}t}=-\bar{b}_1v-\bar{b}x-k_2e_2\\ \dfrac{\mathrm{d}e_3}{\mathrm{d}t}=\bar{c}_1w+\bar{c}z-k_3e_3\end{cases}\tag{2-1-67}$$

其中：

$$\begin{cases}\bar{a}=\hat{a}-a\\ \bar{b}=\hat{b}-b\\ \bar{c}=\hat{c}-c\\ \bar{a}_1=\hat{a}_1-a_1\\ \bar{b}_1=\hat{b}_1-b_1\\ \bar{c}_1=\hat{c}_1-c_1\end{cases}\tag{2-1-68}$$

取 Lyapunov 函数为：

$$V(t)=\frac{1}{2}(\boldsymbol{e}^{\mathrm{T}}\boldsymbol{e}+\bar{a}^2+\bar{b}^2+\bar{c}^2+\bar{a}_1^2+\bar{b}_1^2+\bar{c}_1^2)\tag{2-1-69}$$

则：

$$\begin{aligned}\frac{\mathrm{d}}{\mathrm{d}t}V(t)&=\boldsymbol{e}^{\mathrm{T}}\dot{\boldsymbol{e}}+\bar{a}\,\dot{\bar{a}}+\bar{b}\,\dot{\bar{b}}+\bar{c}\,\dot{\bar{c}}+\bar{a}_1\dot{\bar{a}}_1+\bar{b}_1\dot{\bar{b}}_1+\bar{c}_1\dot{\bar{c}}_1\\ &=e_1(-\bar{a}_1(v-u)-\bar{a}(y-x)-k_1e_1)+e_2(-\bar{b}_1v-\bar{b}x-k_2e_2)+e_3(\bar{c}_1w+\bar{c}z-k_3e_3)+\end{aligned}$$

$$\begin{aligned}&\bar{a}(y-x)e_1+\bar{b}xe_2-z\bar{c}e_3+\bar{a}_1(v-u)e_1+\bar{b}_1ve_2-\bar{c}_1we_3\\&=-k_1e_1^2-k_2e_2^2-k_3e_3^2=-\boldsymbol{e}^{\mathrm{T}}\boldsymbol{P}\boldsymbol{e}\leqslant 0\quad 其中\ \forall\,\boldsymbol{e}>\boldsymbol{0}\end{aligned}\tag{2-1-70}$$

则 $\dot{V}(t)$半负定，$e_1,e_2,e_3\in L_\infty$，即误差为幅值有限信号，e_1,e_2,e_3 有界；进而参数估计误差 $\bar{a},\bar{b},\bar{c},\bar{a}_1,\bar{b}_1,\bar{c}_1\in L_\infty$，即参数估计误差也为有界信号，则 $V(t)$有下界；由式(2-1-70)知，$\dot{V}(t)$半负定，$\dot{e}_1,\dot{e}_2,\dot{e}_3\in L_\infty$，即 $\dot{e}_1,\dot{e}_2,\dot{e}_3$ 有界；从而$\frac{\mathrm{d}}{\mathrm{d}t}\dot{V}(t)=-2k_1e_1\dot{e}_1-2k_2e_2\dot{e}_2-2k_3e_3\dot{e}_3$ 也是有界的，则 $\dot{V}(t)$是一致连续的。由 Barbalat 引理可得：$\lim\limits_{t\to\infty}\dot{V}(t)=0$，从而$\lim\limits_{t\to\infty}\|\boldsymbol{e}\|=0$，故驱动系统(2-1-62)和响应系统(2-1-63)可达到全局渐近反同步。

取初始条件$(x_1,y_0,z_0)=(-0.1,-0.1,-0.1)$，$(u_0,y_0,w_0)=(5,5,5)$，$(b,c,a)=(0.2,0.2,5.7)$，$\{k_1,k_2,k_3\}=\{1,1,1\}$，$(\hat{a},\hat{b},\hat{c},\hat{a}_1,\hat{b}_1,\hat{c}_1)_0=(1,1,1,1,1,1)$，在 MATLAB 中运行程序 rossler_phase07，得到响应系统(2-1-63)输出与驱动系统(2-1-62)输出的反同步误差曲线及其对应的状态曲线和参数估计曲线。从而验证了应用非线性控制器和参数自适应律，Lorenz 系统和 Lü 系统能够实现反同步控制。其调整时间约为 45s。

程序 rossler_phase07

2.1.7　其他常见单自由度三维非线性微分分程

例 2-7　其他常见单自由度三维非线性微分方程[26,27]。

(1)Chua (蔡氏)电路方程的形式一：含有一类一阶非线性项的混沌系统。

$$\begin{cases}\dfrac{\mathrm{d}x}{\mathrm{d}t}=a(y-f(x))\\[2mm]\dfrac{\mathrm{d}y}{\mathrm{d}t}=x-y+z\\[2mm]\dfrac{\mathrm{d}z}{\mathrm{d}t}=-by\end{cases}\quad 其中\ f(x)=kx-l(|x+1|-|x-1|)\tag{2-1-71}$$

取 $a=7$，$b=10$，$k=0.4$，$l=0.3$，$(x_0,y_0,z_0)=(0.1,0.1,0.1)$，在 MATLAB 中运行程序 chua01，得到当$(a,b,k_1,l;x_0,y_0,z_0)=(7,10,0.4,0.3;0.1,0.1,0.1)$时，Chua 电路方程混沌运动的二维图像及其对应的状态历程曲线，从中可见曲线出现了双涡卷的混沌特性。

程序 chua01

(2)Chua (蔡氏)电路方程的形式二：含有高阶非线性项的混沌系统。

$$\begin{cases}\dfrac{\mathrm{d}x}{\mathrm{d}t}=\alpha(y-f(x))\\[2mm]\dfrac{\mathrm{d}y}{\mathrm{d}t}=x-y+z\\[2mm]\dfrac{\mathrm{d}z}{\mathrm{d}t}=-\beta y\end{cases}\quad 其中\ f(x)=kx-lx|x|+cx^3\tag{2-1-72}$$

取 $\alpha=12.8$，$\beta=19.1$，$l=1.1$，$c=0.45$，分别取 $k=0.30,0.52,0.60,0.66,0.72,2.00$。在 MATLAB 中运行程序 chua02，得到该方程的三维运动图像，从中可见该方程出现了三涡卷的混沌特性。

程序 chua02

(3)Liu 系统是含有一类平方非线性项的混沌系统，方程如下：

$$\begin{cases}\dfrac{\mathrm{d}x}{\mathrm{d}t}=a(y-x)\\[2mm]\dfrac{\mathrm{d}y}{\mathrm{d}t}=bx-kxz\\[2mm]\dfrac{\mathrm{d}z}{\mathrm{d}t}=-cz+dx^2\end{cases}\tag{2-1-73}$$

取 $a=10$，$b=40$，$k=1$，$d=4$，分别取 $c=2.5,9.0,10.5,20.0$，在 MATLAB 中运行程序 liu，得到该方

程的三维运动图像,从中可见该方程依次出现了混沌运动、周期运动、拟周期运动、周期运动。

(4)Qi 系统,是每个方程都含有非线性项的混沌系统。其方程如下:

$$\begin{cases}\dfrac{dx}{dt}=a(y-x)+yz\\\dfrac{dy}{dt}=bx-y-xz\\\dfrac{dz}{dt}=xy-cz\end{cases}\tag{2-1-74}$$

程序 liu

取 $a=35,17<b\leqslant189,c=8/3$,Qi 系统存在混沌运动。分别取 $c=15$、25、80、200,在 MATLAB 中运行程序 qi,得到该方程的三维运动图像。

程序 qi

2.1.8 Mathieu - Duffing 方程

例 2-8 Mathieu - Duffing 方程:

$$\ddot{\theta}+a\dot{\theta}+c^2[1-2d\phi(t)]\theta=F\cos(\omega t)\quad \text{其中初始条件为 } \theta_0,\dot{\theta}_0\tag{2-1-75}$$

式中,a,c,d,F 为常数;$\phi(t)=\phi(t+T)$;$T=\dfrac{2\pi}{\upsilon}$为周期;ω 为激励频率。

它常被用于描叙旋转机械轴系因偏心引起的振动问题[11];在同步加速器中,也被用来描述在高频电场或磁场作用下的高能粒子束的运动[11];在强激光与量子等离子体的相互作用中,还被用来描述圆极化强激光与无自旋带电粒子的相互作用过程[28-40]。

取状态变量为 $x_1=\theta,x_2=\dot{\theta}$,则 Mathieu - Duffing 方程的非线性模型为:

$$\begin{cases}\dot{x}_1=x_2\\\dot{x}_2=-ax_2+c^2[1-2d\phi(t)]x_1+F\cos(\omega t)\end{cases}\tag{2-1-76}$$

其相空间体积变化率为:

$$\frac{dV}{dt}=\oint_V\left(\frac{d}{dx_1}\dot{x}_1+\frac{d}{dx_2}\dot{x}_2\right)=-a\tag{2-1-77}$$

可见,当 $a>0$ 时,系统是耗散的,存在吸引子。平衡点 $(x,\dot{x})=(0,0)$ 是稳定的。取系数 $c=1$,调节阻尼系数 a、频率参数 d 和激励幅度 F,在不同的初始条件下,方程可以得到不同的解。在无阻尼无外激励、有阻尼无外激励、有阻尼有外激励条件下的相图可仿照例 2-1 单摆方程得到,此处不再详述。

(1)无阻尼自由振动:

$$\ddot{\theta}+c^2[1-2d\phi(t)]\theta=0\tag{2-1-78}$$

当 $\phi(t)=\sum_{k=1}^{\infty}(c_k\cos k(\nu t)+d_k\sin k(\nu t))$ 时,其中 c_k,d_k 为三角级数的系数,称之 Hill 方程,它的系数包含了全部的 Fourier 分量,系统存在和共振与差共振。

当 $\phi(t)=c\cdot\cos(\nu t)$ 或 $\phi(t)=d\cdot\sin(\nu t)$ 时,其中 c,d 为常数,称之 Mathieu 方程。

由 Floquet 理论知:Mathieu 方程具有两个特征乘数 ρ_1,ρ_2,两个特征指数 $\lambda_1=\dfrac{1}{T}\ln\rho_1,\lambda_2=\dfrac{1}{T}\ln\rho_2$。当且仅当 $|\rho_1|<1,|\rho_2|<1$ 时,Mathieu 方程的解是渐近稳定的。标准 Mathieu 方程 $\ddot{\theta}+[\delta+2\varepsilon\cos(2t)]\theta=0$ 的稳定性边界如图 2-8、图 2-9 所示。

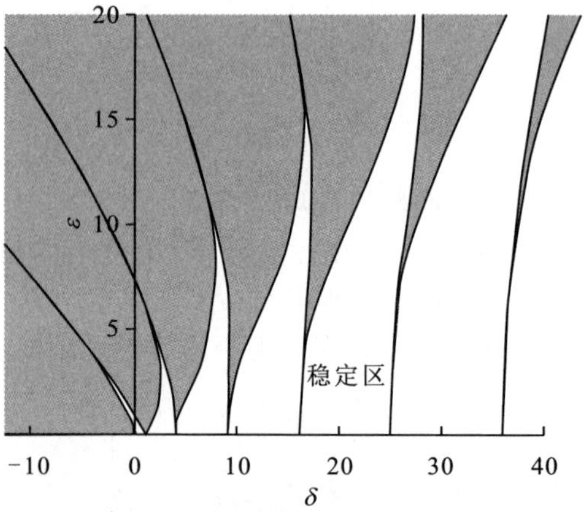

图 2-8　无阻尼标准 Mathieu 方程的稳定性边界(全局)

(2)有阻尼自由振动:

$$\ddot{\theta}+a\dot{\theta}+c^2[1-2d\phi(t)]\theta=0\tag{2-1-79}$$

当 $\phi(t)=c\cdot\cos(\nu t)-\gamma\theta^2$ 时，其中 c,γ 为常数，称之 Mathieu－Duffing 方程，是非线性方程。小阻尼 Mathieu 方程 $\ddot{\theta}+2\xi\dot{\theta}+[\delta+2\varepsilon\cos(2t)]\theta=0,|\varepsilon|\ll1,0<\xi\ll1$的稳定性边界如图 2－10 所示。

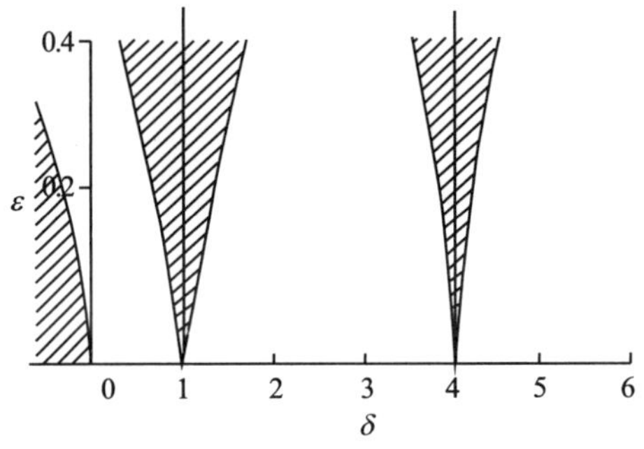

图 2－9　无阻尼标准 Mathieu 方程的稳定性边界(局部)

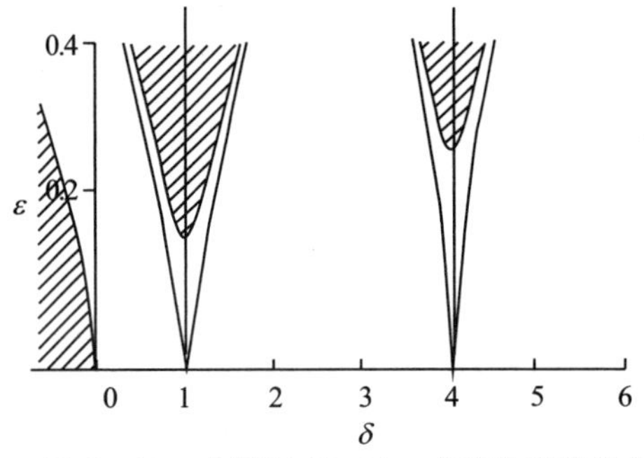

图 2－10　小阻尼 Mathieu 方程的稳定性边界

(3)有阻尼强迫振动：

$$\ddot{\theta}+a\dot{\theta}+c^2[1-2d\phi(t)]\theta=F\cos(\omega t) \tag{2-1-80}$$

随着激励频率 ω、系统自旋频率 ν、系统固有频率 c 的不同组合，系统存在参激共振的复杂情形，例如差共振、和共振、整数共振、半整数共振。具体可类似例 2－2 的 Duffing 方程进行讨论。

2.2　高维非线性微分方程的数值解

在三维非线性动力学方程的基础上，增加控制量、添加新的方程可以构造出四维、五维或六维非线性动力学方程。1979 年 Rössler 最先提出了超混沌 Rössler 系统，2005 年提出了超混沌 Chua 系统和超混沌 Lorenz 系统，2006 年提出了超混沌 Chen 系统和超混沌 Lü 系统，此后，新的超混沌系统不断涌现。四维非线性动力学方程一般有 4 个 Lyapunov 指数，若其中有两个以上的 Lyapunov 指数的符号为正，则出现更复杂的混沌运动，称之为超混沌。同理，五维非线性动力学方程一般有 5 个 Lyapunov 指数，六维非线性动力学方程一般有 6 个 Lyapunov 指数，它们的动力学行为形态更加丰富。对三维非线性动力学方程，例如 Lorenz 系统，其 Lyapunov 指数随参数变化的变化曲线与相应的分岔图是一一对应的，且若最大 Lyapunov 指数符号为正，则存在混沌运动。对于高维非线性动力学方程，例如四维类 Chen－Qi 方程，若最大 Lyapunov 指数符号为正，则并不意味着总是存在混沌运动。

本节提供的程序可以为读者的深入研究提供借鉴，并启发读者在分数阶复 Lorenz 系统的动力学特性分析和控制等相关问题、相应领域进行深入研究。

2.2.1　类 Chen－Qi 四维超混沌非线性动力学方程

例 2－9　类 Chen－Qi 四维超混沌非线性动力学方程[31-34]：

$$\begin{cases}\dfrac{dx}{dt}=a(y-x)+yz\\ \dfrac{dy}{dt}=(c-a)x+cy-xz\\ \dfrac{dz}{dt}=x^2-yz-bz-w\\ \dfrac{dw}{dt}=xyz-xz-dw\end{cases}\quad \text{其中初始条件为 } x_0,y_0,z_0,w_0 \tag{2-2-1}$$

式中，a,b,c,d 为正常数；$(x,y,z,w)^T$ 为系统状态变量。

可见，它包含 6 个非线性项，非线性作用很强。

首先，其相空间体积变化率为：

$$\frac{\mathrm{d}V}{\mathrm{d}t}=\oint_V\left(\frac{\mathrm{d}}{\mathrm{d}x}\dot{x}+\frac{\mathrm{d}}{\mathrm{d}y}\dot{y}+\frac{\mathrm{d}}{\mathrm{d}z}\dot{z}+\frac{\mathrm{d}}{\mathrm{d}w}\dot{w}\right)=-a+c-y-b-d \tag{2-2-2}$$

可见，当$(a-c+y+b+d)>0$时，系统是耗散的，存在吸引子。

(1)平衡点及其稳定性分析。平衡点方程为：

$$\begin{cases}a(y-x)+yz=0\\(c-a)x+cy-xz=0\\x^2-yz-bz-w=0\\xyz-xz-dw=0\end{cases} \tag{2-2-3}$$

取$a=37,b=3,c=26,d=38$，在MATLAB中运行程序chen_qi_syms，得5组解：(0,0,0,0)，(10 557.67，−62.58，112.24，−57.63)，(9.45，1.61，−2.88，−57.63)，(26.88，12.21，9.69，9.63)，(2.51，−2.96，−2.35，9.63)。

程序 chen_qi_syms

取$a=37,b=3,c=36,d=38$，用MATLAB解平衡点方程，仍有5组解：(0,0,0,0)，(10754.91，−65.11，106.15，−59.69)，(10.72，1.76，−2.87，−59.69)，(203.82，24.60，15.51，21.69)，(8.50，−4.13，−2.60，21.69)。

在平衡点(0,0,0,0)处，类Chen–Qi系统的Jacobi矩阵的特征值计算如下：

$$\boldsymbol{J}=\begin{bmatrix}-a & a & 0 & 0\\c-a & c & 0 & 0\\0 & 0 & -b & -1\\0 & 0 & 0 & -d\end{bmatrix} \tag{2-2-4}$$

$$\det(\boldsymbol{J}-\lambda\boldsymbol{I})=\begin{bmatrix}-a-\lambda & a & 0 & 0\\c-a & c-\lambda & 0 & 0\\0 & 0 & -b-\lambda & -1\\0 & 0 & 0 & -d-\lambda\end{bmatrix} \tag{2-2-5}$$

取$a=37,b=3,c=26,d=38$，应用MATLAB的指令eig($\boldsymbol{J}$)可得到4个特征值：$\lambda_1=-29.691\,9$，$\lambda_2=18.691\,9$，$\lambda_3=-3$，$\lambda_4=-38$，其中1个特征值符号为正，其余3个特征值符号为负，故平衡点(0,0,0,0)是不稳定的鞍点。

(2)Lyapunov指数谱。类Chen–Qi系统在参数组合取$a=37,b=3,c=26,d=38$，初始条件(x_0,y_0,z_0,w_0)取(−0.1，0.2，−0.5，0.3)时，在MATLAB中运行程序chen_qi_lyapunov_exp01，得到类Chen–Qi方程解的Lyapunov指数谱。其4个Lyapunov指数$\lambda_1\sim\lambda_4$分别为0.722 97、0.102 94、−16.734 3、−38.753 1，其符号接近(+，0，−，−)，存在奇怪吸引子的判断条件。应用式(1–1–6)，计算其Lyapunov维数：

程序 chen_qi_lyapunov_exp01

$$L_D=2+\frac{0.722\,97+0.102\,94}{16.734\,3}=2.049\,35$$

Lyapunov维数为非整数，表明系统存在混沌运动。

在MATLAB中运行程序chen_qi_phase01，参数组合取$a=37,b=3,c=26,d=38$，初始条件(x_0,y_0,z_0,w_0)为(−0.1，0.2，−0.5，0.3)，得到类Chen–Qi方程的三维运动图像和二维运动图像。图像中明显可见系统的混沌状态。

程序 chen_qi_phase01

在MATLAB中运行程序chen_qi_lyapunov_exp02，取$a\in[30,40]$，$b=3$，$c=26$，$d=38$，取初始条件(x_0,y_0,z_0,w_0)为(−0.1，0.2，−0.5，0.3)，得到类Chen–Qi方程解的Lyapunov指数随a变化的变化曲线。依次取$b\in[0,10]$，$c\in[20,30]$，$d\in[35,45]$，类似可得Lyapunov指数随b,c,d变化的变化曲线。从曲线中可见，在较宽的参数范围内，方程的Lyapunov指数的符号基本不变，但对四维系统，这并不意味着其混

程序 chen_qi_lyapunov_exp02

沌运动状态性质不变。同时可见，Lyapunov 指数随 b,c 的变化相对更敏感。

(3)分岔图。类 Chen - Qi 方程解的 Lyapunov 指数随 b,c 的变化相对更敏感。故在 MATLAB 中执行程序 chen_qi_bifurcation，取 $a=37$，$b=3$，$c=[20,30]$，$d=38$，$(x_0,y_0,z_0,w_0)=(-0.1,0.2,-0.5,0.3)$，程序运行约 30h 后，得到系统的解 x_{max} 关于 c 的分岔图。同理，可得类 Chen - Qi 方程的解 y_{max}，z_{max}，w_{max} 关于 c 的分岔图。

程序 chen_qi_bifurcation

(4)特殊点处的相图。由系统的解关于 c 的分岔图可知，当 $a=37$，$b=3$，$c=20.5$，$d=38$，初始条件 (x_0,y_0,z_0,w_0) 为 $(-0.1,0.2,-0.5,0.3)$ 时，类 Chen - Qi 方程的解为定态运动。在 MATLAB 中运行程序 chen_qi_phase02，得到此时类 Chen - Qi 方程的三维运动图像和二维运动图像，从中明显可见系统的定态运动状态。

程序 chen_qi_phase02

在 MATLAB 中运行程序 chen_qi_phase03，得到此时类 Chen - Qi 方程的状态时程图、二维相图，明显可见系统的定态运动状态。

当 $a=37$，$b=3$，$c=22.5$，$d=38$，初始条件 (x_0,y_0,z_0,w_0) 为 $(-0.1,0.2,-0.5,0.3)$ 时，类 Chen - Qi 方程的解为周期运动，对 z，w 是 2 周期运动，对 x，y 是 1 周期运动。在 MATLAB 中运行程序 chen_qi_phase04；得到此时类 Chen - Qi 方程的三维运动图像、二维运动图像、状态时程图和二维相图，从中可见明显的系统周期运动状态。

程序 chen_qi_phase03

当 $a=37$，$b=3$，$c=24.5$，$d=38$，初始条件 (x_0,y_0,z_0,w_0) 为 $(-0.1,0.2,-0.5,0.3)$ 时，类 Chen - Qi 方程的解为周期运动，对 w 是 3 周期运动，对 x，y 是 2 周期运动，对 z 是 1 周期运动。在 MATLAB 中进行类似运算，得到此时类 Chen - Qi 方程的三维运动图像、二维运动图像、状态时程图和二维相图，从中可见明显的系统多周期运动状态。

当 $a=37$，$b=3$，$c=26.5$，$d=38$，初始条件 (x_0,y_0,z_0,w_0) 为 $(-0.1,0.2,-0.5,0.3)$ 时，类 Chen - Qi 方程的解为周期运动，对 w 是 8 周期运动，对 x，y 是 6 周期运动，对 z 是 4 周期运动。在 MATLAB 中进行类似运算，得到此时类 Chen - Qi 方程的三维运动图像、二维运动图像、状态时程图和二维相图，从中可见明显的系统多周期运动状态。

程序 chen_qi_phase04

当 $a=37$，$b=3$，$c=26.28$，$d=38$，初始条件 (x_0,y_0,z_0,w_0) 为 $(-0.1,0.2,-0.5,0.3)$ 时，类 Chen - Qi 方程的解为周期运动，倍周期运动情况更复杂了。在 MATLAB 中进行类似运算，得到此时类 Chen - Qi 方程的三维运动图像、二维运动图像、状态时程图和二维相图，从中可见明显的系统多周期运动状态。

当 $a=37$，$b=3$，$c=28$，$d=38$，初始条件 (x_0,y_0,z_0,w_0) 为 $(-0.1,0.2,-0.5,0.3)$ 时，类 Chen - Qi 方程的解为混沌运动，对 x、y、z、w 都是混沌运动。在 MATLAB 中进行类似运算，得到此时类 Chen - Qi 方程的三维运动图像、二维运动图像、状态时程图和二维相图，从中可见明显的系统混沌运动状态。

可见，随着 c 的增大，类 Chen - Qi 方程的解的变化规律为：定态运动→混沌运动→倍周期运动→混沌运动→倍周期运动……这与分岔图的规律一致，但与 Lyapunov 指数谱随 c 的变化规律不同。可见，对于高维非线性动力学方程，例如四维类 Chen - Qi 方程，最大 Lyapunov 指数符号为正，并不意味着总是存在混沌运动，倍周期运动也是存在的。

(5)混沌运动的抑制。为控制带有未知参数的类 Chen - Qi 四维超混沌系统稳定到平衡点 $(0,0,0,0)$，设计控制器 $(u_1、u_2、u_3、u_4)$，使式(2-2-6)稳定到平衡点 $(0,0,0,0)$。

$$\begin{cases}\dfrac{\mathrm{d}x}{\mathrm{d}t}=a(y-x)+yz+u_1\\[2mm]\dfrac{\mathrm{d}y}{\mathrm{d}t}=(c-a)x+cy-xz+u_2\\[2mm]\dfrac{\mathrm{d}z}{\mathrm{d}t}=x^2-yz-bz-w+u_3\\[2mm]\dfrac{\mathrm{d}w}{\mathrm{d}t}=xyz-xz-dw+u_4\end{cases}\tag{2-2-6}$$

式中 a,b,c,d 为未知参数；$(x、y、z、w)^{\mathrm{T}}$ 为系统状态变量。

试取 Lyapunov 函数：

$$V=\frac{1}{2}(x^2+y^2+z^2+w^2+\tilde{a}^2+\tilde{b}^2+\tilde{c}^2+\tilde{d}^2) \tag{2-2-7}$$

式中，$\hat{a},\hat{b},\hat{c},\hat{d}$ 是 a,b,c,d 的估计值，其中 $\tilde{a}=\hat{a}-a,\tilde{b}=\hat{b}-b,\tilde{c}=\hat{c}-a,\tilde{d}=\hat{d}-d$。

$$\begin{aligned}\dot{V}&=x[a(y-x)+yz+u_1]+y[(c-a)x+cy-xz+u_2]+z[x^2-yz-bz-w+u_3]+w[xyz-xz-\\&\quad dw+u_4]+\tilde{a}\dot{\hat{a}}+\tilde{b}\dot{\hat{b}}+\tilde{c}\dot{\hat{c}}+\tilde{d}\dot{\hat{d}}\\&=\tilde{a}(\dot{\hat{a}}+x^2+\tilde{a})+\tilde{b}(\dot{\hat{b}}+z^2+\tilde{b})+\tilde{c}(\dot{\hat{c}}-yz-y^2+\tilde{c})+\tilde{d}(\dot{\hat{d}}+w^2+\tilde{d})+x(u_1-\hat{a}+x)+y(u_2+\hat{c}y+\\&\quad\hat{c}z+y)+z(u_3+x^2-yz+z-\hat{b}z)+w(-u_4-xz+xyz-z+w-\hat{d}w)-x^2-y^2-z^2-w^2-\tilde{a}^2-\\&\quad\tilde{b}^2-\tilde{c}^2-\tilde{d}^2\end{aligned} \tag{2-2-8}$$

选择控制器：

$$\begin{cases}u_1=\hat{a}x-x\\u_2=-\hat{c}y-\hat{c}z-y\\u_3=-x^2+yz+\hat{b}z-z\\u_4=-xz+xyz-z-\hat{d}w+w\end{cases} \tag{2-2-9}$$

选择参数估计校正律：

$$\begin{cases}\dot{\hat{a}}=-x^2-\tilde{a}\\\dot{\hat{b}}=-z^2-\tilde{b}\\\dot{\hat{c}}=yz+y^2-\tilde{c}\\\dot{\hat{d}}=-w^2-\tilde{d}\end{cases} \tag{2-2-10}$$

则 Lyapunov 函数对时间的导数：

$$\dot{V}=-x^2-y^2-z^2-w^2-\tilde{a}^2-\tilde{b}^2-\tilde{c}^2-\tilde{d}^2<0 \tag{2-2-11}$$

于是，根据 Lyapunov 稳定性理论，此时原控制系统在上述控制器和参数估计校正律下，能渐近收敛到平衡点(0,0,0,0)。

由类 Chen - Qi 方程三维运动图像知：当 $a=37,b=3,c=28,d=38$，初始条件 (x_0,y_0,z_0,w_0) 为(−0.1,0.2,−0.5,0.3)时，类 Chen - Qi 方程的解为混沌运动，对 x,y,z,w 都是混沌运动。施加控制器 u_1,u_2,u_3,u_4，取初始条件 $(\hat{a}_0,\hat{b}_0,\hat{c}_0,\hat{d}_0)$ 为(38,2,28.5,37.5)，在 MATLAB 中运行程序 chen_qi_phase05，得到其状态时程图和其控制律的时程图，从中明显可见系统混沌状态很快稳定到了平衡点(0,0,0,0)。

程序 chen_qi_phase05

(6)混沌同步的自适应控制。

A. 驱动系统：

$$\begin{cases}\dfrac{\mathrm{d}x_1}{\mathrm{d}t}=a(y_1-x_1)+y_1z_1\\\dfrac{\mathrm{d}y_1}{\mathrm{d}t}=(c-a)x_1+cy_1-x_1z_1\\\dfrac{\mathrm{d}z_1}{\mathrm{d}t}=x_1^2-y_1z_1-bz_1-w_1\\\dfrac{\mathrm{d}w_1}{\mathrm{d}t}=x_1y_1z_1-x_1z_1-dw_1\end{cases} \tag{2-2-12}$$

B. 响应系统：

$$\begin{cases}\dfrac{dx_2}{dt}=a_1(y_2-x_2)+y_2z_2+u_1\\ \dfrac{dy_2}{dt}=(c_1-a_1)x_2+c_1y_2-x_2z_2+u_2\\ \dfrac{dz_2}{dt}=x_2^2-y_2z_2-b_1z_2-w_2+u_3\\ \dfrac{dw_2}{dt}=x_2y_2z_2-x_2z_2-d_1w_2+u_4\end{cases}\tag{2-2-13}$$

式中，a,b,c,d 为驱动系统的未知参数；a_1,b_1,c_1,d_1 为响应系统需要估计的未知参数；u_1,u_2,u_3,u_4 是待设计的同步控制器。

C. 误差系统：

$$\begin{cases}\dfrac{de_1}{dt}=\tilde{a}(y_2-x_2)+a(e_2-e_1)+e_2e_3+e_2z_1+e_3y_1+u_1\\ \dfrac{de_2}{dt}=(\tilde{c}-\tilde{a})x_2+(c-a)e_2+\tilde{c}y_2+ce_2-e_1e_3-e_1z_1-e_3x_1+u_2\\ \dfrac{de_3}{dt}=e_1^2+2e_1x_1-e_2e_3-e_2z_1-e_3y_1-\tilde{b}z_2-be_3-e_4+u_3\\ \dfrac{de_4}{dt}=e_1e_2e_3+x_1e_2e_3+y_1e_1e_3+z_1e_1e_2+x_1y_1e_3+x_1z_1e_2+y_1z_1e_1-z_1e_1-x_1e_3-e_1e_3-\tilde{d}w_2-de_4+u_4\end{cases}\tag{2-2-14}$$

而：

$$\begin{cases}e_1=x_2-x_1\\ e_2=y_2-y_1\\ e_3=z_2-z_1\\ e_4=w_2-w_1\\ \tilde{a}=a_1-a\\ \tilde{b}=b_1-b\\ \tilde{c}=c_1-c\\ \tilde{d}=d_1-d\end{cases}\tag{2-2-15}$$

控制目标是构造控制器和参数估计校正律，使得驱动系统(2-2-12)和响应系统(2-2-13)的状态达到全局渐近同步。构造自适应控制器和参数估计校正律如下：

$$\begin{cases}u_1=ae_1-e_3y_1-e_1\\ u_2=-ce_1-ce_2+e_3x_1-e_2\\ u_3=-e_1^2-2e_1x_1+e_2e_3+e_2z_1+e_3y_1+be_3+e_4-e_3\\ u_4=-e_1e_2e_3-x_1e_2e_3-y_1e_1e_3-z_1e_1e_2-x_1y_1e_3-x_1z_1e_2-y_1z_1e_1+z_1e_1+x_1e_3+e_1e_3+de_4-e_4\end{cases}\tag{2-2-16}$$

$$\begin{cases}\dot{a}_1=-(y_2-x_2)e_1+x_2e_2-\tilde{a}\\ \dot{b}_1=z_2e_3-\tilde{b}\\ \dot{c}_1=-x_2e_2-y_2e_2-\tilde{c}\\ \dot{d}_1=w_2e_4-\tilde{d}\end{cases}\tag{2-2-17}$$

则在该控制器和参数估计校正律作用下，驱动系统(2-2-12)和响应系统(2-2-13)的状态达到全局同步。

证明：对误差系统，试取 Lyapunov 函数：

$$V=\frac{1}{2}(e_1^2+e_2^2+e_3^2+e_4^2+\tilde{a}^2+\tilde{b}^2+\tilde{c}^2+\tilde{d}^2)\tag{2-2-18}$$

则：

$$\begin{aligned}\dot V &= e_1\dot e_1 + e_2\dot e_2 + e_3\dot e_3 + e_4\dot e_4 + \tilde a\dot{\tilde a} + \tilde b\dot{\tilde b} + \tilde c\dot{\tilde c} + \tilde d\dot{\tilde d}\\ &= e_1[\tilde a(y_2-x_2)+a(e_2-e_1)+e_2e_3+e_2z_1+e_3y_1+u_1]+e_2[(\tilde c-\tilde a)x_2+(c-a)e_1+\tilde c y_2+ce_2-e_1e_3-\\ &\quad e_1z_1-e_3x_1+u_2]+e_3[e_1^2+2e_1x_1-e_2e_3-e_2z_1-e_3y_1-\tilde b z_2-be_3-e_4+u_3]+e_4[e_1e_2e_3+x_1e_2e_3+\\ &\quad y_1e_1e_3+z_1e_1e_2+x_1y_1e_3+z_1z_1e_2+y_1z_1e_1-z_1e_1-x_1e_3-e_1e_3-\tilde d w_2-de_4+u_4]+\tilde a\dot{\tilde a}+\tilde b\dot{\tilde b}+\tilde c\dot{\tilde c}+\\ &\quad \tilde d\dot{\tilde d}\\ &= e_1[-ae_1+e_3y_1+u_1]+e_2[ce_1+ce_2-e_3x_1+u_2]+e_3[e_1^2+2e_1x_1-e_2e_3-e_2z_1-e_3y_1-be_3-e_4+\\ &\quad u_3]+e_4[e_1e_2e_3+x_1e_2e_3+y_1e_1e_3+z_1e_1e_2+x_1y_1e_3+x_1z_1e_2+y_1z_1e_2-z_1e_1-x_1e_3-e_1e_3-de_4+\\ &\quad u_4]+\tilde a[\dot{\tilde a}+(y_2-x_2)e_1-x_2e_2]+\tilde b[\dot{\tilde b}-z_2e_3]+\tilde c[\dot{\tilde c}+x_2e_2+y_2e_2]+\tilde d[\dot{\tilde d}-w_2e_4]\\ &= -e_1^2-e_2^2-e_3^2-e_4^2-\tilde a^2-\tilde b^2-\tilde c^2-\tilde d^2<0 \end{aligned}\tag{2-2-19}$$

可见 V 是正定函数，$\dot V$ 是负定函数，根据 Lyapunov 稳定性理论，驱动系统(2-2-12)和响应系统(2-2-13)的状态达到全局渐近同步。

对驱动系统(2-2-12)，取初始条件$(x_{10},y_{10},z_{10},w_{10})$为$(-0.1,0.2,-0.5,0.3)$；对响应系统(2-2-13)，取初始条件$(x_{20},y_{20},z_{20},w_{20})$为$(1,-1,0.5,-0.5)$，$a_1(0)=30$，$b_1(0)=4$，$c_1(0)=25$，$d_1(0)=40$，在 MATLAB 中运行程序 chen_qi_phase06，得到①系统的状态时程图，从中可见驱动系统和响应系统在 2s 以后是相互同步的；②未知参数估计值的变化曲线，从中可见，当 $t\to\infty$ 时，$a_1\to37$，$b_1\to3$，$c_1\to36$，$d_1\to38$；③响应系统的控制量的变化曲线；④同步误差曲线。

程序 chen_qi_phase06

由同步误差曲线可知，同步误差曲线 $e_1(t)$、$e_4(t)$ 不收敛到 0，说明相应的状态并不是完全同步的。

为了改善同步误差，重新构造自适应控制器如下：

$$\begin{cases}u_1=-a(e_2-e_1)-e_2e_3-e_2z_1-e_3y_1-e_1\\ u_2=-(c-a)e_1-ce_2+e_1e_3+e_1z_1+e_3x_1-e_2\\ u_3=-e_1^2-2e_1x_1+e_2e_3+e_2z_1+e_3y_1+be_3+e_4-e_3\\ u_4=-e_1e_2e_3-x_1e_2e_3-y_1e_1e_3-z_1e_1e_2-x_1y_1e_3-x_1z_1e_2-y_1z_1e_1+z_1e_1+x_1e_3+e_1e_3+de_4-e_4\end{cases}\tag{2-2-20}$$

参数估计校正律仍为：

$$\begin{cases}\dot a_1=-(y_2-x_2)e_1+x_2e_2-\tilde a\\ \dot b_1=z_2e_3-\tilde b\\ \dot c_1=-x_2e_2-y_2e_2-\tilde c\\ \dot d_1=w_2e_4-\tilde d\end{cases}\tag{2-2-21}$$

仍取 Lyapunov 函数：

$$V=\frac{1}{2}(e_1^2+e_2^2+e_3^2+e_4^2+\tilde a^2+\tilde b^2+\tilde c^2+\tilde d^2)$$

则：

$$\begin{aligned}\dot V &= e_1\dot e_{+}e_2\dot e_2+e_3\dot e_3+e_4\dot e_4+\tilde a\dot{\tilde a}+\tilde b\dot{\tilde b}+\tilde c\dot{\tilde c}+\tilde d\dot{\tilde d}\\ &= e_1[\tilde a(y_2-x_2)-e_1]+e_2[(\tilde c-\tilde a)x_2+\tilde c y_2-e_2]+e_3[-\tilde b z_2-e_3]+e_4[-\tilde d w_2-e_4]+\\ &\quad \tilde a[-(y_2-x_2)e_1+x_2e_2-\tilde a]+\tilde b[z_2e_3-\tilde b]+\tilde c[-x_2e_2-y_2e_2-\tilde c]+\tilde d[w_2e_4-\tilde d]\\ &= -e_1^2-e_2^2-e_3^2-e_4^2-\tilde a^2-\tilde b^2-\tilde c^2-\tilde d^2<0\end{aligned}\tag{2-2-22}$$

则在该控制器(2-2-20)和参数估计校正律(2-2-21)的作用下，驱动系统(2-2-12)和响应系统(2-2-13)的状态达到全局渐近同步，其误差达到全局渐近同步。

对驱动系统(2-2-12)，取初始条件$(x_{10},y_{10},z_{10},w_{10})$为$(-0.1,0.2,-0.5,0.3)$；对响应系统(2-2-13)，取初始条件$(x_{20},y_{20},z_{20},w_{20})$为$(1,-1,0.5,-0.5)$，$a_1(0)=30$，$b_1(0)=4$，$c_1(0)=25$，$d_1(0)=40$，

在 MATLAB 中运行程序 chen_qi_phase07，可得到①状态时程图，从中可见系统在 1s 以后是相互同步的；②未知参数估计值的变化曲线，从中可见当 $t\to\infty$ 时 $a_1\to 37$，$b_1\to 3$，$c_1\to 36$，$d_1\to 38$；③响应系统控制量的变化曲线；④同步误差曲线。

程序 chen_qi_phase07

由同步误差曲线可见，同步误差曲线 $e_4(t)$ 略有改善，此时相应的状态也不是完全全局渐近同步的。为什么出现这个现象？研究表明是状态 w 对应的微分方程存在三次方非线性项的缘故。

(7)混沌反同步的自适应控制。

A. 驱动系统：

$$\begin{cases}\dfrac{\mathrm{d}x_1}{\mathrm{d}t}=a(y_1-x_1)+y_1z_1\\\dfrac{\mathrm{d}y_1}{\mathrm{d}t}=(c-a)x_1+cy_1-x_1z_1\\\dfrac{\mathrm{d}z_1}{\mathrm{d}t}=x_1^2-y_1z_1-bz_1-w_1\\\dfrac{\mathrm{d}w_1}{\mathrm{d}t}=x_1y_1z_1-x_1z_1-dw_1\end{cases}\tag{2-2-23}$$

B. 响应系统：

$$\begin{cases}\dfrac{\mathrm{d}x_2}{\mathrm{d}t}=a_1(y_2-x_2)+y_2z_2+u_1\\\dfrac{\mathrm{d}y_2}{\mathrm{d}t}=(c_1-a_1)x_2+c_1y_2-x_2z_2+u_2\\\dfrac{\mathrm{d}z_2}{\mathrm{d}t}=x_2^2-y_2z_2-b_1z_2-w_2+u_3\\\dfrac{\mathrm{d}w_2}{\mathrm{d}t}=x_2y_2z_2-x_2z_2-d_1w_2+u_4\end{cases}\tag{2-2-24}$$

式中，a,b,c,d 为驱动系统的未知参数；a_1,b_1,c_1,d_1 为响应系统需要估计的未知参数；u_1,u_2,u_3,u_3 是待设计的反同步控制器。

C. 反同步误差系统：

$$\begin{cases}\dfrac{\mathrm{d}e_1}{\mathrm{d}t}=\tilde{a}(y_2-x_2)+a(e_2-e_1)+y_1z_1+y_2z_2+u_1\\\dfrac{\mathrm{d}e_2}{\mathrm{d}t}=(\tilde{c}-\tilde{a})x_2+(c-a)e_1+\tilde{c}y_2+ce_2-x_1z_1-x_2z_2+u_2\\\dfrac{\mathrm{d}e_3}{\mathrm{d}t}=e_1^2-2x_1x_2-y_1z_1-y_2z_2-\tilde{b}z_2-be_3-e_4+u_3\\\dfrac{\mathrm{d}e_4}{\mathrm{d}t}=x_1y_1z_1+x_2y_2z_2-x_1z_1-x_2z_2-\tilde{d}w_2-de_4+u_4\end{cases}\tag{2-2-25}$$

而：

$$\begin{cases}e_1=x_2+x_1\\e_2=y_2+y_1\\e_3=z_2+z_1\\e_4=w_2+w_1\\\tilde{a}=a_1-a\\\tilde{b}=b_1-b\\\tilde{c}=c_1-c\\\tilde{d}=d_1-d\end{cases}\tag{2-2-26}$$

控制目标是构造控制器和参数估计校正律，使得驱动系统(2-2-23)和响应系统(2-2-24)的状态达到全局渐近反同步。构造自适应控制器和参数估计校正律如下：

$$\begin{cases} u_1=a(e_1-e_2)-y_1z_1-y_2z_2-e_1 \\ u_2=-(c-a)e_1-ce_2+x_1z_1+x_2z_2-e_2 \\ u_3=-e_1^2+2x_1x_2+y_1z_1+y_2z_2+be_3+e_4-e_3 \\ u_4=-x_1y_1z_1-x_2y_2z_2+x_1z_1+x_2z_2+de_4-e_4 \end{cases} \tag{2-2-27}$$

$$\begin{cases} \dot{\tilde{a}}=-(y_2-x_2)e_1+x_2e_2-\tilde{a} \\ \dot{\tilde{b}}=z_2e_3-\tilde{b} \\ \dot{\tilde{c}}=-x_2e_2-y_2e_2-\tilde{c} \\ \dot{\tilde{d}}=w_2e_4-\tilde{d} \end{cases} \tag{2-2-28}$$

则在该控制器和参数估计校正律作用下，驱动系统(2-2-23)和响应系统(2-2-24)的状态达到全局渐近反同步。

证明：对误差系统，试取 Lyapunov 函数：

$$V=\frac{1}{2}(e_1^2+e_2^2+e_3^2+e_4^2+\tilde{a}^2+\tilde{b}^2+\tilde{c}^2+\tilde{d}^2) \tag{2-2-29}$$

则：

$$\begin{aligned} \dot{V} &= e_1\dot{e}_1+e_2\dot{e}_2+e_3\dot{e}_3+e_4\dot{e}_4+\tilde{a}\dot{\tilde{a}}+\tilde{b}\dot{\tilde{b}}+\tilde{c}\dot{\tilde{c}}+\tilde{d}\dot{\tilde{d}} \\ &= e_1[\tilde{a}(y_2-x_2)+a(e_2-e_1)+y_1z_1+y_2z_2+u_1]+e_2[(\tilde{c}-\tilde{a})x_2+(c-a)e_1+\tilde{c}y_2+ce_2-x_1z_1- \\ &\quad x_2z_2+u_2]+e_3[e_1^2+2e_1x_1-e_2e_3-e_2z_1-e_3y_1-\tilde{b}z_2-be_3-e_4+u_3]+e_4[x_1y_1z_1+x_2y_2z_2-x_1z_1- \\ &\quad x_2z_2-\tilde{d}w_2-de_4+u_4]+\tilde{a}\dot{\tilde{a}}+\tilde{b}\dot{\tilde{b}}+\tilde{c}\dot{\tilde{c}}+\tilde{d}\dot{\tilde{d}} \\ &= e_1[a(e_2-e_1)+y_1z_1+y_2z_2+u_1]+e_2[(c-a)e_1+ce_2-x_1z_1-x_2z_2+u_2]+e_3[e_1^2+2e_1x_1-e_2e_3- \\ &\quad e_2z_1-e_3y_1-be_3-e_4+u_3]+e_4[x_1y_1z_1+x_2y_2z_2-x_1z_1-x_2z_2-de_4+u_4]+\tilde{a}[\dot{\tilde{a}}+(y_2-x_2)e_1- \\ &\quad x_2e_2]+\tilde{b}[\dot{\tilde{b}}-z_2e_3]+\tilde{c}[\dot{\tilde{c}}+x_2e_2+y_2e_2]+\tilde{d}[\dot{\tilde{d}}-w_2e_4] \\ &= -e_1^2-e_2^2-e_3^2-e_4^2-\tilde{a}^2-\tilde{b}^2-\tilde{c}^2-\tilde{d}^2<0 \end{aligned} \tag{2-2-30}$$

可见 V 是正定函数，$\dot{V}$ 是负定函数，根据 Lyapunov 稳定性理论，驱动系统(2-2-23)和响应系统(2-2-24)的状态达到全局渐近同步。

对驱动系统(2-2-23)，取初始条件$(x_{10},y_{10},z_{10},w_{10})$为$(-0.1,0.2,-0.5,0.3)$；对响应系统(2-2-24)，取初始条件$(x_{20},y_{20},z_{20},w_{20})$为$(1,-1,0.5,-0.5)$，$a_1(0)=30$，$b_1(0)=4$，$c_1(0)=25$，$d_1(0)=40$，在 MATLAB 中运行程序 chen_qi_phase08，得到①驱动系统和响应系统的状态时程图，从中可见，驱动系统和响应系统在 2s 以后是相互反同步的；②响应系统的未知参数估计值的变化曲线，从中可见，当 $t\to\infty$时，$a_1\to 37$，$b_1\to 3$，$c_1\to 36$，$d_1\to 38$；③响应系统控制量的变化曲线；④反同步误差曲线，从中可见，除 w 的反同步有误差以外，其余 3 个状态的反同步误差基本为 0；⑤反同步状态的二维运动图像。

程序 chen_qi_phase08

2.2.2 五维 Chen 系统超混沌非线性动力学方程

例 2-10 五维 Chen 系统超混沌非线性动力学方程[33,34]。

$$\begin{cases} \dfrac{\mathrm{d}x}{\mathrm{d}t}=a(y-x)+w \\ \dfrac{\mathrm{d}y}{\mathrm{d}t}=dx+cy-xz \\ \dfrac{\mathrm{d}z}{\mathrm{d}t}=xy-bz-ku \quad \text{其中初始条件为 } x_0,y_0,z_0,w_0,u_0 \\ \dfrac{\mathrm{d}w}{\mathrm{d}t}=yz+nw \\ \dfrac{\mathrm{d}u}{\mathrm{d}t}=kx \end{cases} \tag{2-2-31}$$

式中，a,b,c,d,k,n 为正常数；$(x,y,z,w,u)^{\mathrm{T}}$ 为系统状态变量。可见，它包含 3 个非线性项。

其相空间体积变化率为：

$$\frac{\mathrm{d}}{\mathrm{d}x}\dot{x}+\frac{\mathrm{d}}{\mathrm{d}y}\dot{y}+\frac{\mathrm{d}}{\mathrm{d}z}\dot{z}+\frac{\mathrm{d}}{\mathrm{d}w}\dot{w}+\frac{\mathrm{d}}{\mathrm{d}u}\dot{u}=c-a-b+n \tag{2-2-32}$$

可见，当 $(a-c+b-n)>0$ 时，系统是耗散的，存在吸引子。

(1)平衡点及其稳定性分析。平衡点方程为：

$$\begin{cases} a(y-x)+w=0 \\ dx+cy-xz=0 \\ xy-bz-ku=0 \\ yz+nw=0 \\ kx=0 \end{cases} \tag{2-2-33}$$

在 MATLAB 中运行程序 chen_5D_syms，得到平衡点方程的解，说明存在无穷个平衡点 (0,0,0,0,0)。

程序 chen_5D_syms

在平衡点 (0,0,0,0,0) 处，五维 Chen 系统的 Jacobi 矩阵的特征值计算如下：

$$\boldsymbol{J}=\begin{bmatrix} -a & a & 0 & 1 & 0 \\ d & c & 0 & 0 & 0 \\ 0 & 0 & -b & 0 & -k \\ 0 & 0 & 0 & n & 0 \\ k & 0 & 0 & 0 & 0 \end{bmatrix} \tag{2-2-34}$$

$$\det(\boldsymbol{J}-\lambda\boldsymbol{I})=\det\begin{bmatrix} -a-\lambda & a & 0 & 1 & 0 \\ d & c-\lambda & 0 & 0 & 0 \\ 0 & 0 & -b-\lambda & 0 & -k \\ 0 & 0 & 0 & n-\lambda & 0 \\ k & 0 & 0 & 0 & -\lambda \end{bmatrix}=0 \tag{2-2-35}$$

取 $a=35,b=5,c=12,d=5,k=1.5,n=0.5$，应用 MATLAB 指令 eig($\boldsymbol{J}$) 可得到 5 个特征值：$\lambda_1=15.467\,6$、$\lambda_2=0.500\,0$、$\lambda_3=0$、$\lambda_4=-5$、$\lambda_5=-38.467\,6$，其中两个特征值符号为正，一个特征值为 0，另两个特征值符号为负，故平衡点 (0,0,0,0,0) 是不稳定的鞍点。

(2)Lyapunov 指数谱。五维 Chen 系统取 $a=35,b=5,c=12,d=5,k=1.5,n=0.5$，初始条件 (x_0,y_0,z_0,w_0,u_0) 为 $(-0.1,0.2,-0.5,0.3,-0.7)$，在 MATLAB 中运行程序 chen_5D_Lyapunov，得到 Lyapunov 指数谱。其 5 个 Lyapunov 指数 $\lambda_1\sim\lambda_5$ 分别为 0.953 68、0.275 52、0.002 264 2、−0.002 982 2、−28.579 7，其符号接近 (+,+,0,−,−)，存在超混沌奇怪吸引子的判断条件。应用式(1-1-6)，计算其 Lyapunov 维数：

程序 chen_5D_lyapunov

$$L_D=4+\frac{0.95368+0.27552-0.0022642-0.0029822}{28.5797}=4.043 \qquad (2-2-36)$$

Lyapunov 维数为非整数，表明系统存在混沌运动。

五维 Chen 系统 $a\in[20,35]$，$b=5$，$c=12$，$d=5$，$k=1.5$，$n=0.5$，初始条件（x_0，y_0，z_0，w_0，u_0）为（-0.1，0.2，-0.5，0.3，-0.7），在 MATLAB 中运行程序 chen_5D_lyapunov_exp，可得 Lyapunov 指数随 a 变化的变化曲线。

程序 chen_5D_lyapunov_exp

依次取 $b\in[0.1,10.5]$，$c\in[10,19]$，$d\in[1,10]$，$k\in[0.1,2.2]$，$n\in[0.1,7]$，其余参数如程序 chen_5D_lyapunov_exp 所示，类似可得 Lyapunov 指数随 b,c,d,k,n 变化的变化曲线，从中可见，在该参数范围内，方程的 Lyapunov 指数的符号基本不变。

（3）分岔图。在 MATLAB 中执行程序 chen_5D_bifurcation，取 $a=[30,40]$，$b=5$，$c=12$，$d=5$，$k=1.5$，$n=0.5$，初始条件（x_0，y_0，z_0，w_0，u_0）为（-0.1，0.2，-0.5，0.3，-0.7），程序运行约 30h 后，得五维 Chen 系统的解 x_{max} 关于 a 的分岔图。同理，可得五维 Chen 系统的解 x_{max} 关于 b,c,d,k,n 的分岔图。

程序 chen_5D_bifurcation

（4）特殊点处的相图。在 MATLAB 中运行程序 chen_5D_phase，取参数组合 $a=35$，$b=5$，$c=12$，$d=5$，$k=1.5$，$n=0.5$，初始条件（x_0，y_0，z_0，w_0，u_0）为（-0.1，0.2，-0.5，0.3，-0.7），得到五维 Chen 系统的三维运动图像、二维运动图像和二维相图，图中明显可见系统围绕两个平衡点的混沌运动状态。

程序 chen_5D_phase

在程序 chen_5D_phase 中取 $a=21$，$b=5$，$c=12$，$d=5$，$k=1.5$，$n=0.5$，初始条件（x_0，y_0，z_0，w_0，u_0）为（-0.1，0.2，-0.5，0.3，-0.7），经 MATLAB 运算，得到五维 Chen 系统的三维运动图像和二维相图，明显可见系统的混沌状态。

在程序 chen_5D_phase 中取 $a=65$，$b=5$，$c=12$，$d=5$，$k=1.5$，$n=0.5$，初始条件（x_0，y_0，z_0，w_0，u_0）为（-0.1，0.2，-0.5，0.3，-0.7），经 MATLAB 运算，得到五维 Chen 系统的三维运动图像、二维运动图像和二维相图。图像中明显可见系统的多周期运动状态。

在程序 chen_5D_phase 中取 $a=35$，$b=5$，$c=24$，$d=45$，$k=1.5$，$n=0.5$，初始条件（x_0，y_0，z_0，w_0，u_0）为（-0.1，0.2，-0.5，0.3，-0.7），经 MATLAB 运算，得到五维 Chen 系统的三维运动图像和二维相图。图像中明显可见系统关于 u 为混沌运动，关于（x，y，z，w）为周期运动状态。

2.2.3 复数超混沌非线性动力学方程

例 2-11 复数超混沌非线性动力学方程[35,36,37,38]

前述非线性方程的系数、参数、状态变量都是实数域内的，称为混沌实系统。与之对应的混沌复系统，非线性方程的系数、参数、状态变量都是复数域内的，其动力学行为更加复杂，用于保密通信时，其安全性能更好。因此，混沌复系统、超混沌复系统，以及实现其各种同步的研究备受关注。例如，非线性复系统的完全同步、延迟同步、相同步、投影同步、广义同步、组合同步、反同步等，近十年来已相继实现。下面介绍复系统的广义组合同步的自适应控制方法。

A. 超混沌复 Lorenz 驱动系统：

$$\begin{cases}\dot{x}_1=a_1(x_2-x_1)+x_4\\ \dot{x}_2=a_2x_1-x_2-x_1x_3\\ \dot{x}_3=\dfrac{1}{2}(\bar{x}_1x_2+x_1\bar{x}_2)-a_3x_3+x_4\\ \dot{x}_4=\dfrac{1}{2}(\bar{x}_1x_2+x_1\bar{x}_2)-a_4x_4\end{cases} \qquad (2-2-37)$$

B. 超混沌复 Chen 驱动系统：

$$\begin{cases}\dot{y}_1=b_1(y_2-y_1)\\ \dot{y}_2=(b_2-b_1)y_1+b_2y_2-y_1y_3+y_4\\ \dot{y}_3=\dfrac{1}{2}(\bar{y}_1y_2+y_1\bar{y}_2)-b_3y_3+y_4\\ \dot{y}_4=\dfrac{1}{2}(\bar{y}_1y_2+y_1\bar{y}_2)-b_4y_4\end{cases}\tag{2-2-38}$$

C. 响应系统为超混沌复 Lü 系统：

$$\begin{cases}\dot{z}_1=c_1(z_2-z_1)+z_4+u_1\\ \dot{z}_2=c_2z_2-z_1z_3+z_4+u_2\\ \dot{z}_3=\dfrac{1}{2}(\bar{z}_1z_2+z_1\bar{z}_2)-c_3z_3+u_3\\ \dot{z}_4=\dfrac{1}{2}(\bar{z}_1z_2+z_1\bar{z}_2)-c_4z_4+u_4\end{cases}\tag{2-2-39}$$

而：

$$\begin{cases}\boldsymbol{A}=[a_1\quad a_2\quad a_3\quad a_4]^{\mathrm{T}}\\ \boldsymbol{B}=[b_1\quad b_2\quad b_3\quad b_4]^{\mathrm{T}}\\ \boldsymbol{C}=[c_1\quad c_2\quad c_3\quad c_4]^{\mathrm{T}}\\ \boldsymbol{u}=[u_1\quad u_2\quad u_3\quad u_4]^{\mathrm{T}}\\ \boldsymbol{x}=[x_1,x_2,\cdots,x_4]^{\mathrm{T}}\\ \boldsymbol{y}=[y_1,y_2,\cdots,y_4]^{\mathrm{T}}\\ \boldsymbol{z}=[z_1,z_2,\cdots,z_4]^{\mathrm{T}}\\ x_p=x_{p,r}+jx_{p,i}\\ y_p=y_{p,r}+jy_{p,i}\quad(p=1,2,3,4)\\ z_p=z_{p,r}+jz_{p,i}\end{cases}\tag{2-2-40}$$

式中，$\boldsymbol{A}$，$\boldsymbol{B}$，$\boldsymbol{C}$ 为未知参数实向量；$\boldsymbol{u}$ 为控制器复向量；$\boldsymbol{x}$，$\boldsymbol{y}$，$\boldsymbol{z}$ 为复状态列向量；x_p，y_p，z_p 为系统状态复变量；$j=\sqrt{-1}$为虚数单位；$\bar{x}_1$ 是 x_1 的共轭，其余类推。

定义：如果存在复向量映射 $\phi:\boldsymbol{x}\to\boldsymbol{z}$ 与 $\psi:\boldsymbol{y}\to\boldsymbol{z}$，以及复控制器 $\boldsymbol{u}(\boldsymbol{x},\boldsymbol{y},\boldsymbol{z})$，使得

$$\lim_{t\to\infty}\|\boldsymbol{z}-\phi(\boldsymbol{x})-\psi(\boldsymbol{y})\|=0\tag{2-2-41}$$

成立，则称非线性复系统(2-2-38)～(2-2-40)实现了广义组合复同步。控制目标：选择控制器 $\boldsymbol{u}(\boldsymbol{x},\boldsymbol{y},\boldsymbol{z})$，使得非线性复系统(2-2-38)～(2-2-40)实现广义组合复同步。

广义组合复同步的自适应控制方法

(1)非线性复系统。

A. 驱动系统：

$$\frac{d\boldsymbol{x}}{\mathrm{d}t}=\boldsymbol{F}(\boldsymbol{x})\boldsymbol{A}+\boldsymbol{f}(\boldsymbol{x})\tag{2-2-42}$$

$$\frac{d\boldsymbol{y}}{\mathrm{d}t}=\boldsymbol{G}(\boldsymbol{y})\boldsymbol{B}+\boldsymbol{g}(\boldsymbol{y})\tag{2-2-43}$$

B. 响应系统：

$$\frac{d\boldsymbol{z}}{\mathrm{d}t}=\boldsymbol{H}(\boldsymbol{z})\boldsymbol{C}+\boldsymbol{h}(\boldsymbol{z})+u(\boldsymbol{x},\boldsymbol{y},\boldsymbol{z})\tag{2-2-44}$$

式中，$\boldsymbol{x}$，$\boldsymbol{y}$，$\boldsymbol{z}$ 为系统复状态列向量；

且：

$$\begin{cases}\boldsymbol{x}=(x_1,x_2,\cdots,x_{m_1})^{\mathrm{T}}\\ \boldsymbol{y}=(y_1,y_2,\cdots,y_{m_2})^{\mathrm{T}}\\ \boldsymbol{z}=(z_1,z_2,\cdots,z_m)^{\mathrm{T}}\end{cases}$$

$$\begin{cases} x_p = x_{p,r} + jx_{p,i}(p=1,\cdots,m_1) \\ y_p = y_{p,r} + jy_{p,i}(p=1,\cdots,m_2) \\ z_p = z_{p,r} + jz_{p,i}(p=1,\cdots,m) \end{cases}$$

式中，m_1，m_2，m 为正整数；x_p，y_p，z_p 为系统状态复变量；$j=\sqrt{-1}$为虚数单位；下标 r 代表实部；下标 i 代表虚部；$\boldsymbol{A}$，$\boldsymbol{B}$，$\boldsymbol{C}$ 是相应的未知参数，实列向量；$\boldsymbol{F}(\boldsymbol{x})$，$\boldsymbol{G}(\boldsymbol{y})$，$\boldsymbol{H}(\boldsymbol{z})$ 为复矩阵，且 $\boldsymbol{F}(\boldsymbol{x})\in\boldsymbol{C}^{m_1\times n_1}$，$\boldsymbol{G}(\boldsymbol{y})\in\boldsymbol{C}^{m_2\times n_2}$，$\boldsymbol{H}(\boldsymbol{z})\in\boldsymbol{C}^{m\times n}$，分别是复状态列向量 $\boldsymbol{x}$，$\boldsymbol{y}$，$\boldsymbol{z}$ 的函数；$\boldsymbol{f}(\boldsymbol{x})$，$\boldsymbol{g}(\boldsymbol{y})$，$\boldsymbol{h}(\boldsymbol{z})$ 为非线性复函数向量，且 $\boldsymbol{F}(\boldsymbol{x})\in\boldsymbol{C}^{m_1}$，$\boldsymbol{g}(\boldsymbol{y})\in\boldsymbol{C}^{m_2}$，$\boldsymbol{h}(\boldsymbol{z})\in\boldsymbol{C}^{m}$，$u(\boldsymbol{x},\boldsymbol{y},\boldsymbol{z})$为复控制向量，且 $u(\boldsymbol{x},\boldsymbol{y},\boldsymbol{z})\in\boldsymbol{C}^{m}$。

根据定义：如果存在复向量映射 $\phi:\boldsymbol{x}\to\boldsymbol{z}$ 与 $\psi:\boldsymbol{y}\to\boldsymbol{z}$，以及复控制器 $u(\boldsymbol{x},\boldsymbol{y},\boldsymbol{z})$，使得$\lim\limits_{t\to\infty}\|\boldsymbol{z}-\phi(\boldsymbol{x})-\psi(\boldsymbol{y})\|=0$ 成立，则称非线性复系统(2-2-42)～(2-2-44)实现了广义组合复同步。特别地，当 $\phi(\boldsymbol{x})=0$ 或 $\psi(\boldsymbol{y})=0$ 时，称为广义复同步；当 $\phi(\boldsymbol{x})=0$ 且 $\psi(\boldsymbol{y})=0$ 时，称为非线性复系统(2-2-40)的混沌控制；当 $\phi(\boldsymbol{x})=\mathrm{diag}(\rho_i)\boldsymbol{x}$ 且 $\psi(\boldsymbol{y})=\mathrm{diag}(\lambda_i)\boldsymbol{y}$ 时，其中 $\mathrm{diag}(\rho_i(t))\in\boldsymbol{C}^{m\times m_1}$，$\mathrm{diag}(\lambda_i(t))\in\boldsymbol{C}^{m\times m_2}$，称为函数投影组合复同步；若 $\mathrm{diag}(\rho_i)=0$ 或 $\mathrm{diag}(\lambda_i)=0$，称为函数投影复同步；若 $\phi(\boldsymbol{x})=\boldsymbol{\alpha x}$，$\boldsymbol{\alpha}\in\boldsymbol{C}^{m\times m_1}$，且 $\psi(\boldsymbol{y})=\boldsymbol{\beta y}$，$\boldsymbol{\beta}\in\boldsymbol{C}^{m\times m_2}$，称为组合复同步。

广义组合复同步误差为：$e=\boldsymbol{z}-\phi(\boldsymbol{x})-\psi(\boldsymbol{y})$，则误差的动力学方程为：

$$\begin{cases} \dot{e}=\dot{\boldsymbol{z}}-J(\phi)\dot{\boldsymbol{x}}-J(\psi)\dot{\boldsymbol{y}} \\ \quad =\boldsymbol{h}(\boldsymbol{z})-J(\phi)\boldsymbol{f}(\boldsymbol{x})-J(\psi)\boldsymbol{g}(\boldsymbol{y})-J(\phi)\boldsymbol{F}(\boldsymbol{x})\boldsymbol{A}-J(\psi)\boldsymbol{G}(\boldsymbol{y})\boldsymbol{B}+\boldsymbol{H}(\boldsymbol{z})\boldsymbol{C}+u(\boldsymbol{x},\boldsymbol{y},\boldsymbol{z}) \\ \dot{e}_r=\boldsymbol{h}_r(\boldsymbol{z})-J_r(\phi)\boldsymbol{f}_r(\boldsymbol{x})+J_i(\phi)\boldsymbol{f}_i(\boldsymbol{y})-J_r(\psi)\boldsymbol{g}_r(\boldsymbol{y})+J_i(\psi)\boldsymbol{g}_i(\boldsymbol{y})-[J_r(\phi)\boldsymbol{F}_r(\boldsymbol{x})-J_i(\phi)\boldsymbol{F}_i(\boldsymbol{x})]\boldsymbol{A}- \\ \qquad [J_r(\psi)\boldsymbol{G}_r(\boldsymbol{y})-J_i(\psi)\boldsymbol{G}_i(\boldsymbol{y})]\boldsymbol{B}+\boldsymbol{H}_r(\boldsymbol{z})\boldsymbol{C}+u_r(\boldsymbol{x},\boldsymbol{y},\boldsymbol{z}) \\ \dot{e}_i=\boldsymbol{h}_i(\boldsymbol{z})-J_r(\phi)\boldsymbol{f}_i(\boldsymbol{x})-J_i(\phi)\boldsymbol{f}_r(\boldsymbol{x})-J_r(\psi)\boldsymbol{g}_i(\boldsymbol{y})-J_i(\psi)\boldsymbol{g}_r(\boldsymbol{y})-[J_r(\phi)\boldsymbol{F}_i(\boldsymbol{x})+J_i(\phi)\boldsymbol{F}_r(\boldsymbol{x})]\boldsymbol{A}- \\ \qquad [J_r(\psi)\boldsymbol{G}_i(\boldsymbol{y})+J_i(\psi)\boldsymbol{G}_r(\boldsymbol{y})]\boldsymbol{B}+\boldsymbol{H}_i(\boldsymbol{z})\boldsymbol{C}+u_i(\boldsymbol{x},\boldsymbol{y},\boldsymbol{z}) \end{cases} \tag{2-2-45}$$

式中，$\boldsymbol{J}(\phi)$、$\boldsymbol{J}(\psi)$表示 $\phi(\boldsymbol{x})$、$\psi(\boldsymbol{y})$的 Jacob 矩阵。

构造自适应控制器如式(2-2-46)和参数估计校正律如式(2-2-47)所示：

$$\begin{cases} u(\boldsymbol{x},\boldsymbol{y},\boldsymbol{z})=-\boldsymbol{h}(\boldsymbol{z})+J(\phi)\boldsymbol{f}(\boldsymbol{x})+J(\psi)\boldsymbol{g}(\boldsymbol{y})+J(\phi)\boldsymbol{F}(\boldsymbol{x})\hat{\boldsymbol{A}}+J(\psi)\boldsymbol{G}(\boldsymbol{y})\hat{\boldsymbol{B}}-\boldsymbol{H}(\boldsymbol{z})\hat{\boldsymbol{C}}-\boldsymbol{K}\boldsymbol{e} \\ u_r(\boldsymbol{x},\boldsymbol{y},\boldsymbol{z})=-\boldsymbol{h}_r(\boldsymbol{z})+J_r(\phi)\boldsymbol{f}_r(\boldsymbol{x})-J_i(\psi)\boldsymbol{f}_i(\boldsymbol{x})+J_r(\psi)\boldsymbol{g}_r(\boldsymbol{y})-J_i(\psi)\boldsymbol{g}_i(\boldsymbol{y})+ \\ \qquad [J_r(\phi)\boldsymbol{F}_r(\boldsymbol{x})-J_i(\phi)\boldsymbol{F}_i(\boldsymbol{x})]\hat{\boldsymbol{A}}+[J_r(\psi)\boldsymbol{G}_r(\boldsymbol{y})-J_i(\psi)\boldsymbol{G}_i(\boldsymbol{y})]\hat{\boldsymbol{B}}-\boldsymbol{H}_r(\boldsymbol{z})\hat{\boldsymbol{C}}-\boldsymbol{K}\boldsymbol{e}_r \\ u_i(\boldsymbol{x},\boldsymbol{y},\boldsymbol{z})=-\boldsymbol{h}_i(\boldsymbol{z})+J_r(\phi)\boldsymbol{f}_i(\boldsymbol{x})+J_i(\phi)\boldsymbol{f}_r(\boldsymbol{x})+J_r(\psi)\boldsymbol{g}_i(\boldsymbol{y})+J_i(\psi)\boldsymbol{g}_r(\boldsymbol{y})+ \\ \qquad [J_r(\phi)\boldsymbol{F}_i(\boldsymbol{x})+J_i(\phi)\boldsymbol{F}_r(\boldsymbol{x})]\hat{\boldsymbol{A}}+[J_r(\psi)\boldsymbol{G}_i(\boldsymbol{y})+J_i(\psi)\boldsymbol{G}_r(\boldsymbol{y})]\hat{\boldsymbol{B}}-\boldsymbol{H}_i(\boldsymbol{z})\hat{\boldsymbol{C}}-\boldsymbol{K}\boldsymbol{e}_i \end{cases} \tag{2-2-46}$$

$$\begin{cases} \dot{\hat{\boldsymbol{A}}}=-[J_r(\phi)\boldsymbol{F}_r(\boldsymbol{x})-J_i(\phi)\boldsymbol{F}_i(\boldsymbol{x})]^{\mathrm{T}}\boldsymbol{e}_r-[J_r(\phi)\boldsymbol{F}_i(\boldsymbol{x})+J_i(\phi)\boldsymbol{F}_i(\boldsymbol{x})]^{\mathrm{T}}\boldsymbol{e}_i-\boldsymbol{K}_A\tilde{\boldsymbol{A}} \\ \dot{\hat{\boldsymbol{B}}}=-[J_r(\psi)\boldsymbol{G}_r(\boldsymbol{y})-J_i(\psi)\boldsymbol{G}_i(\boldsymbol{y})]^{\mathrm{T}}\boldsymbol{e}_r-[J_r(\psi)\boldsymbol{G}_i(\boldsymbol{y})+J_i(\psi)\boldsymbol{G}_r(\boldsymbol{y})]^{\mathrm{T}}\boldsymbol{e}_i-\boldsymbol{K}_B\tilde{\boldsymbol{B}} \\ \dot{\hat{\boldsymbol{C}}}=-[\boldsymbol{H}_r(\boldsymbol{z})]^{\mathrm{T}}\boldsymbol{e}_r-[\boldsymbol{H}_i(\boldsymbol{z})]^{\mathrm{T}}\boldsymbol{e}_i-\boldsymbol{K}_C\tilde{\boldsymbol{C}} \end{cases} \tag{2-2-47}$$

且：

$$\begin{cases} \tilde{\boldsymbol{A}}=\hat{\boldsymbol{A}}-\boldsymbol{A} \\ \tilde{\boldsymbol{B}}=\hat{\boldsymbol{B}}-\boldsymbol{B} \\ \tilde{\boldsymbol{C}}=\hat{\boldsymbol{C}}-\boldsymbol{C} \end{cases} \tag{2-2-48}$$

式中，$\hat{\boldsymbol{A}}$，$\hat{\boldsymbol{B}}$，$\hat{\boldsymbol{C}}$ 为参数估计值；$\tilde{\boldsymbol{A}}$，$\tilde{\boldsymbol{B}}$，$\tilde{\boldsymbol{C}}$ 为参数估计误差；$\boldsymbol{K}=\mathrm{diag}(k_1,k_2,\cdots,k_m)$，为同步误差反馈增益矩阵，各对角元均为正值；$\boldsymbol{K}_A$，$\boldsymbol{K}_B$，$\boldsymbol{K}_C$ 为参数误差反馈增益矩阵，$\boldsymbol{K}_A=\mathrm{diag}(K_{a1},K_{a2},\cdots,K_{an1})$，$\boldsymbol{K}_B=\mathrm{diag}(K_{b1},K_{b2},\cdots,K_{bn2})$，$\boldsymbol{K}_C=\mathrm{diag}(K_{c1},K_{c2},\cdots,K_{cn})$，各对角元均为正值。

则在该控制器(2-2-46)和参数估计校正律(2-2-47)作用下，驱动系统(2-2-42)、(2-2-43)与响应系统(2-2-44)实现广义组合复同步。

证明：对误差系统，试取 Lyapunov 函数：

$$V=\frac{1}{2}(\boldsymbol{e}_r^{\mathrm{T}}\boldsymbol{e}_r+\boldsymbol{e}_i^{\mathrm{T}}\boldsymbol{e}_i+\widetilde{\boldsymbol{A}}^{\mathrm{T}}\widetilde{\boldsymbol{A}}+\widetilde{\boldsymbol{B}}^{\mathrm{T}}\widetilde{\boldsymbol{B}}+\widetilde{\boldsymbol{C}}^{\mathrm{T}}\widetilde{\boldsymbol{C}}) \tag{2-2-49}$$

经过计算、化简，有：

$$\dot{V}=-|\boldsymbol{e}_r^{\mathrm{T}}\boldsymbol{K}\boldsymbol{e}_r+\boldsymbol{e}_i^{\mathrm{T}}\boldsymbol{K}\boldsymbol{e}_i+\widetilde{\boldsymbol{A}}^{\mathrm{T}}\boldsymbol{K}_A\widetilde{\boldsymbol{A}}+\widetilde{\boldsymbol{B}}^{\mathrm{T}}\boldsymbol{K}_B\widetilde{\boldsymbol{B}}+\widetilde{\boldsymbol{C}}^{\mathrm{T}}\boldsymbol{K}_C\widetilde{\boldsymbol{C}}|<0 \tag{2-2-50}$$

可见，V 是正定函数，$\dot{V}$ 是负定函数。根据 Lyapunov 稳定性理论，驱动系统和响应系统的状态达到全局渐近广义组合复同步。

(2)非线性复系统广义组合复同步的自适应控制。

根据上述自适应控制方法，对非线性复系统(2-2-37)～(2-2-39)，有：

$$\begin{cases}\boldsymbol{A}=[a_1\quad a_2\quad a_3\quad a_4]^{\mathrm{T}}\\ \boldsymbol{B}=[b_1\quad b_2\quad b_3\quad b_4]^{\mathrm{T}}\\ \boldsymbol{C}=[c_1\quad c_2\quad c_3\quad c_4]^{\mathrm{T}}\\ \boldsymbol{u}=[u_1\quad u_2\quad u_3\quad u_4]^{\mathrm{T}}\end{cases} \tag{2-2-51}$$

$$\boldsymbol{F}(\boldsymbol{x})=\begin{bmatrix}x_2-x_1 & 0 & 0 & 0\\ 0 & x_1 & 0 & 0\\ 0 & 0 & -x_3 & 0\\ 0 & 0 & 0 & -x_4\end{bmatrix},\boldsymbol{f}(\boldsymbol{x})=\begin{bmatrix}x_4\\ -x_2-x_1x_3\\ \frac{1}{2}(\bar{x}_1x_2+x_1\bar{x}_2)+x_4\\ \frac{1}{2}(\bar{x}_1x_2+x_1\bar{x}_2)\end{bmatrix} \tag{2-2-52}$$

$$\boldsymbol{G}(\boldsymbol{y})=\begin{bmatrix}y_2-y_1 & 0 & 0 & 0\\ -y_1 & y_1 & 0 & 0\\ 0 & 0 & -y_3 & 0\\ 0 & 0 & 0 & -y_4\end{bmatrix},\boldsymbol{g}(\boldsymbol{y})=\begin{bmatrix}0\\ b_2y_2-y_1y_3+y_4\\ \frac{1}{2}(\bar{y}_1y_2+y_1\bar{y}_2)+y_4\\ \frac{1}{2}(\bar{y}_1y_2+y_1\bar{y}_2)\end{bmatrix} \tag{2-2-53}$$

$$\boldsymbol{H}(\boldsymbol{z})=\begin{bmatrix}z_2-z_1 & 0 & 0 & 0\\ 0 & z_2 & 0 & 0\\ 0 & 0 & -z_3 & 0\\ 0 & 0 & 0 & -z_4\end{bmatrix},\boldsymbol{h}(\boldsymbol{z})=\begin{bmatrix}z_4\\ -z_1z_3+z_4\\ \frac{1}{2}(\bar{z}_1z_2+z_1\bar{z}_2)\\ \frac{1}{2}(\bar{z}_1z_2+z_1\bar{z}_2)\end{bmatrix} \tag{2-2-54}$$

取复向量映射 $\phi:\boldsymbol{x}\to\boldsymbol{z}$ 与 $\psi:\boldsymbol{y}\to\boldsymbol{z}$，分别为：

$$\phi(\boldsymbol{x})=[jx_2\quad jx_1\quad x_4\quad x_3]^{\mathrm{T}},\psi(\boldsymbol{y})=\begin{bmatrix}(1+j)y_1 & -jy_2 & y_3 & \frac{y_3y_4}{10}\end{bmatrix}^{\mathrm{T}} \tag{2-2-55}$$

$$\boldsymbol{J}(\phi)=\begin{bmatrix}0 & j & 0 & 0\\ j & 0 & 0 & 0\\ 0 & 0 & 0 & 1\\ 0 & 0 & 1 & 0\end{bmatrix},\boldsymbol{J}(\psi)=\begin{bmatrix}1+j & 0 & 0 & 0\\ 0 & -j & 0 & 0\\ 0 & 0 & 1 & 0\\ 0 & 0 & \frac{y_4}{10} & \frac{y_3}{10}\end{bmatrix} \tag{2-2-56}$$

根据(2-2-45)算得：

$$\dot{\boldsymbol{e}}=\dot{\boldsymbol{z}}-\boldsymbol{J}(\phi)\dot{\boldsymbol{x}}-\boldsymbol{J}(\psi)\dot{\boldsymbol{y}}$$

$$=\begin{bmatrix}\dot{e}_{1r}+j\dot{e}_{1i}\\ \dot{e}_{2r}+j\dot{e}_{2i}\\ \dot{e}_{3r}+j\dot{e}_{3i}\\ \dot{e}_{4r}+j\dot{e}_{4i}\end{bmatrix}=\begin{bmatrix}\dot{z}_{1r}+j\dot{z}_{1i}\\ \dot{z}_{2r}+j\dot{z}_{2i}\\ \dot{z}_{3r}+j\dot{z}_{3i}\\ \dot{z}_{4r}+j\dot{z}_{4i}\end{bmatrix}-\begin{bmatrix}0 & j & 0 & 0\\ j & 0 & 0 & 0\\ 0 & 0 & 0 & 1\\ 0 & 0 & 1 & 0\end{bmatrix}\begin{bmatrix}\dot{x}_{1r}+j\dot{x}_{1i}\\ \dot{x}_{2r}+j\dot{x}_{2i}\\ \dot{x}_{3r}+j\dot{x}_{3i}\\ \dot{x}_{4r}+j\dot{x}_{4i}\end{bmatrix}-\begin{bmatrix}1+j & 0 & 0 & 0\\ 0 & -j & 0 & 0\\ 0 & 0 & 1 & 0\\ 0 & 0 & \frac{y_4}{10} & \frac{y_3}{10}\end{bmatrix}\begin{bmatrix}\dot{y}_{1r}+j\dot{y}_{1i}\\ \dot{y}_{2r}+j\dot{y}_{2i}\\ \dot{y}_{3r}+j\dot{y}_{3i}\\ \dot{y}_{4r}+j\dot{y}_{4i}\end{bmatrix}$$

$$
\begin{aligned}
&=\begin{bmatrix}\dot z_{1r}+j\dot z_{1i}-j\dot x_{2r}+\dot x_{2i}-(1+j)(\dot y_{1r}+j\dot y_{1i})\\ \dot z_{2r}+j\dot z_{2i}-j\dot x_{1r}+\dot x_{1i}+j\dot y_{2r}-\dot y_{2i}\\ \dot z_{3r}+j\dot z_{2i}-\dot x_{4r}-j\dot x_{4i}-\dot y_{3r}-j\dot y_{3i}\\ \dot z_{4r}+j\dot z_{4i}-\dot x_{3r}-j\dot x_{3i}-\dfrac{y_4}{10}(\dot y_{3r}+j\dot y_{3i})-\dfrac{y_3}{10}(\dot y_{4r}+j\dot y_{4i})\end{bmatrix}\\
&=\boldsymbol{h}(\boldsymbol{z})-J(\phi)\boldsymbol{f}(\boldsymbol{x})-J(\psi)\boldsymbol{g}(\boldsymbol{y})-J(\phi)\boldsymbol{F}(\boldsymbol{x})\boldsymbol{A}-J(\psi)\boldsymbol{G}(\boldsymbol{y})\boldsymbol{B}+\boldsymbol{H}(\boldsymbol{z})\boldsymbol{C}+u(\boldsymbol{x},\boldsymbol{y},\boldsymbol{z})\\
&=\begin{bmatrix}z_4\\ -z_1z_3+z_4\\ \dfrac{1}{2}(\bar z_1z_2+z_1\bar z_2)\\ \dfrac{1}{2}(\bar z_1z_2+z_1\bar z_2)\end{bmatrix}-\begin{bmatrix}0&j&0&0\\ j&0&0&0\\ 0&0&0&1\\ 0&0&1&0\end{bmatrix}\begin{bmatrix}x_4\\ -x_2-x_1x_3\\ \dfrac{1}{2}(\bar x_1x_2+x_1\bar x_2)+x_4\\ \dfrac{1}{2}(\bar x_1x_2+x_1\bar x_2)\end{bmatrix}-\begin{bmatrix}1+j&0&0&0\\ 0&-j&0&0\\ 0&0&1&0\\ 0&0&\dfrac{y_4}{10}&\dfrac{y_3}{10}\end{bmatrix}\begin{bmatrix}0\\ b_2y_2-y_1y_3+y_4\\ \dfrac{1}{2}(\bar y_1y_2+y_1\bar y_2)+y_4\\ \dfrac{1}{2}(\bar y_1y_2+y_1\bar y_2)\end{bmatrix}-\\
&\quad\begin{bmatrix}0&j&0&0\\ j&0&0&0\\ 0&0&0&1\\ 0&0&1&0\end{bmatrix}\begin{bmatrix}x_2-x_1&0&0&0\\ 0&x_1&0&0\\ 0&0&-x_3&0\\ 0&0&0&-x_4\end{bmatrix}\begin{bmatrix}a_1\\ a_2\\ a_3\\ a_4\end{bmatrix}-\begin{bmatrix}1+j&0&0&0\\ 0&-j&0&0\\ 0&0&1&0\\ 0&0&\dfrac{y_4}{10}&\dfrac{y_3}{10}\end{bmatrix}\begin{bmatrix}y_2-y_1&0&0&0\\ -y_1&y_1&0&0\\ 0&0&-y_3&0\\ 0&0&0&-y_4\end{bmatrix}\begin{bmatrix}b_1\\ b_2\\ b_3\\ b_4\end{bmatrix}+\\
&\quad\begin{bmatrix}z_2-z_1&0&0&0\\ 0&z_2&0&0\\ 0&0&-z_3&0\\ 0&0&0&-z_4\end{bmatrix}\begin{bmatrix}c_1\\ c_2\\ c_3\\ c_4\end{bmatrix}+\begin{bmatrix}u_1\\ u_2\\ u_3\\ u_4\end{bmatrix}
\end{aligned}
\tag{2-2-57}
$$

于是由式(2-2-46)、式(2-2-47)算得自适应控制器和参数估计校正律(2-2-58)～(2-2-62)如下：

$$
\begin{cases}
u_{1r}=-z_4+x_{2,i}+x_{1,i}x_3-x_{1,i}\hat a_2+(y_{2,r}-y_{1,r}-y_{2,i}+y_{1,i})\hat b_1-(z_{2,r}-z_{1,r})\hat c_1-k_1e_{1,r}\\
u_{1i}=-x_{2,r}-x_{1,r}x_3+x_{1,r}\hat a_2+(y_{2,r}-y_{1,r}-y_{2,i}+y_{1,i})\hat b_1-(z_{2,i}-z_{1,r})\hat c_1-k_1e_{1,i}\\
u_{2r}=-z_4+z_{1,r}z_3-y_{1,i}y_3-(x_{2,i}-x_{1,i})\hat a_1-y_{1,i}\hat b_1+(y_{2,i}+y_{1,i})\hat b_2-z_{2,r}\hat c_2-k_2e_{2,r}\\
u_{2i}=x_4+z_{1,i}z_3+y_{1,r}y_3-y_4+(x_{2,r}-x_{1,r})\hat a_1+y_{1,r}\hat b_1-(y_{2,r}+y_{1,r})\hat b_2-z_{2,i}\hat c_2-k_2e_{2,i}\\
u_3=-z_{1,r}z_{2,r}-z_{1,i}z_{2,i}+x_{1,r}x_{2,r}+x_{1,i}x_{2,i}+y_{1,r}y_{2,r}+y_{1,i}y_{2,i}+y_4-x_4\hat a_4-y_3\hat b_3+z_3\hat c_3-k_3e_3\\
u_4=-z_{1,r}z_{2,r}-z_{1,i}z_{2,i}+x_{1,r}x_{2,r}+x_{1,i}x_{2,i}+x_4+(y_3+y_4)(y_{1,r}y_{2,r}+y_{1,i}y_{2,i})/10+\\
\qquad y_4^2/10-x_3\hat a_3-y_3y_4(\hat b_3+\hat b_4)/10+z_4\hat c_4-k_4e_4
\end{cases}
\tag{2-2-58}
$$

$$
\begin{cases}
\dot{\hat a}_1=(x_{2,i}-x_{1,i})e_{2,r}-(x_{2,r}-x_{1,r})e_{2,i}-k_{a_1}(\hat a_1-a_1)\\
\dot{\hat a}_2=x_{1,i}e_{1,r}-x_{1,r}e_{1,i}-k_{a_2}(\hat a_2-a_2)\\
\hat a_3=x_3e_4-k_{a_3}(\hat a_3-a_3)\\
\hat a_4=x_4e_3-k_{a_4}(\hat a_4-a_4)
\end{cases}
\tag{2-2-59}
$$

$$
\begin{cases}
\dot{\hat b}_1=(y_{2,r}-y_{1,r}-y_{2,i}+y_{1,i})e_{1,r}-(y_{2,r}-y_{1,r}+y_{2,i}-y_{1,i})e_{1,i}+y_{1,i}e_{2,r}-y_{1,r}e_{2,i}-k_{b_1}(\hat b_1-b_1)\\
\dot{\hat b}_2=-(y_{2,i}+y_{1,i})e_{2,r}+(y_{2,r}+y_{1,r})e_{2,i}-k_{b_2}(\hat b_2-b_2)\\
\dot{\hat b}_3=y_3e_3-y_3y_4e_4/10-k_{b_3}(\hat b_3-b_3)\\
\hat b_4=y_3y_4e_4/10-k_{b_4}(\hat b_4-b_4)
\end{cases}
\tag{2-2-60}
$$

$$\begin{cases}\dot{\hat{c}}_1=(z_{2,r}-z_{1,r})e_{1,r}+(z_{2,i}-z_{1,i})e_{1,i}-k_{c_1}(\hat{c}_1-c_1)\\ \dot{\hat{c}}_2=z_{2,r}e_{2,r}+z_{2,i}e_{2,i}-k_{c_2}(\hat{c}_2-c_2)\\ \dot{\hat{c}}_3=-z_3e_3-k_{c_3}(\hat{c}_3-c_3)\\ \hat{c}_4=-z_4e_4-k_{c_4}(\hat{c}_4-c_4)\end{cases}\tag{2-2-61}$$

且：

$$\begin{cases}e_{1,r}=z_{1,r}+x_{2,i}+y_{1,i}-y_{1,r}\\ e_{1,i}=z_{1,i}-x_{2,r}-y_{1,r}-y_{1,i}\\ e_{2,r}=z_{2,r}+x_{1,i}-y_{2,i}\\ e_{2,i}=z_{2,i}-x_{1,r}+y_{2,r}\\ e_3=z_3-x_4-y_3\\ e_4=z_4-x_3-y_3y_4/10\end{cases}\tag{2-2-62}$$

对驱动系统(2-2-37)，取 $\boldsymbol{A}=[a_1\quad a_2\quad a_3\quad a_4]^{\mathrm{T}}=[8\quad 50\quad 5\quad 15]^{\mathrm{T}}$，确保复 Lorenz 系统处于超混沌状态；取初始条件$(x_{10},x_{20},x_{30},x_{40})$为$(2-j,5.8-2j,-12,-16)$，未知参数估计值的初始条件取为 0。对驱动系统(2-2-38)，取 $\boldsymbol{B}=[b_1\quad b_2\quad b_3\quad b_4]^{\mathrm{T}}=[36\quad 25\quad 4\quad 5]^{\mathrm{T}}$，确保复 Chen 系统处于超混沌状态；取初始条件$(y_{10},y_{20},y_{30},y_{40})$为$(1.7+2.3j,0.1-14j,-16,-18)$，未知参数估计值的初始条件取为 0。对响应系统(2-2-39)，取 $\boldsymbol{C}=[c_1\quad c_2\quad c_3\quad c_4]^{\mathrm{T}}=[42\quad 25\quad 6\quad 5]^{\mathrm{T}}$，确保复 Lü 系统处于超混沌状态；取初始条件$(z_{10},z_{20},z_{30},z_{40})$为$(3.6-0.6j,0.9-j,13,15)$，未知参数估计值的初始条件取为 0。

在 MATLAB 中运行程序 comp_lorenz_phase，得到复 Lorenz 系统的三维运动图像、二维运动图像。图像中明显可见系统的混沌运动状态。

在 MATLAB 中运行程序 comp_chen_phase，得到复 Chen 系统的三维运动图像、二维运动图像。图像中明显可见系统的混沌运动状态。

在 MATLAB 中运行程序 comp_lu_phase，得到复 Lü 系统的三维运动图像、二维运动图像。图像中明显可见系统的混沌运动状态。

取 $\boldsymbol{K}=\boldsymbol{K}_A=\boldsymbol{K}_B=\boldsymbol{K}_C=\mathrm{diag}(10,10,\cdots,10)$，在 MATLAB 中运行程序 chen_C4D_phase，得到①状态时程图，从中可见驱动系统和控制系统在 2s 以后是同步的；②同步误差变化曲线，从中可见同步误差在 0.8s 以后均为 0；③未知参数估计值的变化曲线，可见当 $t\to\infty$ 时，它们是收敛的；④控制量的变化曲线。

改变 $\boldsymbol{K}=\mathrm{diag}(1,1,\cdots,1)$，取 $\boldsymbol{K}_A=\boldsymbol{K}_B=\boldsymbol{K}_C=\mathrm{diag}(10,10,\cdots,10)$ 不变，更新程序后运行，得到同步误差变化曲线，从而验证了广义组合同步效果不错。

(3)Lyapunov 指数谱。对超混沌复 Lorenz 驱动系统(2-2-37)，取 $\boldsymbol{A}=[a_1\quad a_2\quad a_3\quad a_4]^{\mathrm{T}}=[8\quad 50\quad 5\quad 15]^{\mathrm{T}}$，初始条件$(x_{10},x_{20},x_{30},x_{40})$为$(2-j,5.8-2j,-12,-16)$，在 MATLAB 中运行程序 comp_lorenz_lyapunov，得到超混沌复 Lorenz 系统解的 Lyapunov 指数谱。其 8 个 Lyapunov 指数 $\lambda_1\sim\lambda_8$ 分别为 4.555 4、−0.636 16、−4.83、−4.983 6、−10.592 3、−12.533 5、−13.979 8、−15。

(4)分岔图。在 MATLAB 中执行程序 comp_lorenz_bifurcation，取 $\boldsymbol{A}=[a_1\quad a_2\quad a_3\quad a_4]^{\mathrm{T}}=[8\quad 50\quad 5\quad 15]^{\mathrm{T}}$，初始条件$(x_{10},x_{20},x_{30},x_{40})$为$(2-j,5.8-2j,-12,-16)$，程序运行约 30h 后，得到系统解 $x_{1,r_{\max}}$ 关于 a_1 的分岔图。同理，可得到方程的解 $x_{2,r_{\max}}$，$x_{3,r_{\max}}$，$x_{4,r_{\max}}$ 关于 a_1，a_2，a_3，a_4 的分岔图。

程序 comp_lorenz_phase　程序 comp_chen_phase　程序 comp_lu_phase　程序 chen_C4D_phase　程序 comp_lorenz_lyapunov　程序 comp_lorenz_bifurcation

2.2.4 小结

本节介绍了四维类 Chen－Qi 非线性系统、五维 Chen 非线性系统、四维复 Lorenz 系统的动力学特性分析及其相关的控制问题，其数值处理方法同 2.1 节的类似，仍然通过分岔图、Lyapunov 指数谱、Lyapunov维数、二维相图、功率谱等。由于系统维数的增加，其运动相图、运动曲线的表达更加丰富。它们的周期运动、概周期运动、混沌运动、定态运动的形式更加丰富，组合更加多样，甚至难以用图形直观地清晰表达。研究其混沌运动的抑制、同步、反同步的一些控制方法，仍然可以应用周期信号激励、单状态反馈、线性反馈控制、非线性反馈控制、自适应控制等。

第 3 章　非线性问题的相似解

3.1　单参数变换群与一阶微分方程的相似解

Lie 群方法是求解非线性微分方程解析解的唯一通用和有效的方法[41-43]。Lie 群分析的本质是寻找非线性微分方程的不变量，即守恒或对称性，从而获得精确解。由它发展而来的 WTC 方法，可以有效研究非线性微分方程的可积性及不可积非线性微分方程的特殊解，尤其是 Lie - Backlund 变换，能有效地求解非线性偏微分方程。

在单参数变换群作用下，微分方程在变换前后形式不变。群是集合中的元素对某种运算满足结合律，且存在单位元和逆元的集合。变换群是指以变换为元素，以恒等变换为单位元，以逆变换为逆元，且对某种运算满足结合律的集合。单参数变换群即 Lie 点变换群，简记为 OPG。例如常见的平移变换的集合、伸缩变换的集合、旋转变换的集合，就是我们常见的平面上的单参数变换群。针对 $y=y(x)$ 的单自变量、单因变量函数，有：

OPG 的整体变换为：

$$\begin{cases} x_1=f(x,y,\varepsilon) \\ y_1=g(x,y,\varepsilon) \end{cases} \tag{3-1-1}$$

式中，ε 为参数，且 $-\infty<\varepsilon<\infty$。

OPG 的无穷小形式为：

$$\begin{cases} x_1=x+\varepsilon\left[\dfrac{\mathrm{d}x_1}{\mathrm{d}\varepsilon}\right]_{\varepsilon=0}+O(\varepsilon^2)=x+\varepsilon\xi(x,y)+O(\varepsilon^2) \\ y_1=y+\varepsilon\left[\dfrac{\mathrm{d}y_1}{\mathrm{d}\varepsilon}\right]_{\varepsilon=0}+O(\varepsilon^2)=y+\varepsilon\eta(x,y)+O(\varepsilon^2) \end{cases} \tag{3-1-2}$$

由 OPG 的无穷小形式，求 OPG 的整体变换，需要求解下列方程组：

$$\begin{cases} \dfrac{\mathrm{d}x_1}{\mathrm{d}\varepsilon}=\xi(x_1,y_1) \\ \dfrac{\mathrm{d}y_1}{\mathrm{d}\varepsilon}=\eta(x_1,y_1) \\ x_1|_{\varepsilon=0}=x \\ y_1|_{\varepsilon=0}=y \end{cases} \tag{3-1-3}$$

对任一给定的 OPG，必存在 $u(x,y)$ 和 $v(x,y)$，使得 OPG 在经典坐标 (u,v) 中满足：

$$\begin{cases} u(x_1,y_1)=u(x,y) \\ v(x_1,y_1)=v(x,y)+\varepsilon \end{cases} \tag{3-1-4}$$

求 OPG 的不变量 $u(x,y)$，需要求解：

$$\frac{\mathrm{d}y_1}{\mathrm{d}x_1}=\frac{\eta(x_1,y_1)}{\xi(x_1,y_1)}\Rightarrow u(x_1,y_1)=\mathrm{const} \tag{3-1-5}$$

式中，const 为积分常数。

求 OPG 的平移坐标 $v(x,y)$，需要求解：

$$\begin{cases} u(x_1,y_1)=\text{const}=u(x,y)=\alpha \Rightarrow y_1=\varphi(x_1,\alpha) \\ \dfrac{\mathrm{d}x_1}{\mathrm{d}\varepsilon}=\xi(x_1,y_1)=\xi[x_1,\varphi(x_1,\alpha)] \Rightarrow \psi(x,\alpha)=\displaystyle\int_{x_0}^{x}\frac{\mathrm{d}t}{\xi[t,\varphi(t,\alpha)]} \end{cases} \Rightarrow v(x,y)=\psi(x,u(x,y)) \tag{3-1-6}$$

OPG 的不变曲线为:$u(x,y)=c$

式中,c 为常数。

OPG 的不变函数 $\Omega(x,y)$ 为满足 $\Omega(x,y)=\Omega(x_1,y_1)$ 的函数。

OPG 下 $\frac{\mathrm{d}y}{\mathrm{d}x}=F(x,y)$ 的无穷小为:

$$\pi(x,y,\frac{\mathrm{d}y}{\mathrm{d}x})=\eta_x+(\eta_y-\xi_x)\frac{\mathrm{d}y}{\mathrm{d}x}-\xi_y\left(\frac{\mathrm{d}y}{\mathrm{d}x}\right)^2 \tag{3-1-7}$$

定义 Lie 算子:

$$L=\xi\frac{\partial}{\partial x}+\eta\frac{\partial}{\partial y} \tag{3-1-8}$$

则函数泰勒级数展开时,可用 Lie 级数可换定理简化计算。

下面举例来阐述单参数变换群求解一阶非线性问题的具体过程。

例 3-1 求解一阶非线性微分方程:$\frac{\mathrm{d}y}{\mathrm{d}x}=\frac{x+y}{x-y}$,其中 $y=y(x)$。

解:(1)显然,该方程是非线性的,不能直接求解。

引进 OPG 使方程形式不变,则有:

$$\frac{\mathrm{d}y_1}{\mathrm{d}x_1}=\frac{x_1+y_1}{x_1-y_1} \tag{3-1-9}$$

设 $\begin{cases} x_1=e^{\alpha}x \\ y_1=e^{\beta}y \end{cases}$,则有:

$$\begin{cases} \dfrac{\mathrm{d}y_1}{\mathrm{d}x_1}=\dfrac{e^{\beta}\mathrm{d}y}{e^{\alpha}\mathrm{d}x}=e^{\beta-\alpha}\dfrac{\mathrm{d}y}{\mathrm{d}x}=\dfrac{\mathrm{d}y}{\mathrm{d}x}\Rightarrow\alpha=\beta \\ \dfrac{x_1+y_1}{x_1-y_1}=\dfrac{e^{\alpha}x+e^{\beta}y}{e^{\alpha}x-e^{\beta}y}=\dfrac{x+y}{x-y}\Rightarrow\alpha=\beta \end{cases} \tag{3-1-10}$$

则可令 $\alpha=\beta=\varepsilon$,因为原方程在 OPG$\begin{cases} x_1=e^{\varepsilon}x \\ y_1=e^{\varepsilon}y \end{cases}$作用下形式不变。

从而有:

$$\frac{x_1}{x}=e^{\varepsilon}=\frac{y_1}{y} \tag{3-1-11}$$

得群的不变量为:

$$u(x,y)=\frac{y}{x}=\frac{y_1}{x_1} \tag{3-1-12}$$

做变量代换:$y=ux$,从而有:

$$\begin{aligned} &\frac{\mathrm{d}y}{\mathrm{d}x}=x\frac{\mathrm{d}u}{\mathrm{d}x}+u=\frac{x+y}{x-y}=\frac{x+ux}{x-ux}=\frac{1+u}{1-u} \\ &\Rightarrow x\frac{\mathrm{d}u}{\mathrm{d}x}+u=\frac{1+u}{1-u}\Rightarrow x\frac{\mathrm{d}u}{\mathrm{d}x}=\frac{1+u}{1-u}-u=\frac{1+u^2}{1-u^2} \\ &\Rightarrow\frac{1-u}{1+u^2}\mathrm{d}u=\frac{\mathrm{d}x}{x} \\ &\Rightarrow\arctan u-\frac{1}{2}\ln(1+u^2)=\ln x+\text{const} \\ &\Rightarrow\arctan\frac{y}{x}-\frac{1}{2}\ln(1+\frac{y^2}{x^2})=\ln x+\text{const} \end{aligned} \tag{3-1-13}$$

于是得到原方程的隐函数形式的解。

(2)用 Maple 验证,结果如图 3－1 所示,可见二者是一致的。

> ode := dy/dx = (x + y)/(x − y)

$$ode := \frac{d}{dx}\,y(x) = \frac{x + y(x)}{x - y(x)} \tag{1}$$

> dsolve(ode)

$$y(x) = \tan\left(RootOf\left(-2\ \_Z + \ln\left(\frac{1}{\cos(\_Z)^2}\right) + 2\ \ln(x) + 2\ \_C1\right)\right)\ x \tag{2}$$

> isolate((2), _C1)

$$\_C1 = \arctan\left(\frac{y(x)}{x}\right) - \frac{1}{2}\ \ln\left(\frac{y(x)^2 + x^2}{x^2}\right) - \ln(x) \tag{3}$$

> isolate((2), cos(_Z))

$$\cos(\_Z) = e^{\_C1 - \arctan\left(\frac{y(x)}{x}\right)}\ x \tag{4}$$

>

图 3－1　一阶非线性微分方程的 Maple 解

(3)进一步得:

OPG 的整体变换:

$$\begin{cases} x_1 = f(x, y, \varepsilon) = e^{\varepsilon} x \\ y_1 = g(x, y, \varepsilon) = e^{\varepsilon} y \end{cases} \tag{3-1-14}$$

OPG 的无穷小为:

$$\begin{cases} \left[\dfrac{dx_1}{d\varepsilon}\right]_{\varepsilon=0} = \xi(x, y) = x \\ \left[\dfrac{dy_1}{d\varepsilon}\right]_{\varepsilon=0} = \eta(x, y) = y \end{cases} \tag{3-1-15}$$

OPG 的平移坐标 $v(x,y)$:

$$\begin{cases} \dfrac{dx_1}{d\varepsilon} = x_1 \\ x_1 \big|_{\varepsilon=0} = x \end{cases} \Rightarrow v(x, y) = \ln x \tag{3-1-16}$$

OPG 的不变曲线为:

$$u(x, y) = \frac{y}{x} = c \tag{3-1-17}$$

式中,c 为常数。

OPG 的不变函数 $\Omega(x,y)$ 为满足 $\Omega(x,y)=\Omega(x_1,y_1)$ 的函数,即 $u(x,y)=\dfrac{y}{x}=\dfrac{y_1}{x_1}$。

从这个例子可见,通过 OPG 的变量代换,将这个不能直接求解的一阶非线性微分方程(ordinary differential equation,ODE),转化成可分离变量的形式,从而在新变量表达下能直接求解,称之为相似解,它是解析解。然后再返回到原变量,从而得到原始方程的解析解的表达式。一阶非线性 ODE 方程可以等价地转换成一阶非线性偏微分方程(partial differential equation,PDE),因此 OPG 也可以求解一些一阶非线性 PDE 方程。

例 3－2　试确定 $a(x)$ 的具体形式,使得一阶非线性微分方程 $\dfrac{dy}{dx}=a(x)+y^2$ 在 OPG($\xi(x,y)=\xi_1(x)$,$\eta(x,y)=\eta_1(x)y$)作用下形式不变,并求解原方程。

解:(1)因为在 OPG 作用下,$\dfrac{dy}{dx}=F(x,y)$ 的无穷小为 $\pi\left(x,y,\dfrac{dy}{dx}\right)=\eta_x+(\eta_y-\xi_x)\dfrac{dy}{dx}-\xi_y\left(\dfrac{dy}{dx}\right)^2$,令 $F(x,y)=a(x)+y^2$,方程 $\dfrac{dy}{dx}=a(x)+y^2$ 两边同时取无穷小,有:

$$\eta_x+(\eta_y-\xi_x)\frac{\mathrm{d}y}{\mathrm{d}x}-\xi_y\left(\frac{\mathrm{d}y}{\mathrm{d}x}\right)^2=a'(x)\xi+2y\eta$$

$$\Rightarrow a'(x)\xi+2y\eta=\eta_x+(\eta_y-\xi_x)(a(x)+y^2)-\xi_y(a(x)+y^2)^2 \tag{3-1-18}$$

代入 $\xi(x,y)=\xi_1(x)$，$\eta(x,y)=\eta_1(x)y$，有：

$$\begin{cases}\xi_x=\xi_1{}'(x)\\ \xi_y=0\\ \eta_x=\eta_1{}'(x)y\\ \eta_y=\eta_1(x)\end{cases} \tag{3-1-19}$$

则：

$$a'(x)\xi_1(x)+2y^2\eta_1(x)=\eta_1{}'(x)y+(\eta_1(x)-\xi_1{}'(x))(a(x)+y^2) \tag{3-1-20}$$

等式恒成立，须令 y 各次幂的系数为 0，于是有下列超定方程组：

$$\begin{cases}y^2:\ 2\eta_1(x)=\eta_1(x)-\xi_1{}'(x)\Rightarrow\xi_1(x)=Ax+B\\ y^1:\ \eta_1{}'(x)=0\Rightarrow\eta_1(x)=-A\\ y^0:\ a'(x)\xi_1(x)=a(x)(\eta_1(x)-\xi_1{}'(x))\end{cases} \tag{3-1-21}$$

依次解超定方程组，可以确定 $a(x)$ 的具体形式：

$$[\ln a(x)]'=\frac{-2A}{Ax+B}\Rightarrow\ln a(x)=\int\frac{-2A}{Ax+B}\mathrm{d}x=-2\ln(Ax+B)+C$$

$$\Rightarrow a(x)=\frac{C}{(Ax+B)^2} \tag{3-1-22}$$

式中，A，B，c，C 都是积分常数，且 $C=e^c$。

由上述过程可知，超定方程组很重要，它确定了非线性问题的解，是相似解的关键。

(2)下面验证方程形式不变。

$$\frac{\mathrm{d}y}{\mathrm{d}x}=a(x)+y^2 \tag{3-1-23}$$

OPG：

$$\begin{cases}x_1=x+\varepsilon\xi_1(x)+O(\varepsilon^2)\\ y_1=y+\varepsilon\eta_1(x)y+O(\varepsilon^2)\end{cases} \tag{3-1-24}$$

$$\begin{cases}\mathrm{d}y_1=\mathrm{d}y+\varepsilon[\eta_1(x)y]_x\mathrm{d}x+\varepsilon[\eta_1(x)y]_y\mathrm{d}y+O(\varepsilon^2)=\mathrm{d}y+\varepsilon[\eta_{1x}(x)y]\mathrm{d}x+\varepsilon[\eta_1(x)]\mathrm{d}y+O(\varepsilon^2)\\ \mathrm{d}x_1=\mathrm{d}x+\varepsilon[\xi_1(x)]_x\mathrm{d}x+\varepsilon[\xi_1(x)]_y\mathrm{d}y+O(\varepsilon^2)=\mathrm{d}x+\varepsilon[\xi_{1x}(x)]\mathrm{d}x+O(\varepsilon^2)\\ \dfrac{\mathrm{d}y_1}{\mathrm{d}x_1}=\dfrac{\mathrm{d}y+\varepsilon[\eta_{1x}(x)y]\mathrm{d}x+\varepsilon[\eta_1(x)]\mathrm{d}y+O(\varepsilon^2)}{\mathrm{d}x+\varepsilon[\xi_{1x}(x)]\mathrm{d}x+O(\varepsilon^2)}=\dfrac{\dfrac{\mathrm{d}y}{\mathrm{d}x}+\varepsilon[\eta_{1x}(x)y]+\varepsilon[\eta_1(x)]\dfrac{\mathrm{d}y}{\mathrm{d}x}+O(\varepsilon^2)}{1+\varepsilon[\xi_{1x}(x)]+O(\varepsilon^2)}\end{cases} \tag{3-1-25}$$

应用级数展开 $\frac{1}{1+\varepsilon}=1-\varepsilon+\varepsilon^2-\cdots(-1)^n\varepsilon^n$，代入得：

$$\begin{aligned}\frac{\mathrm{d}y_1}{\mathrm{d}x_1}&=\left\{\frac{\mathrm{d}y}{\mathrm{d}x}+\varepsilon[\eta_{1x}(x)y]+\varepsilon[\eta_1(x)]\frac{\mathrm{d}y}{\mathrm{d}x}+O(\varepsilon^2)\right\}\{1-\varepsilon[\xi_{1x}(x)]+O(\varepsilon^2)\}\\ &=\frac{\mathrm{d}y}{\mathrm{d}x}+\varepsilon[\eta_{1x}(x)y]+\varepsilon[\eta_1(x)]\frac{\mathrm{d}y}{\mathrm{d}x}-\varepsilon[\xi_{1x}(x)]\frac{\mathrm{d}y}{\mathrm{d}x}+O(\varepsilon^2)\\ &=\frac{\mathrm{d}y}{\mathrm{d}x}+\varepsilon[\eta_{1x}(x)y]+\varepsilon[\eta_1(x)]\frac{\mathrm{d}y}{\mathrm{d}x}-\varepsilon[\xi_{1x}(x)]\frac{\mathrm{d}y}{\mathrm{d}x}+O(\varepsilon^2)\\ &=\frac{\mathrm{d}y}{\mathrm{d}x}+\varepsilon[0y]+\varepsilon[-A]\frac{\mathrm{d}y}{\mathrm{d}x}-\varepsilon[A]\frac{\mathrm{d}y}{\mathrm{d}x}+O(\varepsilon^2)\\ &=\frac{\mathrm{d}y}{\mathrm{d}x}[1-2\varepsilon A+O(\varepsilon^2)]=[a(x)+y^2][1-2\varepsilon A+O(\varepsilon^2)]\\ &=\left[\frac{C}{(Ax+B)^2}+y^2\right][1-2\varepsilon A+O(\varepsilon^2)]\end{aligned} \tag{3-1-26}$$

$$a(x_1)+y_1^2=\frac{C}{(Ax_1+B)^2}+y_1^2=\frac{C}{(A(x+\varepsilon\xi_1(x)+O(\varepsilon^2))+B)^2}+[y+\varepsilon\eta_1(x)y+O(\varepsilon^2)]^2$$

$$=\frac{C}{A^2(x+\varepsilon\xi_1(x)+O(\varepsilon^2))^2+B^2+2AB(x+\varepsilon\xi_1(x)+O(\varepsilon^2))}+y^2(1+2\varepsilon\eta_1(x)+O(\varepsilon^2))$$

$$=\frac{C}{A^2(x^2+2\varepsilon\xi_1(x)x+O(\varepsilon^2))+B^2+2AB(x+\varepsilon\xi_1(x)+O(\varepsilon^2))}+y^2(1+2\varepsilon\eta_1(x)+O(\varepsilon^2))$$

$$=\frac{C}{(Ax+B)^2\left[1+\dfrac{A^2 2\varepsilon x+2AB\varepsilon}{(Ax+B)}+O(\varepsilon^2)\right]}+y^2(1-2\varepsilon A+O(\varepsilon^2)) \tag{3-1-27}$$

再次应用级数展开$\frac{1}{1+\varepsilon}=1-\varepsilon+\varepsilon^2-\cdots(-1)^n\varepsilon^n$，代入得：

$$a(x_1)+y_1^2=\frac{C}{(Ax+B)^2[1+2A\varepsilon+O(\varepsilon^2)]}+y^2(1-2\varepsilon A+O(\varepsilon^2))$$

$$=\frac{C}{(Ax+B)^2}[1-2A\varepsilon+O(\varepsilon^2)]+y^2(1-2\varepsilon A+O(\varepsilon^2))$$

$$=\frac{C}{(Ax+B)^2}(1-2A\varepsilon)+y^2(1-2\varepsilon A)+O(\varepsilon^2)=\left[\frac{C}{(Ax+B)^2}+y^2\right][1-2A\varepsilon]+O(\varepsilon^2) \tag{3-1-28}$$

$$=\left[\frac{C}{(Ax+B)^2}+y^2\right][1-2A\varepsilon+O(\varepsilon^2)]$$

于是可以得到：

$$\frac{dy_1}{dx_1}=a(x_1)+y_1^2 \tag{3-1-29}$$

可见方程形式不变。

(3)下面求原方程的解。

OPG：

$$\begin{cases}\xi(x,y)=Ax+B\\ \eta(x,y)=-Ay\end{cases} \tag{3-1-30}$$

OPG 的不变量 $u(x,y)$，需要求解：

$$\frac{dy_1}{dx_1}=\frac{\eta(x_1,y_1)}{\xi(x_1,y_1)}\Rightarrow u(x_1,y_1)=\text{const}(\text{积分常数}) \tag{3-1-31}$$

先求 OPG 的整体变换，解下列方程组：

$$\begin{cases}\dfrac{dx_1}{d\varepsilon}=\xi(x_1,y_1)=Ax_1+B\\ \dfrac{dy_1}{d\varepsilon}=\eta(x_1,y_1)=-Ay_1\quad\Rightarrow\dfrac{dy_1}{dx_1}=\dfrac{\eta(x_1,y_1)}{\xi(x_1,y_1)}=\dfrac{-Ay_1}{Ax_1+B}\Rightarrow\dfrac{dy_1}{-y_1}=\dfrac{Adx_1}{Ax_1+B}\Rightarrow-\ln y_1=\ln(Ax_1+B)+k\\ x_1|_{\varepsilon=0}=x\\ y_1|_{\varepsilon=0}=y\end{cases} \tag{3-1-32}$$

式中，k 为积分常数。

代入 $\varepsilon=0$，$\ln y_1(Ax_1+B)=-k=\ln y(Ax+B)$，对照 $u(x_1,y_1)=u(x,y)$，得到经典坐标：

$$u(x,y)=y(Ax+B) \tag{3-1-33}$$

OPG 的平移坐标 $v(x,y)$，需要求解：

$$\frac{dx_1}{d\varepsilon}=\xi(x_1,y_1)\Rightarrow\frac{dx_1}{d\varepsilon}=Ax_1+B\Rightarrow\frac{dx_1}{Ax_1+B}=d\varepsilon\Rightarrow-\frac{1}{A}\ln(Ax_1+B)=\varepsilon+k^* \tag{3-1-34}$$

式中，k^* 为积分常数。

代入 $\varepsilon=0$，得到$\frac{1}{A}\ln(Ax_1+B)=\frac{1}{A}\ln(Ax+B)-\varepsilon$，对照 $v(x_1,y_1)=v(x,y)+\varepsilon$，得到平移坐标：

$$v(x,y)=\frac{1}{A}\ln(Ax+B) \tag{3-1-35}$$

在经典坐标(u,v)中，原方程$\frac{\mathrm{d}y}{\mathrm{d}x}=a(x)+y^2=\frac{C}{(Ax+B)^2}+y^2$可化为：

$$\begin{cases}\mathrm{d}u(x,y)=\mathrm{d}[y(Ax+B)]=(Ax+B)\mathrm{d}y+yA\mathrm{d}x\\ \mathrm{d}v(x,y)=\mathrm{d}\left[\frac{1}{A}\ln(Ax+B)\right]=\frac{1}{A(Ax+B)}A\mathrm{d}x\end{cases}$$

$$\Rightarrow\frac{\mathrm{d}u}{\mathrm{d}v}=\frac{(Ax+B)\mathrm{d}y+yA\mathrm{d}x}{\mathrm{d}x/(Ax+B)}=(Ax+B)^2\frac{\mathrm{d}y}{\mathrm{d}x}+yA(Ax+B)=\frac{u^2}{y^2}\frac{\mathrm{d}y}{\mathrm{d}x}+Au$$

$$\Rightarrow\frac{\mathrm{d}u}{\mathrm{d}v}=\frac{u^2}{y^2}[a(x)+y^2]+Au=\frac{u^2}{y^2}\left[\frac{C}{(Ax+B)^2}+y^2\right]+Au=\frac{u^2y^2}{y^2}\left[\frac{C}{(Ax+B)^2y^2}+1\right]+Au$$

$$\Rightarrow\frac{\mathrm{d}u}{\mathrm{d}v}=u^2\left[\frac{C}{u^2}+1\right]+Au=u^2+Au+C\Rightarrow\frac{\mathrm{d}u}{u^2+Au+C}=\mathrm{d}v$$

$$\Rightarrow\begin{cases}v=\frac{1}{\sqrt{C-A^2/4}}\arctan\left(\frac{u+A/2}{\sqrt{C-A^2/4}}\right)+\mathrm{const1}\quad C-A^2/4>0\\ v=\frac{1}{2\sqrt{A^2/4-C}}\ln\left|\frac{u+A/2-\sqrt{A^2/4-C}}{u+A/2+\sqrt{A^2/4-C}}\right|+\mathrm{const2}\quad C-A^2/4<0\end{cases} \tag{3-1-36}$$

代入$u=y(Ax+B)$和$v=\frac{1}{A}\ln(Ax+B)$，即得原方程在(x,y)形式下的解析解。

(4)用 Maple 测试，结果如图 3－2 所示。

> $ode := \frac{dy}{dx}=\frac{C}{(A\cdot x+B)\cdot(A\cdot x+B)}+y\cdot y$

$$ode := \frac{d}{dx}y(x)=\frac{C}{(A\,x+B)^2}+y(x)^2 \tag{1}$$

> $dsolve(ode)$

$$y(x)=-\frac{1}{2}\frac{1}{A^2x^2+2ABx+B^2}\Big(A^2x+AB+\tanh\Big(\frac{1}{2}\frac{1}{A(Ax+B)}\Big(\sqrt{A^4x^2+2A^3Bx-4A^2Cx^2+A^2B^2-8ABCx-4B^2C}\,(\ln(Ax+B)-\_C1)\Big)\Big)\sqrt{A^4x^2+2A^3Bx-4A^2Cx^2+A^2B^2-8ABCx-4B^2C}\Big) \tag{2}$$

> $ode1 := \frac{dy}{dx}=\frac{10}{(5\cdot x+3)\cdot(5\cdot x+3)}+y\cdot y$

$$ode1 := \frac{d}{dx}y(x)=\frac{10}{(5\,x+3)^2}+y(x)^2 \tag{3}$$

> $isolate(\,(2),\ \_C1\,)$

$$\_C1=\left(2\,\mathrm{arctanh}\left(\frac{2A^2y(x)x^2+4ABy(x)x+A^2x+2B^2y(x)+AB}{\sqrt{A^4x^2+2A^3Bx-4A^2Cx^2+A^2B^2-8ABCx-4B^2C}}\right)A\,(Ax+B)\right)\Big/\sqrt{A^4x^2+2A^3Bx-4A^2Cx^2+A^2B^2-8ABCx-4B^2C}+\ln(Ax+B) \tag{4}$$

>

图 3－2　一阶非线性微分方程的 Maple 解

3.2　二阶微分方程的相似解

研究表明，对于一阶微分方程，如果存在某个 OPG 使其形式不变，则这样的 OPG 有无穷多个。对于二阶微分方程，如果存在某个 OPG 使其形式不变，则这样的 OPG 最多有 8 个。对于 n 阶微分方程，如果存在某个 OPG 使其形式不变，则这样的 OPG 最多有($n+4$)个。由 OPG 作用下方程的形式的不变性，根据超定方程组，可以把这些 OPG 全部确定[41]。

在求解单自变量、单因变量的高阶非线性 ODE 或一维 PDE 方程时，OPG 在一阶微分方程下的平面点变换，需要对应进行空间和维度的延拓。同样，由 OPG 作用下方程形式的不变性，针对 $y=y(x)$的单自变量、单因变量函数，有：

记 Lie 算子：

$$\begin{cases} U=L=\xi\dfrac{\partial}{\partial x}+\eta\dfrac{\partial}{\partial y} \\ Uf=\left(\xi\dfrac{\partial}{\partial x}+\eta\dfrac{\partial}{\partial y}\right)f(x,y) \end{cases} \tag{3-2-1}$$

定义一阶延拓为：

$$U'f=\left(\xi\frac{\partial}{\partial x}+\eta\frac{\partial}{\partial y}+\pi\frac{\partial}{\partial y'}\right)f(x,y,y') \tag{3-2-2}$$

且 $\pi(x,y,\frac{\mathrm{d}v}{\mathrm{d}x})=\eta_x+(\eta_y-\xi_x)\frac{\mathrm{d}y}{\mathrm{d}x}-\xi_y\left(\frac{\mathrm{d}y}{\mathrm{d}x}\right)^2$ 是 OPG 下$\frac{\mathrm{d}y}{\mathrm{d}x}=f(x,y)$的无穷小。

定义二阶延拓为：

$$U''f=\left(\xi\frac{\partial}{\partial x}+\eta\frac{\partial}{\partial y}+\pi\frac{\partial}{\partial y'}+\pi'\frac{\partial}{\partial y''}\right)f(x,y,y',y'') \tag{3-2-3}$$

且 $\pi'(x,y,\frac{\mathrm{d}y}{\mathrm{d}x},\frac{\mathrm{d}^2y}{\mathrm{d}x^2})=\frac{\mathrm{d}\pi}{\mathrm{d}x}-\frac{\mathrm{d}^2y}{\mathrm{d}x^2}\frac{\mathrm{d}\xi}{\mathrm{d}x}$是 OPG 下$\frac{\mathrm{d}^2y}{\mathrm{d}x^2}$对应的无穷小。

定义三阶延拓为：

$$U'''=\left(\xi\frac{\partial}{\partial x}+\eta\frac{\partial}{\partial y}+\pi\frac{\partial}{\partial y'}+\pi'\frac{\partial}{\partial y''}+\pi''\frac{\partial}{\partial y'''}\right)f(x,y,y',y'',y''') \tag{3-2-4}$$

且 $\pi''\left(x,y,\frac{\mathrm{d}y}{\mathrm{d}x},\frac{\mathrm{d}^2y}{\mathrm{d}x^2},\frac{\mathrm{d}^3y}{\mathrm{d}x^3}\right)=\frac{\mathrm{d}\pi'}{\mathrm{d}x}-\frac{\mathrm{d}^3y}{\mathrm{d}x^3}\frac{\mathrm{d}\xi}{\mathrm{d}x}$是 OPG 下$\frac{\mathrm{d}^3y}{\mathrm{d}x^3}$对应的无穷小。

其余依次类推。

相似解反映了微分方程的性质。例如，特别地，对于 n 阶线性齐次微分方程，可以证明，它在标度变换$(x,y)\rightarrow(x,\ln y)$作用下，形式不变。因此，在物理上，方程在时域的解，与方程在频域的解是一一对应的，相位 Bode 图直观地表达了原方程解的性质。

下面举例来阐述单参数变换群求解二阶非线性问题的具体过程。

3.2.1　反应堆堆芯优化问题

例 3-3　反应堆堆芯优化问题。

要求在额定输出功率的条件下，决定燃料的适当配比，使反应堆堆芯的临界质量与其输出功率之比达到最小，从而达到节省材料的目的。经过推导，它可转化为下列二阶非线性微分方程来表达：

$$y\left(y''+\frac{ay'}{x}\right)-y'^2+by^3(x)=0 \tag{3-2-5}$$

式中，$y(x)$为热流量的无量纲量；a、b 为已知常数，$a=0,1$ 分别对应平板和圆柱体情形。

显然，这是一个强非线性的二阶常微分方程。

解：(1)当 $a=0$ 且 $yy''-y'^2+by^3=0$ 时，此时方程不显含 x，可用变量代换降阶。

令 $y'=z, y''=\frac{dz}{dy}z$，代入原方程，有：

$$y\frac{dz}{dy}z-z^2+by^3=0\Rightarrow\frac{dz}{dy}-\frac{z}{y}+\frac{by^2}{z}=0\Rightarrow\frac{dz}{dy}-\frac{z}{y}=-by^2z^{-1} \tag{3-2-6}$$

对比 Bernoulli 方程 $y'(x)+p(x)y=q(x)y^n, n\neq1$，可见式(3-2-6)正是 Bernoulli 型方程，可解。

令 $u=z^2, du=2zdz$，于是有：

$$\frac{du}{2zdy}-\frac{z}{y}=-by^2z^{-1}\Rightarrow\frac{du}{dy}-\frac{2z^2}{y}=-2by^2\Rightarrow\frac{du}{dy}-\frac{2u}{y}=-2by^2 \tag{3-2-7}$$

这是关于 u 和 y 一阶线性微分方程。

对照 $y'(x)+P(x)y=Q(x)$ 的通解公式：$y(x)=e^{-\int P(x)dx}\left[\int_{x_0}^{x}Q(x)e^{\int P(x)dx}dx+\text{const}\right]$，有：

$$u(y)=e^{\int\frac{2}{y}dy}\left[\int_{y_0}^{y}(-2by^2)e^{\int-\frac{2}{y}dy}dy+\text{const}\right]=y^2\left[\int_{y_0}^{y}(-2by^2)\frac{1}{y^2}dy+\text{const}\right]=-2by^3+y^2\cdot c_1 \tag{3-2-8}$$

设积分常数 $c_1>0$，有：

$$z=y'=\frac{dy}{dx}=\sqrt{-2by^3+y^2\cdot c_1} \tag{3-2-9}$$

从而有：

$$\frac{dy}{y\sqrt{-2by+c_1}}=dx \tag{3-2-10}$$

查积分表得 $\int\frac{dx}{x\sqrt{\alpha x+\beta}}=\frac{1}{\sqrt{\beta}}\ln\left|\frac{\sqrt{\alpha x+\beta}-\sqrt{\beta}}{\sqrt{\alpha x+\beta}+\sqrt{\beta}}\right|+c, \beta>0$，有：

$$\frac{1}{\sqrt{c_1}}\ln\left|\frac{\sqrt{-2by+c_1}-\sqrt{c_1}}{\sqrt{-2by+c_1}+\sqrt{c_1}}\right|=x+c\Rightarrow-\sqrt{-2by+c_1}+\sqrt{c_1}=e^{\sqrt{c_1}x+c\sqrt{c_1}}(\sqrt{-2by+c_1}+\sqrt{c_1})$$

$$\Rightarrow(1+e^{\sqrt{c_1}x+c\sqrt{c_1}})\sqrt{-2by+c_1}=(1-e^{\sqrt{c_1}x+c\sqrt{c_1}})\sqrt{c_1}\Rightarrow\sqrt{-2by+c_1}=\frac{(1-e^{\sqrt{c_1}x+c\sqrt{c_1}})}{(1+e^{\sqrt{c_1}x+c\sqrt{c_1}})}\sqrt{c_1}$$

$$\Rightarrow-2by+c_1=c_1\frac{(1+e^{2(\sqrt{c_1}x+c\sqrt{c_1})}-2e^{(\sqrt{c_1}x+c\sqrt{c_1})})}{(1+e^{2(\sqrt{c_1}x+c\sqrt{c_1})}+2e^{\sqrt{c_1}x+c\sqrt{c_1}})}$$

$$\Rightarrow y=\frac{c_1}{2b}\left[1-\frac{(1+e^{2(\sqrt{c_1}x+c\sqrt{c_1})}-2e^{(\sqrt{c_1}x+c\sqrt{c_1})})}{(1+e^{2(\sqrt{c_1}x+c\sqrt{c_1})}+2e^{\sqrt{c_1}x+c\sqrt{c_1}})}\right]$$

$$\Rightarrow y=\frac{c_1}{b}\left[\frac{(2e^{(\sqrt{c_1}x+c\sqrt{c_1})})}{(1+e^{2(\sqrt{c_1}x+c\sqrt{c_1})}+2e^{\sqrt{c_1}x+c\sqrt{c_1}})}\right]=\frac{c_1}{b}\frac{1}{\left(\frac{1+e^{2(\sqrt{c_1}x+c\sqrt{c_1})}}{2e^{\sqrt{c_1}x+c\sqrt{c_1}}}+1\right)}=\frac{c_1}{b}\frac{1}{\left(\frac{e^{-\sqrt{c_1}x-c\sqrt{c_1}}+e^{(\sqrt{c_1}x+c\sqrt{c_1})}}{2}+1\right)}$$

$$\Rightarrow y(x)=\frac{c_1}{b[1+\cosh(\sqrt{c_1}x+c_2)]} \tag{3-2-11}$$

(2)用 OPG 的方法求解。找 OPG，使方程 $yy''-y'^2+by^3=0$ 形式不变。即有

$$y_1y''_1-y'^2_1+by_1^3=0 \tag{3-2-12}$$

设 $\begin{cases}x_1=e^{\alpha\varepsilon}x\\y_1=e^{\beta\varepsilon}y\end{cases}$，则有：

$$\begin{cases}\dfrac{dy_1}{dx_1}=\dfrac{e^{\beta\varepsilon}dy}{e^{\alpha\varepsilon}dx}=e^{\beta\varepsilon-\alpha\varepsilon}\dfrac{dy}{dx}\\[2ex]\dfrac{d^2y_1}{dx_1^2}=\dfrac{d}{dx_1}\left(\dfrac{e^{\beta\varepsilon}dy}{e^{\alpha\varepsilon}dx}\right)=e^{\beta\varepsilon-2\alpha\varepsilon}\dfrac{d^2y}{dx^2}\end{cases} \tag{3-2-13}$$

代入式(3-2-12)，有：

$$y_1y''_1-y'^2_1+by_1^3=e^{\beta\varepsilon}e^{\beta\varepsilon-2\alpha\varepsilon}y\frac{d^2y}{dx^2}-e^{2\beta\varepsilon-2\alpha\varepsilon}\left(\frac{dy}{dx}\right)^2+e^{3\beta\varepsilon}y^3=0\Rightarrow2\beta-2\alpha=3\beta \tag{3-2-14}$$

由于方程不显含 x，故 x 是平移坐标，有 $x_1=x+\varepsilon$。取 $\alpha=1$，则 $\beta=-2$。

$y_1=y$ 是不变量，则有 $\frac{dy_1}{dx_1}=\frac{dy}{d(x+\varepsilon)}=\frac{dy}{dx}$，证明 $\frac{dy}{dx}$ 是不变量，只需令 $y'=z$，于是有 $\frac{dz}{dy}-\frac{z}{y}=-by^2z^{-1}$，得证。

又 $\frac{dy_1}{dx_1}=\frac{e^{\beta\varepsilon}dy}{e^{\alpha\varepsilon}dx}=e^{-3\varepsilon}\frac{dy}{dx}$，即 $z_1'=e^{-3\varepsilon}z$，这表示方程 $\frac{dz}{dy}-\frac{z}{y}=-by^2z^{-1}$ 的 OPG 是 $y_1=e^{-2\varepsilon}y, z_1=e^{-3\varepsilon}z$。且 $\frac{dy_1}{d\varepsilon}=-2e^{-2\varepsilon}y=-2y_1$，$\frac{dz_1}{d\varepsilon}=-3e^{-3\varepsilon}z=-3z_1$，解 $\frac{dz_1}{dy_1}=\frac{-3z_1}{-2y_1}$，得到不变量 $u=zy^{-\frac{3}{2}}$，使得方程 $\frac{dz}{dy}-\frac{z}{y}=-by^2z^{-1}$ 形式不变。则有：

$$\frac{du}{dy}y^{\frac{3}{2}}+\frac{3}{2}uy^{\frac{1}{2}}-uy^{\frac{1}{2}}=-by^2\ \frac{1}{u}y^{-\frac{3}{2}}\Rightarrow\frac{du}{dy}=-\frac{2b+u^2}{2uy}$$

$$\Rightarrow\frac{2udu}{2b+u^2}=-\frac{dy}{y}\Rightarrow\frac{d(2b+u^2)}{2b+u^2}=-\frac{dy}{y}\Rightarrow 2b+u^2=c_1/y$$

$$\Rightarrow u^2=c_1/y-2b\Rightarrow z^2y^{-3}=c_1/y-2b$$

$$\Rightarrow z^2=c_1y^2-2by^3=\left(\frac{dy}{dx}\right)\Rightarrow\frac{dy}{y\sqrt{c_1-2by}}=dx$$

$$\Rightarrow y(x)=\frac{c_1}{b[1+\cosh(\sqrt{c_1}x+c_2)]} \tag{3-2-15}$$

(3)当 $a\neq0$ 且 $y(y''+\frac{ay'}{x})-y'^2+by^3(x)=0$ 时，此时方程显含 x，可用变量代换降阶。

找 OPG，使方程形式不变，即

$$y_1\left(y_1''+\frac{ay_1'}{x_1}\right)-y_1'^2+by_1^3(x_1)=0 \tag{3-2-16}$$

设 $\begin{cases}x_1=e^{\alpha\varepsilon}x\\ y_1=e^{\beta\varepsilon}y\end{cases}$，则有：

$$\begin{cases}\frac{dy_1}{dx_1}=\frac{e^{\beta\varepsilon}dy}{e^{\alpha\varepsilon}dx}=e^{\beta\varepsilon-\alpha\varepsilon}\frac{dy}{dx}\\ \frac{d^2y_1}{dx_1^2}=\frac{d}{dx_1}\left(\frac{e^{\beta\varepsilon}dy}{e^{\alpha\varepsilon}dx}\right)=e^{\beta\varepsilon-2\alpha\varepsilon}\frac{d^2y}{dx^2}\end{cases} \tag{3-2-17}$$

代入式(3-2-16)，有：

$$y''+\frac{ay'}{x}=e^{\beta\varepsilon-2\alpha\varepsilon}\frac{d^2y}{dx^2}+ae^{\beta\varepsilon-2\alpha\varepsilon}\frac{dy}{dx} \tag{3-2-18}$$

$$\Rightarrow y_1\left(y_1''+\frac{ay_1'}{x_1}\right)-y_1'^2+by_1^3(x_1)=e^{2\beta\varepsilon-2\alpha\varepsilon}y\frac{d^2y}{dx^2}+ae^{2\beta\varepsilon-2\alpha\varepsilon}\frac{y}{x}\frac{dy}{dx}-e^{2\beta\varepsilon-2\alpha\varepsilon}\left(\frac{dy}{dx}\right)^2+e^{3/\beta\varepsilon}y^3=0$$

$$\Rightarrow 2\beta-2\alpha=3\beta \tag{3-2-19}$$

取 $\alpha=1$，则 $\beta=-2$。式(3-2-19)成立。说明此时 $y\left(y''+\frac{ay'}{x}\right)-y'^2+by^3(x)=0$ 的 OPG 同上。

由 $\frac{dy_1}{d\varepsilon}=-2e^{-2\varepsilon}y=-2y_1$，$\frac{dx_1}{d\varepsilon}=e^{-\varepsilon}x=x_1$，解 $\frac{dy_1}{dx_1}=\frac{-2y_1}{x_1}$，有不变量 $u=yx^2$，使得方程 $y\left(y''+\frac{ay'}{x}\right)-y'^2+by^3(x)=0$ 的形式不变。

平移坐标 $v(x,y)$，需求解：$\frac{dx_1}{d\varepsilon}=\xi(x_1,y_1)=\frac{d(e^{\varepsilon}x)}{d\varepsilon}=e^{\varepsilon}x=x_1$，$x_1|_{\varepsilon=0}=x$，解得：$v=\ln x$。

在经典坐标 $\begin{cases}u=yx^2\\ v=\ln x\end{cases}$ 下，方程 $y\left(y''+\frac{ay'}{x}\right)-y'^2+by^3(x)=0$ 化为：

$$y'=\frac{dy}{du}\frac{du}{dv}\frac{dv}{dx}=x^{-3}\left(\frac{du}{dv}-2u\right)$$

$$y''=\frac{\mathrm{d}\left[x^{-3}\left(\frac{\mathrm{d}u}{\mathrm{d}v}-2u\right)\right]}{\mathrm{d}u}\frac{\mathrm{d}u}{\mathrm{d}v}\frac{\mathrm{d}v}{\mathrm{d}x}=-3x^{-4}\left(\frac{\mathrm{d}u}{\mathrm{d}v}-2u\right)+x^{-3}\left(\frac{\mathrm{d}^2u}{\mathrm{d}v^2}\frac{1}{x}-2\frac{\mathrm{d}u}{\mathrm{d}v}\frac{1}{x}\right)$$

$$-3ux^{-6}\left(\frac{\mathrm{d}u}{\mathrm{d}v}-2u\right)+ux^{-5}\left(\frac{\mathrm{d}^2u}{\mathrm{d}v^2}\frac{1}{x}-2\frac{\mathrm{d}u}{\mathrm{d}v}\frac{1}{x}\right)+aux^{-6}\left(\frac{\mathrm{d}u}{\mathrm{d}v}-2u\right)-x^{-6}\left(\frac{\mathrm{d}u}{\mathrm{d}v}-2u\right)^2+bu^3x^{-6}=0$$

$$\Rightarrow -3u\left(\frac{\mathrm{d}u}{\mathrm{d}v}-2u\right)+u\left(\frac{\mathrm{d}^2u}{\mathrm{d}v^2}-2\frac{\mathrm{d}u}{\mathrm{d}v}\right)+au\left(\frac{\mathrm{d}u}{\mathrm{d}v}-2u\right)-\left(\frac{\mathrm{d}u}{\mathrm{d}v}-2u\right)^2+bu^3=0 \quad (3-2-20)$$

式(3－2－20)不显含 v，可用变量代换降阶。令$\frac{\mathrm{d}u}{\mathrm{d}v}=w$，$\frac{\mathrm{d}^2u}{\mathrm{d}v^2}=w\frac{\mathrm{d}w}{\mathrm{d}u}$，代入原方程，有：

$$-3u(w-2u)+u\left(w\frac{\mathrm{d}w}{\mathrm{d}u}-2w\right)+au(w-2u)-(w-2u)^2+bu^3=0$$

$$\Rightarrow -3w+6u+w\frac{\mathrm{d}w}{\mathrm{d}u}-2w+aw-2au-\frac{(w-2u)^2}{u}+bu^2=0$$

$$\Rightarrow w\frac{\mathrm{d}w}{\mathrm{d}u}=-2u+2au-aw+w+\frac{w^2}{u}-bu^2\Rightarrow\frac{\mathrm{d}w}{\mathrm{d}u}=\frac{(-2u^2+2au^2-bu^3)+(1-a)u\cdot w+w^2}{u\cdot w} \quad (3-2-21)$$

它是第Ⅱ类 Abel 方程，无显式解[43]。

当 $a=1$ 时，有：

$$w\frac{\mathrm{d}w}{\mathrm{d}u}=-bu^2+\frac{w^2}{u}\Rightarrow\frac{\mathrm{d}(w^2)}{2\mathrm{d}u}=-bu^2+\frac{(w^2)}{u}\Rightarrow\frac{\mathrm{d}(w^2)}{\mathrm{d}u}-\frac{2(w^2)}{u}=-2bu^2 \quad (3-2-22)$$

这是关于 w^2 和 u 一阶线性微分方程。

对照 $y'(x)+P(x)y=Q(x)$ 的通解公式：$y(x)=e^{-\int P(x)\mathrm{d}x}\left[\int_{x_0}^{x}Q(x)e^{\int P(x)\mathrm{d}x}\mathrm{d}x+\mathrm{const}\right]$，有：

$$w^2(u)=e^{\int\frac{2}{u}\mathrm{d}y}\left[\int_{y_0}^{y}(-2bu^2)e^{\int-\frac{2}{u}\mathrm{d}u}\mathrm{d}u+\mathrm{const}\right]$$

$$=u^2\left[\int_{y_0}^{y}(-2bu^2)\frac{1}{u^2}\mathrm{d}u+\mathrm{const}\right]=-2bu^3+u^2\cdot c_1 \quad (3-2-23)$$

则有：

$$\begin{cases}w=\sqrt{-2bu^3+u^2\cdot c_1}=\frac{\mathrm{d}u}{\mathrm{d}v}\\ \mathrm{d}v=\frac{\mathrm{d}u}{u\sqrt{-2bu+c_1}}\end{cases} \quad (3-2-24)$$

从而有：

$$u(v)=\frac{c_1}{b[1+\cosh(\sqrt{c_1}v+c_2)]}\Rightarrow yx^2=\frac{c_1}{b[1+\cosh(\sqrt{c_1}\ln x+c_2)]}$$

$$\Rightarrow y(x)=\frac{c_1}{bx^2[1+\cosh(\sqrt{c_1}\ln x+c_2)]} \quad (3-2-25)$$

(4)用 Maple 测试，结果如图 3－3 所示，可见 Maple 计算的结果与上面的一致。

3.2.2 有热源的一维稳态热传导问题

例 3－4 有热源的一维稳态热传导问题。设导热系数 $k(T)=k_0(T/T_0)^\gamma$，热源 $s(T)=s_0(T/T_0)^\delta$ 或者 $s(T)=s_0e^{(T/T_0)}$ 均为非线性函数，其中 k_0、s_0、γ、δ、T_0 都是常数，T 为温度变量。热传导方程为：$\mathrm{div}[k(T)\mathrm{grad}(T)]+s(T)=0$，求一维热传导问题的解。

解：(1)矢量和场论中的符号解释。

取 $\boldsymbol{i}$、$\boldsymbol{j}$、$\boldsymbol{k}$ 代表坐标轴的单位矢量，则有：

哈密顿算子：

> $ode1 := y\cdot\frac{d^2}{dx^2}\,y(x) - \left(\frac{dy}{dx}\right)\cdot\left(\frac{dy}{dx}\right) + b\cdot y\cdot y\cdot y = 0$

$$ode1 := y(x)\left(\frac{d^2}{dx^2}\,y(x)\right) - \left(\frac{d}{dx}\,y(x)\right)^2 + b\,y(x)^3 = 0 \qquad (1)$$

> $dsolve(ode1, \{y(x)\})$

$$y(x) = -\frac{1}{2}\,\frac{\tanh\left(\frac{1}{2}\,\frac{\_C2 + x}{\_C1}\right)^2 - 1}{\_C1^2\,b} \qquad (2)$$

> $ode2 := y\cdot\left(\frac{d^2}{dx^2}\,y(x) + \frac{\left(\frac{dy}{dx}\right)}{x}\right) - \left(\frac{dy}{dx}\right)\cdot\left(\frac{dy}{dx}\right) + b\cdot y\cdot y\cdot y = 0$

$$ode2 := y(x)\left(\frac{d^2}{dx^2}\,y(x) + \frac{\frac{d}{dx}\,y(x)}{x}\right) - \left(\frac{d}{dx}\,y(x)\right)^2 + b\,y(x)^3 = 0 \qquad (3)$$

> $dsolve(ode2, \{y(x)\})$

$$y(x) = -\frac{1}{2}\,\frac{\tanh\left(\frac{1}{2}\,\frac{\ln(x) - \_C2}{\_C1}\right)^2 - 1}{\_C1^2\,b\,x^2} \qquad (4)$$

> $ode3 := y\cdot\left(\frac{d^2}{dx^2}\,y(x) + a\cdot\frac{\left(\frac{dy}{dx}\right)}{x}\right) - \left(\frac{dy}{dx}\right)\cdot\left(\frac{dy}{dx}\right) + b\cdot y\cdot y\cdot y = 0$

$$ode3 := y(x)\left(\frac{d^2}{dx^2}\,y(x) + \frac{a\left(\frac{d}{dx}\,y(x)\right)}{x}\right) - \left(\frac{d}{dx}\,y(x)\right)^2 + b\,y(x)^3 = 0 \qquad (5)$$

> $dsolve(ode3, \{y(x)\})$

$$y(x) = \left(\frac{\_a}{\left(e^{\int \_b(\_a)\,d\_a + \_C1}\right)^2}\right) \&where \left[\left\{\frac{d}{d\_a}\,\_b(\_a) = \_a\,(\_a\,b - 2\,a + 2)\,\_b(\_a)^3 + (a-1)\,\_b(\_a)^2 - \frac{\_b(\_a)}{\_a}\right\}, \left\{\_a = y(x)\,x^2,\ \_b(\_a) = \frac{1}{x^2\left(\left(\frac{d}{dx}\,y(x)\right)x + 2\,y(x)\right)}\right\}, \left\{x = e^{\int \_b(\_a)\,d\_a + \_C1},\ y(x) = \frac{\_a}{\left(e^{\int \_b(\_a)\,d\_a + \_C1}\right)^2}\right\}\right] \qquad (6)$$

>

图 3-3　二阶非线性微分方程的 Maple 解

$$\boldsymbol{\nabla} = \frac{\partial}{\partial x}\boldsymbol{i} + \frac{\partial}{\partial y}\boldsymbol{j} + \frac{\partial}{\partial x}\boldsymbol{k} \qquad (3-2-26)$$

标量场的梯度：

$$\mathrm{grad}(T) = \boldsymbol{\nabla} T = \frac{\partial T}{\partial x}\boldsymbol{i} + \frac{\partial T}{\partial y}\boldsymbol{j} + \frac{\partial T}{\partial z}\boldsymbol{k} \qquad (3-2-27)$$

矢量场的散度：

$$\mathrm{div}(\boldsymbol{v}) = \boldsymbol{\nabla} \cdot \boldsymbol{v} = \frac{\partial P}{\partial x} + \frac{\partial Q}{\partial y} + \frac{\partial R}{\partial z} \qquad (3-2-28)$$

其中 $\boldsymbol{v}=P\boldsymbol{i}+Q\boldsymbol{j}+R\boldsymbol{k}$。

矢量场的旋度：

$$\mathrm{rot}(\boldsymbol{v})=\boldsymbol{\nabla}\times\boldsymbol{v}=\begin{vmatrix}\boldsymbol{i} & \boldsymbol{j} & \boldsymbol{k}\\ \dfrac{\partial}{\partial x} & \dfrac{\partial}{\partial y} & \dfrac{\partial}{\partial z}\\ P & Q & R\end{vmatrix} \tag{3-2-29}$$

Laplace 算子：

$$\Delta=\boldsymbol{\nabla}\cdot\boldsymbol{\nabla}=\frac{\partial^2}{\partial x^2}+\frac{\partial^2}{\partial y^2}+\frac{\partial^2}{\partial z^2} \tag{3-2-30}$$

向量运算公式：

$$\mathrm{div}(u\boldsymbol{v})=u\cdot\mathrm{div}(\boldsymbol{v})+\mathrm{grad}(u)\cdot\boldsymbol{v}$$

因此，$\mathrm{grad}(T)=\dfrac{\partial T}{\partial x}\boldsymbol{i}$，$k(T)\mathrm{grad}(T)=k(T)\dfrac{\partial T}{\partial x}\boldsymbol{i}$。

令 $y=T/T_0$，则：

$$\begin{aligned}\mathrm{div}\left[k(T)\mathrm{grad}(T)\right]&=\mathrm{div}\left[k_0(T/T_0)^{\gamma}\frac{\partial T}{\partial x}\boldsymbol{i}\right]=k_0(T/T_0)^{\gamma}\mathrm{div}\left[\frac{\partial T}{\partial x}\boldsymbol{i}\right]+\mathrm{grad}\left[k_0(T/T_0)^{\gamma}\right]\cdot\frac{\partial T}{\partial x}\boldsymbol{i}\\&=k_0T_0y^{\gamma}\left(\boldsymbol{i}\frac{\partial}{\partial x}\right)\cdot\left[\frac{\partial y}{\partial x}\boldsymbol{i}\right]+\mathrm{grad}\left[k_0y^{\gamma}\right]\cdot T_0\frac{\partial y}{\partial x}\boldsymbol{i}\end{aligned} \tag{3-2-31}$$

由 $\mathrm{div}[k(T)\mathrm{grad}(T)]+s(T)=0$ 可知：

$$\begin{aligned}k_0T_0y^{\gamma}\left(y''+y'\left[\boldsymbol{i}\cdot\frac{\partial\boldsymbol{i}}{\partial x}\right]\right)+\gamma k_0y^{\gamma-1}y'\cdot T_0y'+s_0y^{\delta}=0&\Rightarrow y^{\gamma}\left(y''+\frac{ay'}{x}\right)+\gamma y^{\gamma-1}y'^2+\frac{s_0}{k_0T}y^{\delta}=0\\&\Rightarrow y^{\gamma}\left(y''+\frac{ay'}{x}\right)+\gamma y^{\gamma-1}y'^2+by^{\delta}=0\end{aligned} \tag{3-2-32}$$

式中，$a=0$ 对应平板，$a=1$ 对应圆柱体。

下面找 OPG，使方程形式不变，即

$$y_1^{\gamma}\left(y_1''+\frac{ay_1'}{x_1}\right)+\gamma y_1^{\gamma-1}y_1'^2+by_1^{\delta}=0 \tag{3-2-33}$$

设 $\begin{cases}x_1=\mathrm{e}^{\alpha\varepsilon}x\\ y_1=\mathrm{e}^{\beta\varepsilon}y\end{cases}$，则：

$$\begin{cases}\dfrac{\mathrm{d}y_1}{\mathrm{d}x_1}=\dfrac{e^{\beta\varepsilon}\mathrm{d}y}{e^{\alpha\varepsilon}\mathrm{d}x}=e^{\beta\varepsilon-\alpha\varepsilon}\dfrac{\mathrm{d}y}{\mathrm{d}x}\\ \dfrac{\mathrm{d}^2y_1}{\mathrm{d}x_1^2}=\dfrac{\mathrm{d}}{\mathrm{d}x_1}\left(\dfrac{e^{\beta\varepsilon}\mathrm{d}y}{e^{\alpha\varepsilon}\mathrm{d}x}\right)=e^{\beta\varepsilon-2\alpha\varepsilon}\dfrac{\mathrm{d}^2y}{\mathrm{d}x^2}\end{cases} \tag{3-2-34}$$

代入式(3-2-33)，有：

$$y''_1+\frac{ay'_1}{x_1}=e^{\beta\varepsilon-2\alpha\varepsilon}\frac{\mathrm{d}^2y}{\mathrm{d}x^2}+ae^{\beta\varepsilon-2\alpha\varepsilon}\frac{1}{x}\frac{\mathrm{d}y}{\mathrm{d}x}$$

$$\begin{aligned}&\Rightarrow y_1\left(y_1''+\frac{ay_1'}{x_1}\right)+\gamma y_1^{\gamma-1}y_1'^2+by_1^{\delta}=e^{2\beta\varepsilon-2\alpha\varepsilon}y\frac{\mathrm{d}^2y}{\mathrm{d}x^2}+ae^{2\beta\varepsilon-2\alpha\varepsilon}\frac{y}{x}\frac{\mathrm{d}y}{\mathrm{d}x}-\gamma e^{\beta\varepsilon(\gamma-1)}ye^{2\beta\varepsilon-2\alpha\varepsilon}\left(\frac{\mathrm{d}y}{\mathrm{d}x}\right)^2+be^{\delta\beta\varepsilon}y^{\delta}=0\\&\Rightarrow 2\beta-2\alpha=\delta\beta=\beta-2\alpha+\beta\gamma\end{aligned} \tag{3-2-35}$$

取 $\alpha=1$，由 $\delta\beta=\beta-2\alpha+\beta\gamma$ 知：

$$\beta=\frac{2}{1+\gamma-\delta}\quad 1+\gamma-\delta\neq0 \tag{3-2-36}$$

由 $2\beta-2\alpha=\beta-2\alpha+\beta\gamma$ 知，$\gamma=1$。

由 $\dfrac{\mathrm{d}y_1}{\mathrm{d}\varepsilon}=\beta e^{\beta\varepsilon}y=\beta y_1$，$\dfrac{\mathrm{d}x_1}{\mathrm{d}\varepsilon}=e^{\varepsilon}x=x_1$ 解，$\dfrac{\mathrm{d}y_1}{\mathrm{d}x_1}=\dfrac{\beta y_1}{x_1}$，有不变量 $u=yx^{-\beta}$ 使得方程 $y_1^{\gamma}\left(y''_1+\dfrac{ay'_1}{x_1}\right)+$

$\gamma y_1^{\gamma-1}y_1'^2+by_1^{\delta}=0$ 形式不变。

平移坐标 $v(x,y)$，需求解：$\dfrac{\mathrm{d}x_1}{\mathrm{d}\varepsilon}=\xi(x_1,y_1)=\dfrac{\mathrm{d}(e^{\varepsilon}x)}{\mathrm{d}\varepsilon}=e^{\varepsilon}x=x_1,x_1|_{\varepsilon=0}=x$，解得 $v=\ln x$。

在经典坐标$\begin{cases}u=yx^{-\beta}\\v=\ln x\end{cases}$下，方程 $y^{\gamma}\left(y''+\dfrac{ay'}{x}\right)+\gamma y^{\gamma-1}y'^2+by^{\delta}=0$ 转化为：

$$\begin{cases}y'=\dfrac{\mathrm{d}(ux^{\beta})}{\mathrm{d}x}=\dfrac{\mathrm{d}y}{\mathrm{d}u}\dfrac{\mathrm{d}u}{\mathrm{d}v}\dfrac{\mathrm{d}v}{\mathrm{d}x}=x^{\beta-1}\left(\dfrac{\mathrm{d}u}{\mathrm{d}v}+\beta u\right)\\ y'^2=x^{2\beta-2}\left[\left(\dfrac{\mathrm{d}u}{\mathrm{d}v}\right)^2+\beta^2u^2+2\beta u\dfrac{\mathrm{d}u}{\mathrm{d}v}\right]\\ y''=\dfrac{\mathrm{d}\left[x^{\beta-1}\left(\dfrac{\mathrm{d}u}{\mathrm{d}v}+\beta u\right)\right]}{\mathrm{d}u}\dfrac{\mathrm{d}u}{\mathrm{d}v}\dfrac{\mathrm{d}v}{\mathrm{d}x}=x^{\beta-2}\left[\dfrac{\mathrm{d}^2u}{\mathrm{d}v^2}+(2\beta-1)\dfrac{\mathrm{d}u}{\mathrm{d}v}+\beta(\beta-1)u\right]\end{cases}\tag{3-2-37}$$

$$y''+\frac{ay'}{x}=x^{\beta-2}\left[\frac{\mathrm{d}^2u}{\mathrm{d}v^2}+(2\beta-1+a)\frac{\mathrm{d}u}{\mathrm{d}v}+\beta(\beta-1+a)u\right]$$

$$\Rightarrow(ux^{\beta})^{\gamma}x^{\beta-2}\left[\frac{\mathrm{d}^2u}{\mathrm{d}v^2}+(2\beta-1+a)\frac{\mathrm{d}u}{\mathrm{d}v}+\beta(\beta-1+a)u\right]+\gamma(ux^{\beta})^{\gamma-1}x^{2\beta-2}\left[\left(\frac{\mathrm{d}u}{\mathrm{d}v}\right)^2+\beta^2u^2+2\beta u\frac{\mathrm{d}u}{\mathrm{d}v}\right]+b(ux^{\beta})^{\delta}=0$$

$$\Rightarrow u^{\gamma}\left[\frac{\mathrm{d}^2u}{\mathrm{d}v^2}+(2\beta-1+a)\frac{\mathrm{d}u}{\mathrm{d}v}+\beta(\beta-1+a)u\right]+\gamma u^{\gamma-1}\left[\left(\frac{\mathrm{d}u}{\mathrm{d}v}\right)^2+\beta^2u^2+2\beta u\frac{\mathrm{d}u}{\mathrm{d}v}\right]+bu^{\delta}=0\tag{3-2-38}$$

方程(3-2-38)不显含 v，可用变量代换降阶。

令$\dfrac{\mathrm{d}u}{\mathrm{d}v}=w,\dfrac{\mathrm{d}^2u}{\mathrm{d}v^2}=w\dfrac{\mathrm{d}w}{\mathrm{d}u}$，代入方程(3-2-38)，有：

$$u^{\gamma}\left[w\frac{\mathrm{d}w}{\mathrm{d}u}+(2\beta-1+a)w+\beta(\beta-1+a)u\right]+\gamma u^{\gamma-1}(w^2+\beta^2u^2+2\beta uw)+bu^{\delta}=0$$

$$\Rightarrow w\frac{\mathrm{d}w}{\mathrm{d}u}+\frac{\gamma}{u}w^2+(2\beta-1+a+2\beta\lambda)w+\beta(\beta-1+a+\gamma\beta)u+bu^{\delta-\gamma}=0$$

$$\Rightarrow\frac{\mathrm{d}w}{\mathrm{d}u}=-(2\beta-1+a+2\beta\gamma)-[\beta(\beta-1+a+\gamma\beta)+bu^{\delta-\gamma-1}]\frac{u}{w}-\gamma\frac{w}{u}=0\tag{3-2-39}$$

它仍然是第Ⅱ类 Abel 方程，无显式解。

(2)当 $\delta-\gamma+1=2$ 时，则：

$$\frac{\mathrm{d}w}{\mathrm{d}u}=-(2\beta-1+a+2\beta\gamma)-\beta(\beta-1+a+\gamma\beta)\frac{u}{w}-\gamma\frac{w}{u}=A\frac{w}{u}+B+C\frac{u}{w}\tag{3-2-40}$$

它仍然是第Ⅱ类 Abel 方程，无显式解。

$a=0$ 对应平板：

$$\frac{\mathrm{d}w}{\mathrm{d}u}=-(2\beta-1+2\beta\gamma)-\beta(\beta-1+\gamma\beta)\frac{u}{w}-\gamma\frac{w}{u}=A\frac{w}{u}+B+C\frac{u}{w}\tag{3-2-41}$$

$a=1$ 对应圆柱体：

$$\frac{\mathrm{d}w}{\mathrm{d}u}=-(2\beta+2\beta\gamma)-\beta(\beta+\gamma\beta)\frac{u}{w}-\gamma\frac{w}{u}=A\frac{w}{u}+B+C\frac{u}{w}\tag{3-2-42}$$

它仍然是第Ⅱ类 Abel 方程，均无显式解。

依次令系数 $A=0,B=0,C=0$，用 Maple 验证，结果如图 3-4 所示。

(3)特别地，当 $s(T)=s_0e^{(T/T_0)}$ 时，经过类似运算，得到：

$$y''+\frac{ay'}{x}-be^{y}=0\tag{3-2-43}$$

$a=0$ 对应平板：$y''-be^{y}=0$，不显含 x，变量代换可降阶。

令 $p=\dfrac{\mathrm{d}y}{\mathrm{d}x},\dfrac{\mathrm{d}^2y}{\mathrm{d}x^2}=\dfrac{\mathrm{d}p}{\mathrm{d}x}=\dfrac{\mathrm{d}p}{\mathrm{d}y}\dfrac{\mathrm{d}y}{\mathrm{d}x}=p\dfrac{\mathrm{d}p}{\mathrm{d}y}$，代入方程(3-2-43)，可得：

$$p\frac{\mathrm{d}p}{\mathrm{d}y}-be^{y}=0\Rightarrow p\mathrm{d}p=be^{y}\mathrm{d}y\Rightarrow\frac{1}{2}p^2=be^{y}+c_1\Rightarrow\frac{\mathrm{d}y}{\mathrm{d}x}=\sqrt{2be^{y}+2c_1}\Rightarrow\frac{\mathrm{d}y}{\sqrt{2be^{y}+2c_1}}=\mathrm{d}x$$

$$> ode := \frac{\mathrm{d}w}{\mathrm{d}u} = \frac{a \cdot w}{u} + b + \frac{c \cdot u}{w}$$

$$ode := \frac{\mathrm{d}}{\mathrm{d}u}\, w(u) = \frac{a\ w(u)}{u} + b + \frac{c\ u}{w(u)} \tag{1}$$

$$> dsolve(\ (1), \{\ w(u)\ \}\ )$$

$$w(u) = \frac{1}{2\ a-2}\Bigg(u\ \Bigg(\tan\Bigg(RootOf\Bigg(2\ \ln(u)\ \sqrt{4\ a\ c-b^2-4\ c}\ a + 2\ \_C1\ \sqrt{4\ a\ c-b^2-4\ c}\ a - \ln\left(\frac{1}{4}\ \frac{4\ a\ c\ \tan(\_Z)^2-b^2\ \tan(\_Z)^2-4\ c\ \tan(\_Z)^2+4\ a\ c-b^2-4\ c}{a-1}\right) \sqrt{4\ a\ c-b^2-4\ c}-2\ \ln(u)\ \sqrt{4\ a\ c-b^2-4\ c}-2\ \_C1\ \sqrt{4\ a\ c-b^2-4\ c} + 2\ \_Z\ b\Bigg)\Bigg)\ \sqrt{4\ a\ c-b^2-4\ c}-b\Bigg)\Bigg) \tag{2}$$

$$> ode1 := \frac{\mathrm{d}w}{\mathrm{d}u} = b + \frac{c \cdot u}{w}$$

$$ode1 := \frac{\mathrm{d}}{\mathrm{d}u}\, w(u) = b + \frac{c\ u}{w(u)} \tag{3}$$

$$> dsolve(\ (3), \{\ w(u)\ \}\ )$$

$$w(u) = RootOf\Bigg(\_Z^2 - e^{RootOf\left(u^2 \left(\tanh\left(\frac{1}{2}\ \frac{\sqrt{b^2+4\ c}\ (2\ \_C1+\_Z+2\ \ln(u))}{b}\right)^2 b^2 + 4\ \tanh\left(\frac{1}{2}\ \frac{\sqrt{b^2+4\ c}\ (2\ \_C1+\_Z+2\ \ln(u))}{b}\right)^2 c - b^2 - 4\ e^{\_Z} - 4\ c\right)\right)} - c - \_Z\ b\Bigg)\ u \tag{4}$$

$$> ode2 := \frac{\mathrm{d}w}{\mathrm{d}u} = \frac{a \cdot w}{u} + b$$

$$ode2 := \frac{\mathrm{d}}{\mathrm{d}u}\, w(u) = \frac{a\ w(u)}{u} + b \tag{5}$$

$$> dsolve(\ (5), \{\ w(u)\ \}\ )$$

$$w(u) = -\frac{b\ u}{a-1} + u^a\ \_C1 \tag{6}$$

$$> ode3 := \frac{\mathrm{d}w}{\mathrm{d}u} = \frac{a \cdot w}{u} + \frac{c \cdot u}{w}$$

$$ode3 := \frac{\mathrm{d}}{\mathrm{d}u}\, w(u) = \frac{a\ w(u)}{u} + \frac{c\ u}{w(u)} \tag{7}$$

$$> dsolve(\ (7), \{\ w(u)\ \}\ )$$

$$w(u) = \frac{\sqrt{(a-1)\ (u^{2\ a}\ \_C1\ a-c\ u^2-u^{2\ a}\ \_C1)}}{a-1},\ w(u) = -\frac{\sqrt{(a-1)\ (u^{2\ a}\ \_C1\ a-c\ u^2-u^{2\ a}\ \_C1)}}{a-1} \tag{8}$$

图 3-4　Abel 方程的 Maple 解

$$\Rightarrow \frac{e^{-y}\mathrm{d}(e^y)}{\sqrt{2be^y+2c_1}} = \mathrm{d}x \Rightarrow \frac{\mathrm{d}(e^y)}{e^y\ \sqrt{2be^y+2c_1}} = \mathrm{d}x \tag{3-2-44}$$

令 $\frac{2be^y}{2c_1} = (\sinh t)^2$，则：

$$\mathrm{d}(e^y) = \frac{2c_1}{2b} \cdot 2 \cdot \sinh t \cdot \cosh t \cdot \mathrm{d}t \tag{3-2-45}$$

代入式(3-2-44)，积分，有：

$$\int \frac{\mathrm{d}(e^y)}{e^y\sqrt{2be^y+2c_1}}=\int \frac{\frac{2c_1}{2b}\cdot 2\cdot \sinh t\cdot \cosh t\cdot \mathrm{d}t}{\frac{2c_1}{2b}(\sinh t)^2\sqrt{2c_1}\sqrt{1+(\sinh t)^2}}=\frac{2}{\sqrt{2c_1}}\int \frac{\mathrm{d}t}{\sinh t}$$

$$=\frac{4}{\sqrt{2c_1}}\int \frac{e^t\mathrm{d}t}{e^{2t}-1}=\frac{4}{\sqrt{2c_1}}\int \frac{\mathrm{d}(e^t)}{(e^t)^2-1} \quad (3-2-46)$$

对照积分表，有：

$$\int \frac{\mathrm{d}x}{ax^2-b}=\frac{1}{2\sqrt{ab}}\ln\left|\frac{\sqrt{a}x-\sqrt{b}}{\sqrt{a}x+\sqrt{b}}\right|+\text{const} \quad 其中\ a>0, b>0 \quad (3-2-47)$$

可得：

$$\frac{4}{\sqrt{2c_1}}\int \frac{\mathrm{d}(e^t)}{(e^t)^2-1}=\frac{1}{\sqrt{2c_1}}\ln\left|\frac{e^t-1}{e^t+1}\right|-c_2=\int \mathrm{d}x-x \quad (3-2-48)$$

由 $\frac{2be^y}{2c_1}=(\sinh t)^2$，知：

$$\sinh t=\sqrt{\frac{2be^y}{2c_1}}=\frac{e^t-e^{-t}}{2} \quad (3-2-49)$$

从而：

$$e^t=\sqrt{\frac{2be^y}{2c_1}}+\sqrt{\frac{2be^y}{2c_1}+1} \quad (3-2-50)$$

代入式(3-2-48)，有：

$$x+c_2=\frac{2}{\sqrt{2c_1}}\ln\left|\frac{e^t-1}{e^t+1}\right|=\frac{2}{\sqrt{2c_1}}\ln\left|\frac{\sqrt{\frac{2be^y}{2c_1}}+\sqrt{\frac{2be^y}{2c_1}+1}-1}{\sqrt{\frac{2be^y}{2c_1}}+\sqrt{\frac{2be^y}{2c_1}+1}+1}\right| \quad (3-2-51)$$

化简得：

$$\frac{\sqrt{\frac{2be^y}{2c_1}}+\sqrt{\frac{2be^y}{2c_1}+1}-1}{\sqrt{\frac{2be^y}{2c_1}}+\sqrt{\frac{2be^y}{2c_1}+1}+1}=e^{\frac{\sqrt{2c_1}}{2}(x+c_2)} \quad (3-2-52)$$

代入 $y=T/T_0$，得解：

$$\frac{\sqrt{\frac{2be^{T/T_0}}{2c_1}}+\sqrt{\frac{2be^{T/T_0}}{2c_1}+1}-1}{\sqrt{\frac{2be^{T/T_0}}{2c_1}}+\sqrt{\frac{2be^{T/T_0}}{2c_1}+1}+1}=e^{\frac{\sqrt{2c_1}}{2}(x+c_2)} \quad (3-2-53)$$

式中，c_1，c_2 为积分常数，由定解条件(边界条件)确定。

当 $a\neq 0$ 时，需要寻找 OPG(ξ,η) 使得方程 $f=y''+\frac{ay'}{x}-be^y=0$ 形式不变。

运用二阶延拓算子 $U''f=\left(\xi\frac{\partial}{\partial x}+\eta\frac{\partial}{\partial y}+\pi\frac{\partial}{\partial y'}+\pi\frac{\partial}{\partial y''}\right)f(x,y,y',y'')=0$，并且代入以下算符：

$$\begin{cases}\mathrm{d}\xi=\xi_x\mathrm{d}x+\xi_y\mathrm{d}y\\ \mathrm{d}\eta=\eta_x\mathrm{d}x+\eta_y\mathrm{d}y\\ \pi=\frac{\mathrm{d}\eta}{\mathrm{d}x}-y'\frac{\mathrm{d}\xi}{\mathrm{d}x}=\eta_x+(\eta_y-\xi_x)y'-\xi_y(y')^2\\ \pi'=\frac{\mathrm{d}\pi}{\mathrm{d}x}-y''\frac{\mathrm{d}\xi}{\mathrm{d}x}=\eta_{xx}+(2\eta_{xy}-\xi_{xx})y'+(\eta_{yy}-2\xi_{xy})(y')^2-\xi_{yy}(y')^3+(\eta_y-2\xi_x)y''-3\xi_y y'y''\end{cases}$$

(3-2-54)

当 $\xi=\xi(x)$ 且 $\eta=\eta(y)$ 时，有：

$$\begin{cases} d\xi = \xi_x dx \\ d\eta = \eta_y dy \\ \pi = (\eta_y - \xi_x) y' \\ \pi' = -\xi_{xx} y' + \eta_{yy} (y')^2 + (\eta_y - 2\xi_x) y'' \end{cases} \tag{3-2-55}$$

代入 $U''f = \left(\xi \frac{\partial}{\partial x} + \eta \frac{\partial}{\partial y} + \pi \frac{\partial}{\partial y'} + \pi' \frac{\partial}{\partial y''}\right) \cdot \left(y'' + \frac{ay'}{x} - be^y\right) = 0$，则：

$$\xi \frac{ay'}{-x^2} + \eta(-be^y) + (\eta_y - \xi_x) y' \frac{a}{x} + (-\xi_{xx} y' + \eta_{xx} (y')^2 + (\eta_y - 2\xi_x) y'') = 0$$

$$\Rightarrow \xi \frac{ay'}{-x^2} - \eta\left(y'' + \frac{ay'}{x}\right) + (\eta_y - \xi_x) y' \frac{a}{x} + (-\xi_{xx} y' + \eta_{yy} (y')^2 + (\eta_y - 2\xi_x) y'') = 0$$

$$\Rightarrow \left[-\frac{a\xi}{x^2} + (\eta_y - \xi_x - \eta)\frac{a}{x} - \xi_{xx}\right] y' + \eta_{yy} (y')^2 + (\eta_y - 2\xi_x - \eta) y'' = 0 \tag{3-2-56}$$

令 y'、$(y')^2$、y'' 的系数为 0，得到超定方程组如下：

y'：

$$-\frac{a\xi}{x^2} + (\eta_y - \xi_x - \eta)\frac{a}{x} - \xi_{xx} = 0 \Rightarrow \varphi_1 = 0 \tag{3-2-57}$$

$(y')^2$：

$$\eta_{yy} = 0 \Rightarrow \eta(y) = r_1 y + r_2 \tag{3-2-58}$$

y''：

$$\eta_y - 2\xi_x - \eta = 0 \Rightarrow \xi(x) = \frac{1}{2}(r_1 y + r_2 - r_1) x + \varphi_1 \Rightarrow r_1 = 0, \xi(x) = -\frac{1}{2} r_2 x + \varphi_1 \tag{3-2-59}$$

于是有：

$$\begin{cases} \xi(x) = -\frac{1}{2} r_2 x \\ \eta(y) = r_2 \end{cases} \tag{3-2-60}$$

取 $r_2 = -2$，有最简形式的 OPG：

$$\begin{cases} \xi(x) = x \\ \eta(y) = -2 \end{cases} \tag{3-2-61}$$

其整体变换为：

$$\begin{cases} x_1 = e^{\varepsilon} x \\ y_1 = y - 2 \end{cases} \tag{3-2-62}$$

求 OPG 的不变量 $u(x, y)$，即求解：

$$\frac{dy_1}{dx_1} = \frac{\eta(x_1, y_1)}{\xi(x_1, y_2)} = \frac{x_1}{-2} \Rightarrow u(x_1, y_1) = \text{const} \tag{3-2-63}$$

不变量：

$$u(x, y) = x^2 e^y \tag{3-2-64}$$

求 OPG 的平移坐标 $v(x, y)$，即求解：

$$\frac{dx_1}{d\varepsilon} = \xi(x_1, y_1) = x_1 \Rightarrow v(x, y) = \ln x \tag{3-2-65}$$

在经典坐标 $\begin{cases} u = x^2 e^y \\ v = \ln x \end{cases}$ 下，转化方程 $y'' + \frac{ay'}{x} - be^y = 0$：

$$u = x^2 e^y \Rightarrow du = 2xe^y dx + x^2 e^y dy \Rightarrow \frac{du}{dx} = 2xe^y + x^2 e^y \frac{dy}{dx} \Rightarrow \frac{dy}{dx} = \frac{\frac{du}{dx} - 2xe^y}{x^2 e^y}$$

$$\Rightarrow \frac{d}{dx}\left(\frac{dy}{dx}\right) = \frac{d}{dx}\left[\frac{\frac{du}{dx} - 2xe^y}{x^2 e^y}\right] = \frac{d}{dx}\left[\frac{\frac{du}{dx}}{x^2 e^y} - \frac{2}{x}\right] = \frac{d}{dx}\left[\frac{\frac{du}{dx}}{x^2 e^y}\right] - \frac{d}{dx}\left(\frac{2}{x}\right)$$

$$=\frac{\frac{d^2u}{dx^2}\cdot x^2e^y-\frac{du}{dx}\cdot\frac{d}{dx}(x^2e^y)}{x^4e^{2y}}+\frac{2}{x^2}=\frac{d^2u}{dx^2}x^{-2}e^{-y}-\frac{du}{dx}\cdot\frac{2xe^y+x^2e^y\frac{dy}{dx}}{x^4e^{2y}}+\frac{2}{x^2}$$

$$=\frac{d^2u}{dx^2}x^{-2}e^{-y}+\frac{2}{x^2}-\frac{du}{dx}\cdot\frac{2}{x^3e^y}-\frac{du}{dx}\cdot\frac{\frac{du}{dx}-2xe^y}{x^2e^y\cdot x^2e^y}$$

$$=\frac{d^2u}{dx^2}x^{-2}e^{-y}+\frac{2}{x^2}-\frac{du}{dx}\cdot\frac{2}{x^3e^y}-\left(\frac{du}{dx}\right)^2\cdot\frac{1}{x^4e^{2y}}+\frac{du}{dx}\cdot\frac{2}{x^3e^y}$$

$$=\frac{d^2u}{dx^2}x^{-2}e^{-y}+\frac{2}{x^2}-\left(\frac{du}{dx}\right)^2\cdot\frac{1}{x^4e^{2y}}\tag{3-2-66}$$

将 y''、y'、$e^y=\frac{u}{x^2}$代入方程 $y''+\frac{ay'}{x}-be^y=0$，化简，有：

$$\frac{d^2u}{dx^2}x^{-2}e^{-y}+\frac{2}{x^2}-\left(\frac{du}{dx}\right)^2\cdot\frac{1}{x^4e^{2y}}+\frac{a}{x}\,\frac{\frac{du}{dx}-2xe^y}{x^2e^y}-be^y=0$$

$$\Rightarrow\frac{d^2u}{dx^2}+2\frac{u}{x^2}-\left(\frac{du}{dx}\right)^2\cdot\frac{1}{u}+\frac{a}{x}\left(\frac{du}{dx}-2\frac{u}{x}\right)-b\frac{u}{x^2}u=0$$

$$\Rightarrow x^2\left[u\frac{d^2u}{dx^2}-\left(\frac{du}{dx}\right)^2\right]+aux\left(\frac{du}{dx}\right)+(2-2a)u^2-bu^3=0\tag{3-2-67}$$

由 $v=\ln x$ 可知：

$$x=e^v\Rightarrow\frac{du}{dx}=\frac{du}{dv}\frac{du}{dx}=\frac{du}{dv}\frac{1}{x}=e^{-v}\frac{du}{dv}\Rightarrow\frac{d^2u}{dx^2}=\frac{1}{x^2}\left(\frac{d^2u}{dv^2}-\frac{du}{dv}\right)\tag{3-2-68}$$

将 x、$\frac{du}{dx}$、$\frac{d^2u}{dx^2}$代入式(3-2-67)化简有：

$$u\left(\frac{d^2u}{dv^2}-\frac{du}{dv}\right)-\left(\frac{du}{dv}\right)^2+au\left(\frac{du}{dv}\right)+(2-2a)u^2-bu^3=0\tag{3-2-69}$$

它不显含 v，变量代换可降阶。令 $p=\frac{du}{dv},\frac{d^2u}{dv^2}=\frac{dp}{dv}=\frac{dp}{du}\frac{du}{dv}=p\frac{dp}{du}$，代入式(3-2-69)，可得：

$$up\frac{dp}{du}-up-p^2+aup+(2-2a)u^2-bu^3=0\tag{3-2-70}$$

于是有：

$$\frac{dp}{du}=\frac{p^2+(1-a)up-(2-2a)u^2+bu^3}{up}\tag{3-2-71}$$

与前面结果一致，它是第Ⅱ类 Abel 方程，无显式解。

若取 $a=1$，式(3-2-65)化为：

$$\frac{dp}{du}=\frac{p^2+bu^3}{up}\tag{3-2-72}$$

即

$$\frac{dp}{du}-\frac{p}{u}=\frac{bu^2}{p}\tag{3-2-73}$$

它是 Bernoulli 方程，参照前面例 3-3(1)的做法，得到精确解：

$$u=\frac{c_1}{b[1+\cosh(\sqrt{c_1}v+c_2)]}\Rightarrow x^2e^y=\frac{c_1}{b[1+\cosh(\sqrt{c_1}\ln x+c_2)]}\Rightarrow y=\ln\left[\frac{x^{\sqrt{c_1}}}{x^2(x^{\sqrt{c_1}}e^{c_2}+1)}\right]+\ln\frac{2c_1c_2}{b}\tag{3-2-74}$$

式中，c_1，c_2 为积分常数，由定解条件(边界条件)确定。

3.2.3　一维瞬态热传导问题

例 3-5　一维瞬态热传导问题。设方程为：$u_{xx}-u_t=0$，$u=u(x,t)$，求一维瞬态热传导问题的解[41,45]。

PDE的特征解与方程的形式不变性是密切相关的,即特征解与OPG密切相关。对某些PDE的特征解问题,可以用OPG的方法,将PDE化为相应的ODE,从而PDE的特征解对应为ODE的相似解。当PDE的自变量个数多于2时,可以用Lie方法,减少PDE自变量的个数。下面以无热源的瞬态热传导问题为例,阐述OPG延拓到高维空间时相应的OPG函数。

解:(1)求OPG。延拓到高维空间时OPG的无穷小形式为:

$$\begin{cases}x_1=x+\varepsilon\left(\dfrac{\mathrm{d}x_1}{\mathrm{d}\varepsilon}\right)_{\varepsilon=0}+O(\varepsilon^2)=x+\varepsilon\xi(x,t,u)+O(\varepsilon^2)\\ t_1=t+\varepsilon\left(\dfrac{\mathrm{d}t_1}{\mathrm{d}\varepsilon}\right)_{\varepsilon=0}+O(\varepsilon^2)=t+\varepsilon\tau(x,t,u)+O(\varepsilon^2)\\ u_1=u+\varepsilon\left(\dfrac{\mathrm{d}u_1}{\mathrm{d}\varepsilon}\right)_{\varepsilon=0}+O(\varepsilon^2)=u+\varepsilon\eta(x,t,u)+O(\varepsilon^2)\end{cases} \tag{3-2-75}$$

由OPG的无穷小形式,求OPG的整体变换,需要求解下列方程组:

$$\begin{cases}\dfrac{\mathrm{d}x_1}{\mathrm{d}\varepsilon}=\xi(x_1,t_1,u_1)\\ \dfrac{\mathrm{d}t_1}{\mathrm{d}\varepsilon}=\tau(x_1,t_1,u_1)\\ \dfrac{\mathrm{d}u_1}{\mathrm{d}\varepsilon}=\eta(x_1,t_1,u_1)\\ x_1|_{\varepsilon=0}=x\\ t_1|_{\varepsilon=0}=t\\ u_1|_{\varepsilon=0}=u\end{cases} \tag{3-2-76}$$

下面推导OPG下各一阶导数、二阶导数的无穷小$[\eta_x]$、$[\eta_t]$、$[\eta_{xx}]$、$[\eta_{xt}]$、$[\eta_{tt}]$。

$$\begin{cases}\dfrac{\partial u_1}{\partial x_1}=\dfrac{\partial u_1}{\partial x}\dfrac{\partial x}{\partial x_1}+\dfrac{\partial u_1}{\partial t}\dfrac{\partial t}{\partial x_1}\\ \dfrac{\partial u_1}{\partial x}=\dfrac{\partial[u+\varepsilon\eta(x,t,u)]}{\partial x}=u_x+\varepsilon(\eta_x+\eta_u u_x)\end{cases} \tag{3-2-77}$$

$$\begin{cases}\dfrac{\partial x_1}{\partial x}=\dfrac{\partial[x+\varepsilon\xi(x,t,u)]}{\partial x}=1+\varepsilon(\xi_x+\xi_u u_x)\\ \dfrac{\partial x}{\partial x_1}=\dfrac{1}{1+\varepsilon(\xi_x+\xi_u u_x)}=1-\varepsilon(\xi_x+\xi_u u_x)\end{cases} \tag{3-2-78}$$

$$\begin{cases}\dfrac{\partial u_1}{\partial t}=\dfrac{\partial[u+\varepsilon\eta(x,t,u)]}{\partial t}=u_t+\varepsilon(\eta_t+\eta_u u_t)\\ \dfrac{\partial t}{\partial t_1}=1-\varepsilon(\tau_t+\tau_u u_t)\\ \dfrac{\partial t_1}{\partial x}=\varepsilon(\tau_x+\tau_u u_x)\end{cases} \tag{3-2-79}$$

$$\begin{aligned}\frac{\partial t}{\partial x_1}&=\frac{\partial[t_1-\varepsilon\tau(x,t,u)]}{\partial x_1}=-\varepsilon\frac{\partial[\tau(x,t,u)]}{\partial x_1}=-\varepsilon\frac{\partial[\tau(x,t,u)]}{\partial x}\frac{\partial x}{\partial x_1}\\ &=-\varepsilon(\tau_x+\tau_u u_x)[1-\varepsilon(\xi_x+\xi_u u_x)]\Rightarrow\frac{\partial t}{\partial x_1}=-\varepsilon(\tau_x+\tau_u u_x)\end{aligned} \tag{3-2-80}$$

则:

$$\begin{aligned}\frac{\partial u_1}{\partial x_1}&=\frac{\partial u_1}{\partial x}\frac{\partial x}{\partial x_1}+\frac{\partial u_1}{\partial t}\frac{\partial t}{\partial x_1}=[u_x+\varepsilon(\eta_x+\eta_u u_x)][1-\varepsilon(\xi_x+\xi_u u_x)]+[u_t+\varepsilon(\eta_t+\eta_u u_t)][-\varepsilon(\tau_x+\tau_u u_x)]\\ &=u_x+\varepsilon(\eta_x+\eta_u u_x-u_x\xi_x-u_x\xi_u u_x-u_t\tau_x-u_t\tau_u u_x)+O(\varepsilon^2)=u_x+\varepsilon(\eta_x)+O(\varepsilon^2)\\ &\Rightarrow(\eta_x)=\eta_x+\eta_u u_x-u_x\xi_x-u_x\xi_u u_x-u_t\tau_x-u_t\tau_u u_x\end{aligned} \tag{3-2-81}$$

$$\frac{\partial x}{\partial t_1}=\frac{\partial[x_1-\varepsilon\xi(x,t,u)]}{\partial t_1}=-\varepsilon\frac{\partial[\xi(x,t,u)]}{\partial t_1}=-\varepsilon\frac{\partial[\xi(x,t,u)]}{\partial t}\frac{\partial t}{\partial t_1}=-\varepsilon(\xi_t+\xi_u u_t) \tag{3-2-82}$$

$$\frac{\partial u_1}{\partial t_1}=\frac{\partial u_1}{\partial x}\frac{\partial x}{\partial t_1}+\frac{\partial u_1}{\partial t}\frac{\partial t}{\partial t_1}=[u_x+\varepsilon(\eta_x+\eta_u u_x)]\cdot[-\varepsilon(\xi_t+\xi_u u_t)]+[u_t+\varepsilon(\eta_t+\eta_u u_t)]\cdot[1-\varepsilon(\tau_t+\tau_u u_t)]$$

$$=u_t+\varepsilon(\eta_t+\eta_u u_t-u_t\tau_t-u_t\tau_u u_t-u_x\xi_t-u_x\xi_u u_t)+O(\varepsilon^2)=u_t+\varepsilon(\eta_t)+O(\varepsilon^2)$$

$$\Rightarrow(\eta_t)=\eta_t+\eta_u u_t-u_t\tau_t-u_t\tau_u u_t-u_x\xi_t-u_x\xi_u u_t \tag{3-2-83}$$

$$\frac{\partial^2 u_1}{\partial x_1^2}=\frac{\partial}{\partial x}\left(\frac{\partial u_1}{\partial x_1}\right)\frac{\partial x}{\partial x_1}+\frac{\partial}{\partial t}\left(\frac{\partial u_1}{\partial x_1}\right)\frac{\partial t}{\partial x_1}=[1-\varepsilon(\xi_x+\xi_u u_x)]\frac{\partial}{\partial x}[u_x+\varepsilon(\eta_x+\eta_u u_x-u_x\xi_x-u_x\xi_u u_x-$$

$$u_t\tau_x-u_t\tau_u u_x)]-\varepsilon(\tau_x+\tau_u u_x)\frac{\partial}{\partial t}[u_x+\varepsilon(\eta_x+\eta_u u_x-u_x\xi_x-u_x\xi_u u_x-u_t\tau_x-u_t\tau_u u_x)]$$

$$=u_{xx}+\varepsilon(\eta_{xx}+(2\eta_{xu}-\xi_{xx})u_x-\tau_{xx}u_t+(\eta_{uu}-2\xi_{xu})u_x^2-2\tau_{xu}u_x u_t\tau_u-\xi_{uu}u_x^3-\tau_{uu}u_x^2u_t+(\eta_u-2\xi_x)u_{xx}-$$

$$2\tau_x u_{xt}-2\xi_u u_x u_{xx}-\tau_u u_{xx}u_t-2\tau_u u_{xt}u_x)+O(\varepsilon^2)\Rightarrow[\eta_{xx}]$$

$$=\eta_{xx}+(2\eta_{xu}-\xi_{xx})u_x-\tau_{xx}u_t+(\eta_{uu}-2\xi_{xu})u_x^2-2\tau_{xu}u_x u_t-\xi_{uu}u_x^3-\tau_{uu}u_x^2u_t+(\eta_u-2\xi_x)u_{xx}-2\tau_x u_{xt}-$$

$$3\xi_u u_x u_{xx}-\tau_u u_{xx}u_t-2\tau_u u_{xt}u_x \tag{3-2-84}$$

$$\frac{\partial^2 u_1}{\partial t_1\partial x_1}=\frac{\partial}{\partial x}\left(\frac{\partial u_1}{\partial x_1}\right)\frac{\partial x}{\partial t_1}+\frac{\partial}{\partial t}\left(\frac{\partial u_1}{\partial x_1}\right)\frac{\partial t}{\partial t_1}=-\varepsilon(\xi_1+\xi_u u_t)]\frac{\partial}{\partial x}[u_x+\varepsilon(\eta_x+\eta_u u_x-u_x\xi_x-u_x\xi_u u_x-$$

$$u_t\tau_x-u_t\tau_u u_x)]+[1-\varepsilon(\tau_t+\tau_u u_t)]\frac{\partial}{\partial t}[u_x+\varepsilon(\eta_x+\eta_u u_x-u_x\xi_x-u_x\xi_u u_x-u_t\tau_x-u_t\tau_u u_x)]$$

$$=u_{xt}+\varepsilon(\eta_{xt}+\eta_{xu}u_t+\eta_{ut}u_x+\eta_{uu}u_x u_t+\eta_u u_{xt}-u_{xt}\xi_x-u_x\xi_{xt}-u_x\xi_{xu}u_t-u_x^2\xi_{ut}-u_x^2\xi_{uu}u_t-2u_x\xi_u u_{xt}-$$

$$u_{tt}\tau_u u_x-u_t\tau_{ut}u_x-u_t^2\tau_{uu}u_x-u_t\tau_u u_{xt}-(\tau_t+\tau_u u_t)u_{xt}-(\xi_t+\xi_u u_t)u_{xx})+O(\varepsilon^2)$$

$$\Rightarrow[\eta_{xt}]=\eta_{xt}+\eta_{xu}u_t+\eta_{ut}u_x+\eta_{uu}u_x u_t+\eta_u u_{xt}-u_{xt}\xi_x-u_x\xi_{xt}-u_x\xi_{xu}u_t-u_x^2\xi_{ut}-u_x^2\xi_{uu}u_t-2u_x\xi_u u_{xt}-$$

$$u_{tt}\tau_u u_x-u_t\tau_{ut}u_x-u_t^2\tau_{uu}u_x-u_t\tau_u u_{xt}-(\tau_t+\tau_u u_t)u_{xt}-(\xi_t+\xi_{ut})u_{xx} \tag{3-2-85}$$

$$\frac{\partial^2 u_1}{\partial t_1^2}=\frac{\partial}{\partial x}\left(\frac{\partial u_1}{\partial t_1}\right)\frac{\partial x}{\partial t_1}+\frac{\partial}{\partial t}\left(\frac{\partial u_1}{\partial t_1}\right)\frac{\partial t}{\partial t_1}=-\varepsilon(\xi_1+\xi_u u_t)\cdot\frac{\partial}{\partial x}[u_t+\varepsilon(\eta_t+\eta_u u_t-u_t\tau_t-u_t\tau_u u_t-u_x\xi_t-$$

$$u_x\xi_u u_t)]+[1-\varepsilon(\tau_t+\tau_u u_t)]\frac{\partial}{\partial t}[u_t+\varepsilon(\eta_t+\eta_u u_t-u_t\tau_t-u_t\tau_u u_t-u_x\xi_t-u_x\xi_u u_t)]$$

$$=u_{tt}+\varepsilon(\eta_{tt}+\eta_{ut}u_t+\eta_u u_{tt}+\eta_{ut}u_t+\eta_{uu}u_t^2-u_{tt}\tau_t-u_t\tau_t-2u_t^2\tau_{ut}-2u_t\tau_u u_{tt}-u_t^3\tau_{uu}-u_{xt}\xi_t-$$

$$u_x\xi_{tt}-u_x u_t\xi_{ut})-\varepsilon(u_{xt}\xi_u u_t+u_x\xi_{ut}u_t+u_x\xi_{uu}u_t^2+u_x\xi_u u_{tt})-\varepsilon(\tau_t+\tau_u u_t)u_{tt}-\varepsilon(\xi_t+\xi_u u_t)u_{xt}+O(\varepsilon^2)$$

$$\Rightarrow[\eta_{tt}]=\eta_{tt}+\eta_{ut}u_t+\eta_u u_{tt}+\eta_{ut}u_t+\eta_{uu}u_t^2-2u_{tt}\tau_t-u_t\tau_{tt}-2u_t^2\tau_{ut}-3u_t\tau_u u_{tt}-u_t^3\tau_{uu}-$$

$$u_{xt}\xi_t-u_x\xi_{tt}-2u_x u_t\xi_{ut}-2u_{xt}\xi_u u_t-u_x\xi_{uu}u_t^2-u_x\xi_u u_{tt}-\xi_t u_{xt} \tag{3-2-86}$$

在 OPG 下，方程形式不变，有：

$$u_{1x_1x_1}-u_{1t_1}=O\Rightarrow u_{1x_1x_1}-u_{1t_1}=u_{xx}-u_t+\varepsilon\{[\eta_{xx}]-[\eta_t]\}+O(\varepsilon^2)=0,\ \forall\varepsilon$$

$$\Rightarrow[\eta_{xx}]-[\eta_t]=0,\ \forall\varepsilon$$

$$\Rightarrow\eta_{xx}+(2\eta_{xu}-\xi_{xx})u_x-\tau_{xx}u_t+(\eta_{uu}-2\xi_{xu})u_x^2-2\tau_{xu}u_x u_t-\xi_{uu}u_x^3-\tau_{uu}u_x^2u_t+(\eta_u-2\xi_x)u_{xx}-$$

$$2\tau_x u_{xt}-3\xi_u u_x u_{xx}-\tau_u u_{xx}u_t-2\tau_u u_{xt}u_x-(\eta_t+\eta_u u_t-u_t\tau_t-u_t\tau_u u_t-u_x\xi_t-u_x\xi_u u_t)=0 \tag{3-2-87}$$

等式恒成立，得到超定方程组如下：

$$\begin{cases}u_{xt}u_x,u_{xx}u_t: & \tau_u=0\\ u_{xx}u_x: & -3\xi_u=0\\ u_x^2u_t: & \tau_{uu}=0\\ u_x^3: & \xi_{uu}=0\\ u_{xt}: & -2\tau_x=0\\ u_{xx}: & \eta_u-2\xi_x=0\\ u_x u_t: & -2\tau_{xu}+\xi_u=0\\ u_x^2: & \eta_{uu}-2\xi_{xu}=0\\ u_t^2: & \tau_u=0\\ u_x: & 2\eta_{xu}-\xi_{xx}+\xi_t=0\\ u_t: & -\tau_{xx}-\eta_u+\tau_t=0\\ u^0: & \eta_{xx}-\eta_t=0\end{cases} \tag{3-2-88}$$

依次解超定方程组，可以得到：

$$\begin{cases}\tau_u=\tau_x=0\\ \xi_u=0\\ \xi_{ux}=\xi_{xu}=0\\ \eta_{uu}=\tau_{uu}=\xi_{uu}=0\end{cases} \tag{3-2-89}$$

于是有：

$$\begin{cases}\xi=X(x,t)\\ \tau=T(t)\\ \eta=f(x,t)u+g(x,t)\end{cases} \tag{3-2-90}$$

继续解超定方程组，又得到：

$$\begin{cases}\eta_u-2\xi_x=0\Rightarrow f(x,t)=2X_x\\ 2\eta_{xu}-\xi_{xx}+\xi_t=0\Rightarrow X_t=X_{xx}\\ -\tau_{xx}-\eta_u+\tau_t=0\Rightarrow f(x,t)=T_t=2X_x\\ \eta_{xx}-\eta_t=0\Rightarrow u(f_{xx}-f_t)+g_{xx}-g_t=0\Rightarrow f_{xx}-f_t=0,g_{xx}-g_t=0\end{cases} \tag{3-2-91}$$

特别地，取 $g=0$，$u_{xx}=u_t$，考虑 OPG 的子群，于是有：

$$\begin{aligned}&\eta_{xx}+(2\eta_{xu}-\xi_{xx})u_x-\tau_{xx}u_t+(\eta_{uu}-2\xi_{xu})u_x^2-2\tau_{xu}u_xu_t-\xi_{uu}u_x^3-\tau_{uu}u_x^2u_t-\\&\quad 2\xi_xu_t-2\tau_xu_{xt}-2\xi_uu_xu_t-2\tau_uu_{xt}u_x-(\eta_t-u_t\tau_t-u_x\xi_t)=0\end{aligned} \tag{3-2-92}$$

等式恒成立，得到超定方程组如下：

$$\begin{cases}u_{xt}u_x: & -2\tau_u=0\\ u_x^2u_t: & \tau_{uu}=0\\ u_x^3: & \xi_{uu}=0\\ u_{xt}: & -2\tau_x=0\\ u_xu_t: & -2\tau_{xu}-2\xi_u=0\\ u_x^2: & \eta_{uu}-2\xi_{xu}=0\\ u_x: & 2\eta_{xu}-\xi_{xx}+\xi_t=0\Rightarrow X_{xx}=X_t+2f_x\Rightarrow f=-\dfrac{1}{8}x^2T_{tt}-\dfrac{1}{2}x\rho'(t)-\sigma(t)\\ u_t: & -\tau_{xx}-2\xi_x+\tau_t=0\Rightarrow T_t=2X_x\Rightarrow X=\displaystyle\int\dfrac{1}{2}T_t\mathrm{d}x=\dfrac{1}{2}xT_t+\rho(t)\\ u^0: & \eta_{xx}-\eta_t=0\Rightarrow f_{xx}-f_t=0\Rightarrow\dfrac{1}{8}x^2T_{ttt}+\dfrac{1}{2}x\rho''(t)+\sigma'(t)=\dfrac{1}{4}T_{tt}\end{cases} \tag{3-2-93}$$

式中，$\rho(t)$，$\sigma(t)$为任意函数。

从而有：

$$\begin{cases}T_{ttt}=0\\ \rho''(t)=0\\ \sigma'(t)=\dfrac{1}{4}T_{tt}\end{cases} \tag{3-2-94}$$

于是可得：

$$\begin{cases}T(t)=\alpha_1+2\alpha_2t+\alpha_3t^2\\ \rho(t)=\alpha_4+\alpha_5t\\ \sigma(t)=\alpha_6+\dfrac{1}{2}\alpha_3t\end{cases} \tag{3-2-95}$$

最后得到 OPG 的子群：

$$\begin{cases}\xi=X(x,t)=x(\alpha_2+\alpha_3 t)+\alpha_4+\alpha_5 t\\ \tau=T(t)=\alpha_1+2\alpha_2 t+\alpha_3 t^2\\ \eta=f(x,t)u=u\left(\alpha_6-\dfrac{1}{2}\alpha_5 x-\dfrac{1}{2}\alpha_3 t-\dfrac{1}{4}\alpha_3 x^2\right)\end{cases} \tag{3-2-96}$$

式中，$\alpha_1,\alpha_2,\alpha_3,\alpha_4,\alpha_5,\alpha_6$ 为任意常数。

同时可见 $u_{xx}-u_t=0$ 有 6 个 OPG 使其形式不变。

(2)求相似解。由上述 OPG 积分特征方程组$\dfrac{\mathrm{d}x}{\xi}=\dfrac{\mathrm{d}t}{\tau}=\dfrac{\mathrm{d}u}{\eta}$，可得相似解的一般形式。

首先讨论特征方程$\dfrac{\mathrm{d}x}{\xi}=\dfrac{\mathrm{d}t}{\tau}$的积分。当 $\alpha_2^2\neq\alpha_1\alpha_3$ 时，有

$$\frac{\mathrm{d}x}{x(\alpha_2+\alpha_3 t)+\alpha_4+\alpha_5 t}=\frac{\mathrm{d}t}{\alpha_1+2\alpha_2 t+\alpha_3 t^2}$$

$$\Rightarrow\frac{\mathrm{d}x}{\mathrm{d}t}=\frac{x(\alpha_2+\alpha_3 t)+\alpha_4+\alpha_5 t}{\alpha_1+2\alpha_2 t+\alpha_3 t^2}=\frac{x(\alpha_2+\alpha_3 t)}{\alpha_1+2\alpha_2 t+\alpha_3 t^2}+\frac{\alpha_4+\alpha_5 t}{\alpha_1+2\alpha_2 t+\alpha_3 t^2} \tag{3-2-97}$$

这是关于 x 和 t 一阶线性微分方程。

对照 $y'(x)+P(x)y=Q(x)$ 的通解：$y(x)=e^{-\int P(x)\mathrm{d}x}\left[\int_{x_0}^{x}Q(x)e^{\int P(x)\mathrm{d}x}\mathrm{d}x+\mathrm{const}\right]$，有：

$$x(t)=e^{\int\frac{\alpha_2+\alpha_3 t}{\alpha_1+2\alpha_2 t+\alpha_3 t^2}\mathrm{d}t}\left[\int_{t_0}^{t}\left(\frac{\alpha_4+\alpha_5 t}{\alpha_1+2\alpha_2 t+\alpha_3 t^2}\right)e^{\int-\frac{\alpha_2+\alpha_3 t}{\alpha_1+2\alpha_2 t+\alpha_3 t^2}\mathrm{d}t}\mathrm{d}t+\mathrm{const}\right]$$

$$=\sqrt{\alpha_1+2\alpha_2 t+\alpha_3 t^2}\cdot\left[\int_{t_0}^{t}\left(\frac{\alpha_4-\dfrac{\alpha_2\alpha_5}{\alpha_3}+\dfrac{\alpha_5}{\alpha_3}(\alpha_3 t+\alpha_2)}{\alpha_1+2\alpha_2 t+\alpha_3 t^2}\right)\frac{1}{\sqrt{\alpha_1+2\alpha_2 t+\alpha_3 t^2}}\mathrm{d}t+\mathrm{const}\right]$$

$$=\sqrt{\alpha_1+2\alpha_2 t+\alpha_3 t^2}\cdot\left[\frac{\alpha_5}{2\alpha_3}\int_{t_0}^{t}\frac{\mathrm{d}(\alpha_1+2\alpha_2 t+\alpha_3 t^2)}{(\alpha_1+2\alpha_2 t+\alpha_3 t^2)^{3/2}}+\left(\alpha_2-\frac{\alpha_2\alpha_5}{\alpha_3}\right)\int_{t_0}^{t}\frac{\mathrm{d}t}{(\alpha_1+2\alpha_2 t+\alpha_3 t^2)^{3/2}}+\mathrm{const}\right]$$

$$=\sqrt{\alpha_1+2\alpha_2 t+\alpha_3 t^2}\cdot\left[\frac{\alpha_5}{2\alpha_3}\frac{-2}{\sqrt{\alpha_1+2\alpha_2 t+\alpha_3 t^2}}+\left(\alpha_4-\frac{\alpha_2\alpha_5}{\alpha_3}\right)\int_{t_0}^{t}\frac{\mathrm{d}t}{(\alpha_1+2\alpha_2 t+\alpha_3 t^2)^{3/2}}+\mathrm{const}\right]$$

$$=-\frac{\alpha_5}{\alpha_3}+\sqrt{\alpha_1+2\alpha_2 t+\alpha_3 t^2}\cdot\mathrm{const}+\left(\alpha_4-\frac{\alpha_2\alpha_5}{\alpha_3}\right)\sqrt{\alpha_1+2\alpha_2 t+\alpha_3 t^2}\cdot\int_{t_0}^{t}\frac{\mathrm{d}t}{(\alpha_1+2\alpha_2 t+\alpha_3 t^2)^{3/2}} \tag{3-2-98}$$

对照积分公式：

$$\begin{cases}R=\sqrt{|a|x^2+bx+c},a\neq 0\\ \displaystyle\int\frac{\mathrm{d}x}{R^3}=\frac{4ax+2b}{(4ac-b^2)R}\end{cases} \tag{3-2-99}$$

有：

$$x(t)=-\frac{\alpha_5}{\alpha_3}+\sqrt{\alpha_1+2\alpha_2 t+\alpha_3 t^2}\cdot\mathrm{const}+\frac{\alpha_3\alpha_4-\alpha_2\alpha_5}{\alpha_3}\cdot\frac{\alpha_3 t+\alpha_2}{\alpha_1\alpha_3-\alpha_2^2}$$

$$=\sqrt{\alpha_1+2\alpha_2 t+\alpha_3 t^2}\cdot\mathrm{const}+\frac{\alpha_3\alpha_4-\alpha_2\alpha_5}{\alpha_1\alpha_3-\alpha_2^2}\cdot t+\frac{\alpha_2\alpha_4-\alpha_1\alpha_5}{\alpha_1\alpha_3-\alpha_2^2} \tag{3-2-100}$$

式中，$\mathrm{const}=\zeta$，为积分常数。

相似变量为：

$$\zeta=\left(x-\frac{\alpha_2\alpha_4-\alpha_2\alpha_5}{\alpha_1\alpha_3-\alpha_2^2}\cdot t-\frac{\alpha_2\alpha_4-\alpha_1\alpha_5}{\alpha_1\alpha_3-\alpha_2^2}\right)\Big/\sqrt{\alpha_1+2\alpha_2 t+\alpha_3 t^2} \tag{3-2-101}$$

再讨论$\dfrac{\mathrm{d}t}{\tau}=\dfrac{\mathrm{d}u}{\eta}$的积分$\dfrac{\mathrm{d}t}{\alpha_1+2\alpha_2 t+\alpha_3 t^2}=\dfrac{\mathrm{d}u}{u\left(\alpha_6-\dfrac{1}{2}\alpha_5 x-\dfrac{1}{2}\alpha_3 t-\dfrac{1}{4}\alpha_3 x^2\right)}$，有：

$$\frac{\left(\alpha_6-\dfrac{1}{2}\alpha_5 x-\dfrac{1}{2}\alpha_3 t-\dfrac{1}{4}\alpha_3 x^2\right)\mathrm{d}t}{\alpha_1+2\alpha_2 t+\alpha_3 t^2}=\frac{\mathrm{d}u}{u}$$

$$\Rightarrow\frac{\left(\alpha_6-\frac{1}{2}\alpha_3 t\right)\mathrm{d}t}{\alpha_1+2\alpha_2 t+\alpha_3 t^2}-\frac{\frac{1}{2}\alpha_5\left(\sqrt{\alpha_1+2\alpha_2 t+\alpha_3 t^2}\cdot\zeta+\frac{\alpha_3\alpha_4-\alpha_2\alpha_5}{\alpha_1\alpha_3-\alpha_2^2}\cdot t+\frac{\alpha_2\alpha_4-\alpha_1\alpha_5}{\alpha_1\alpha_3-\alpha_2^2}\right)\mathrm{d}t}{\alpha_1+2\alpha_2 t+\alpha_3 t^2}-$$

$$\frac{\frac{1}{4}\alpha_3\left(\sqrt{\alpha_1+2\alpha_2 t+\alpha_3 t^2}\cdot\zeta+\frac{\alpha_3\alpha_4-\alpha_2\alpha_5}{\alpha_1\alpha_3-\alpha_2^2}\cdot t+\frac{\alpha_2\alpha_4-\alpha_1\alpha_5}{\alpha_1\alpha_3-\alpha_2^2}\right)^2\mathrm{d}t}{\alpha_1+2\alpha_2 t+\alpha_3 t^2}=\frac{\mathrm{d}u}{u}$$

$$\Rightarrow\frac{\left(\alpha_6-\frac{1}{2}\alpha_3 t\right)\mathrm{d}t}{\alpha_1+2\alpha_2 t+\alpha_3 t^2}=-\frac{1}{4}\frac{\mathrm{d}(\alpha_1+2\alpha_2 t+\alpha_3 t^2)}{\alpha_1+2\alpha_2 t+\alpha_3 t^2}+\frac{\left(\alpha_6-\frac{1}{2}\alpha_2\right)\mathrm{d}t}{\alpha_1+2\alpha_2 t+\alpha_3 t^2}\tag{3-2-102}$$

对照积分公式:

$$\begin{cases}R=\sqrt{|a|x^2+bx+c},a\neq 0\\ \int\frac{\mathrm{d}x}{R^3}=\frac{4ax+2b}{(4ac-b^2)R}\quad\text{其中 }a>0,b^2>4ac\\ \int\frac{\mathrm{d}x}{ax^2+bx+c}=\frac{1}{\sqrt{b^2-4ac}}\ln\left|\frac{2ax+b-\sqrt{b^2-4ac}}{2ax+b+\sqrt{b^2-4ac}}\right|+\text{const}\\ \int\frac{x\mathrm{d}x}{ax^2+bx+c}=\frac{1}{2a}\ln|ax^2+bx+c|-\frac{b}{2a}\int\frac{\mathrm{d}x}{ax^2+bx+c}\\ \int\frac{\mathrm{d}x}{\sqrt{ax^2+bx+c}}=\frac{1}{\sqrt{a}}\ln|2ax+b+2\sqrt{a}\sqrt{ax^2+bx+c}|+\text{const}\\ \int\frac{x\mathrm{d}x}{\sqrt{ax^2+bx+c}}=\frac{1}{a}\sqrt{ax^2+bx+c}-\frac{b}{2\sqrt{a^3}}\ln|2ax+b+2\sqrt{a}\sqrt{ax^2+bx+c}|+\text{const}\end{cases}\tag{3-2-103}$$

有:

$$-\frac{1}{4}\ln(\alpha_1+2\alpha_2 t+\alpha_3 t^2)+\left(\alpha_6-\frac{1}{2}\alpha_2\right)\frac{1}{2\sqrt{\alpha_2^2-\alpha_1\alpha_3}}\ln\left|\frac{\alpha_3 t+\alpha_2-\sqrt{\alpha_2^2-\alpha_3\alpha_1}}{\alpha_3 t+\alpha_2+\sqrt{\alpha_2^2-\alpha_3\alpha_1}}\right|-$$

$$\frac{1}{2}\alpha_5\zeta\frac{1}{\sqrt{\alpha_3}}\ln|2\alpha_3 t+2\alpha_2+2\sqrt{\alpha_3}\sqrt{\alpha_3 t^2+2\alpha_2 t+\alpha_1}|-$$

$$\frac{1}{2}\alpha_5\frac{\alpha_3\alpha_4-\alpha_2\alpha_5}{\alpha_1\alpha_3-\alpha_2^2}\left[\frac{1}{2\alpha_3}\ln|\alpha_3 t^2+2\alpha_2 t+\alpha_1|-\frac{2\alpha_2}{2\alpha_3}\frac{1}{2\sqrt{\alpha_2^2-\alpha_1\alpha_3}}\ln\left|\frac{\alpha_3 t+\alpha_2-\sqrt{\alpha_2^2-\alpha_3\alpha_1}}{\alpha_3 t+\alpha_2+\sqrt{\alpha_2^2-\alpha_3\alpha_1}}\right|\right]-$$

$$\frac{1}{2}\alpha_5\frac{\alpha_2\alpha_4-\alpha_1\alpha_5}{\alpha_1\alpha_3-\alpha_2^2}\frac{1}{2\sqrt{\alpha_2^2-\alpha_1\alpha_3}}\ln\left|\frac{\alpha_3 t+\alpha_2-\sqrt{\alpha_2^2-\alpha_3\alpha_1}}{\alpha_3 t+\alpha_2+\sqrt{\alpha_2^2-\alpha_3\alpha_1}}\right|-$$

$$\frac{1}{4}\alpha_3\zeta^2 t-\frac{1}{4}\alpha_3\frac{\alpha_3\alpha_4-\alpha_2\alpha_5}{\alpha_1\alpha_3-\alpha_2^2}\zeta\frac{1}{\alpha_3}\ln|2\alpha_3 t+2\alpha_2+2\sqrt{\alpha_3}\sqrt{\alpha_3 t^2+2\alpha_2 t+\alpha_1}|-$$

$$\frac{1}{4}\left(\frac{\alpha_3\alpha_4-\alpha_2\alpha_5}{\alpha_1\alpha_3-\alpha_2^2}\right)^2\left(t-2\alpha_2\left[\frac{1}{2\alpha_3}\ln|\alpha_3 t^2+2\alpha_2 t+\alpha_1|-\left(\frac{2\alpha_2}{2\alpha_3}+\alpha_1\right)\frac{1}{2\sqrt{\alpha_2^2-\alpha_1\alpha_3}}\ln\left|\frac{\alpha_3 t+\alpha_2-\sqrt{\alpha_2^2-\alpha_3\alpha_1}}{\alpha_3 t+\alpha_2+\sqrt{\alpha_2^2-\alpha_3\alpha_1}}\right|\right]\right)-$$

$$\frac{1}{4}\alpha_3\left(\frac{\alpha_2\alpha_4-\alpha_1\alpha_5}{\alpha_1\alpha_3-\alpha_2^2}\right)^2\frac{1}{2\sqrt{\alpha_2^2-\alpha_1\alpha_3}}\ln\left|\frac{\alpha_3 t+\alpha_2-\sqrt{\alpha_2^2-\alpha_3\alpha_1}}{\alpha_3 t+\alpha_2+\sqrt{\alpha_2^2-\alpha_3\alpha_1}}\right|-$$

$$\frac{1}{4}\alpha_3\left(\frac{\alpha_2\alpha_4-\alpha_1\alpha_5}{\alpha_1\alpha_3-\alpha_2^2}\right)2\zeta\frac{1}{\sqrt{\alpha_3}}\ln|2\alpha_3 t+2\alpha_2+2\sqrt{\alpha_3}\sqrt{\alpha_3 t^2+2\alpha_2 t+\alpha_1}|-$$

$$\frac{1}{2}\alpha_3\frac{\alpha_2\alpha_4-\alpha_1\alpha_5}{\alpha_1\alpha_3-\alpha_2^2}\frac{\alpha_3\alpha_4-\alpha_2\alpha_5}{\alpha_1\alpha_3-\alpha_2^2}\left[\frac{1}{2\alpha_3}\ln|\alpha_3 t^2+2\alpha_2 t+\alpha_1|-\frac{2\alpha_2}{2\alpha_3}\frac{1}{2\sqrt{\alpha_2^2-\alpha_1\alpha_3}}\ln\left|\frac{\alpha_3 t+\alpha_2-\sqrt{\alpha_2^2-\alpha_3\alpha_1}}{\alpha_3 t+\alpha_2+\sqrt{\alpha_2^2-\alpha_3\alpha_1}}\right|\right]$$

$$=\ln u-\text{const}\tag{3-2-104}$$

于是得到相似解:

$$u=F(\zeta)\frac{1+Q}{(\alpha_1+2\alpha_2 t+\alpha_3 t^2)^{1/4}}\ \frac{\zeta\sqrt{\alpha_3}\left(\dfrac{2\alpha_2\alpha_4-2\alpha_1\alpha_5+\alpha_3\alpha_4-\alpha_2\alpha_5}{\alpha_1\alpha_3-\alpha_2^2}+\dfrac{2\alpha_5}{\alpha_3}\right)}{(2\alpha_3 t+2\alpha_2+2\sqrt{\alpha_3}\sqrt{\alpha_3 t^2+2\alpha_2 t+\alpha_1})^{1/4}}\left(\frac{\alpha_3 t+\alpha_2-\sqrt{\alpha_2^2-\alpha_3\alpha_1}}{\alpha_3 t+\alpha_2+\sqrt{\alpha_2^2-\alpha_3\alpha_1}}\right)^{\frac{1}{2\sqrt{\alpha_2^2-\alpha_1\alpha_3}}[\cdot]} e^{[\times]}$$

(3 - 2 - 105)

其中：

$$\begin{cases}[\cdot]=\alpha_6-\dfrac{1}{2}\alpha_2+\dfrac{1}{2}\ \dfrac{\alpha_2\alpha_5}{\alpha_3}\left(\dfrac{\alpha_3\alpha_4-\alpha_2\alpha_5}{\alpha_1\alpha_3-\alpha_2^2}\right)-\dfrac{1}{2}\alpha_5\left(\dfrac{\alpha_2\alpha_4-\alpha_1\alpha_5}{\alpha_1\alpha_3-\alpha_2^2}\right)+\dfrac{1}{4}\left(\dfrac{\alpha_2}{\alpha_3}+\alpha_1\right)\left(\dfrac{\alpha_3\alpha_4-\alpha_2\alpha_5}{\alpha_1\alpha_3-\alpha_2^2}\right)^2- \\ \qquad \dfrac{1}{4}\alpha_3\left(\dfrac{\alpha_2\alpha_4-\alpha_1\alpha_5}{\alpha_1\alpha_3-\alpha_2^2}\right)^2+\dfrac{1}{2}\alpha_2\left(\dfrac{\alpha_2\alpha_4-\alpha_1\alpha_5}{\alpha_1\alpha_3-\alpha_2^2}\right)\left(\dfrac{\alpha_3\alpha_4-\alpha_2\alpha_5}{\alpha_1\alpha_3-\alpha_2^2}\right) \\ [\times]=-\dfrac{1}{4}t\left(\dfrac{\alpha_3\alpha_4-\alpha_2\alpha_5}{\alpha_1\alpha_3-\alpha_2^2}\right)^2-\dfrac{1}{4}t\alpha_3\zeta^2 \\ Q=\dfrac{\alpha_5}{\alpha_3}\ \dfrac{\alpha_3\alpha_4-\alpha_2\alpha_5}{\alpha_1\alpha_3-\alpha_2^2}-\dfrac{\alpha_2}{\alpha_3}\left(\dfrac{\alpha_3\alpha_4-\alpha_2\alpha_5}{\alpha_1\alpha_3-\alpha_2^2}\right)^2+\dfrac{\alpha_2\alpha_4-\alpha_1\alpha_5}{\alpha_1\alpha_3-\alpha_2^2}\ \dfrac{\alpha_3\alpha_4-\alpha_2\alpha_5}{\alpha_1\alpha_3-\alpha_2^2}\end{cases}$$

(3 - 2 - 106)

把相似解代入 $u_{xx}-u_t=0$，可以确定积分常数 $F(\zeta)$。具体过程比较繁琐，此处略。详细的过程可参考下面的特例。

(3)求特殊情形的相似解。特别地，取 $\alpha_1=\alpha_2=\alpha_3=0$，$\alpha_5=1$，则有：

$$\frac{\mathrm{d}x}{\alpha_4+t}=\frac{\mathrm{d}t}{0}=\frac{\mathrm{d}u}{u\left(\alpha_6-\dfrac{1}{2}x\right)} \tag{3-2-107}$$

则 t 为不变量 ζ，积分 $\dfrac{\mathrm{d}u}{u}=\dfrac{\left(\alpha_6-\dfrac{1}{2}x\right)}{\alpha_4+t}\mathrm{d}x$，有 $u=F(x)\cdot e^{\frac{4\alpha_6 x-x^2}{4(\alpha_4+t)}}$，代入 $u_{xx}-u_t=0$ 以确定积分常数 $F(t)$，得：

$$\begin{cases}u_t=F'(t)\cdot e^{\frac{4\alpha_6 x-x^2}{4(\alpha_4+t)}}+F(t)\cdot e^{\frac{4\alpha_6 x-x^2}{4(\alpha_4+t)}}\cdot\dfrac{-4(4\alpha_6 x-x^2)}{16(\alpha_4+t)^2} \\ u_x=F(t)\cdot e^{\frac{4\alpha_6 x-x^2}{4(\alpha_4+t)}}\cdot\dfrac{4\alpha_6 x-2x}{4(\alpha_4+t)} \\ u_{xx}=F(t)\cdot e^{\frac{4\alpha_6 x-x^2}{4(\alpha_4+t)}}\cdot\left[\dfrac{4\alpha_6-2x}{4(\alpha_4+t)}\right]^2+F(t)\cdot e^{\frac{4\alpha_6 x-x^2}{4(\alpha_4+t)}}\cdot\dfrac{-2}{4(\alpha_4+t)} \\ F'(t)+F(t)\cdot\dfrac{-4(4\alpha_6 x-x^2)}{16(\alpha_4+t)^2}=F(t)\cdot\left[\dfrac{4\alpha_6-2x}{4(\alpha_4+t)}\right]^2+F(t)\cdot\dfrac{-2}{4(\alpha_4+t)} \\ \dfrac{F'(t)}{F(t)}=\left[\dfrac{4\alpha_6-2x}{4(\alpha_4+t)}\right]^2-\dfrac{2}{4(\alpha_4+t)}+\dfrac{4(4\alpha_6 x-x^2)}{16(\alpha_4+t)^2}=\dfrac{(4\alpha_6)^2-8(\alpha_4+t)}{16(\alpha_4+t)^2} \\ \dfrac{\mathrm{d}F(t)}{F(t)}=\dfrac{(4\alpha_6)^2-8(\alpha_4+t)}{16(\alpha_4+t)^2}\mathrm{d}(\alpha_4+t) \\ F(t)=\dfrac{\text{const}}{\sqrt{\alpha_4+t}}e^{\frac{-\alpha_6^2}{(\alpha_4+t)}}\end{cases} \tag{3-2-108}$$

最后得：

$$u(x,t)=\frac{\text{const}}{\sqrt{\alpha_4+t}}\cdot e^{\frac{-\alpha_6^2}{(\alpha_4+t)}}\cdot e^{\frac{4\alpha_6 x-x^2}{4(\alpha_4+t)}}=\frac{\text{const}}{\sqrt{\alpha_4+t}}\cdot e^{\frac{-(x-2\alpha_6)^2}{4(\alpha_4+t)}} \tag{3-2-109}$$

此即有源时的解。显然，实际中 $\alpha_4>0$ 才具有物理意义。

若取 $\alpha_1=1$，$\alpha_2=\alpha_3=0$，则有特征方程组：

$$\begin{cases}\dfrac{\mathrm{d}x}{x(\alpha_2+\alpha_3 t)+\alpha_4+\alpha_5 t}=\dfrac{\mathrm{d}t}{\alpha_1+2\alpha_2 t+\alpha_3 t^2}=\dfrac{\mathrm{d}u}{u\left(\alpha_6-\dfrac{1}{2}\alpha_5 x-\dfrac{1}{2}\alpha_3 t-\dfrac{1}{4}\alpha_3 x^2\right)} \\ \dfrac{\mathrm{d}x}{\alpha_4+\alpha_5 t}=\dfrac{\mathrm{d}t}{1}=\dfrac{\mathrm{d}u}{u\left(\alpha_6-\dfrac{1}{2}\alpha_5 x\right)}\end{cases} \tag{3-2-110}$$

积分$\dfrac{\mathrm{d}x}{\alpha_4+\alpha_5 t}=\dfrac{\mathrm{d}t}{1}$，$\mathrm{d}x=(\alpha_4+\alpha_5 t)\mathrm{d}t$，$x=\alpha_4 t+\dfrac{1}{2}\alpha_5 t^2+\text{const}$，相似变量为 $\zeta=x-\alpha_4 t-\dfrac{1}{2}\alpha_5 t^2$。

积分$\dfrac{\mathrm{d}t}{1}=\dfrac{\mathrm{d}u}{u\left(\alpha_6-\dfrac{1}{2}\alpha_5 x\right)}$，依次有：

$$\begin{cases}\dfrac{\mathrm{d}u}{u}=\left(\alpha_6-\dfrac{1}{2}\alpha_5\alpha_4 t-\dfrac{1}{4}\alpha_5^2 t^2-\dfrac{1}{2}\alpha_5\zeta\right)\mathrm{d}t \\ \ln u=\alpha_6 t-\dfrac{1}{4}\alpha_5\alpha_4 t^2-\dfrac{1}{12}\alpha_5^2 t^3-\dfrac{1}{2}\alpha_5\zeta t+\text{const} \\ u(x,t)=F(\zeta)e^{\alpha_6 t-\frac{1}{4}\alpha_5\alpha_4 t^2-\frac{1}{12}\alpha_5^2 t^3-\frac{1}{2}\alpha_5\zeta t}\end{cases} \tag{3-2-111}$$

即相似解。

把相似解代入 $u_{xx}-u_t=0$ 以确定积分常数 $F(\zeta)$，得：

$$\begin{aligned}u_t=&-(\alpha_4+\alpha_5 t)F'(\zeta)e^{\alpha_6 t-\frac{1}{4}\alpha_5\alpha_4 t^2-\frac{1}{12}\alpha_5^2 t^3-\frac{1}{2}\alpha_5\zeta t}+\\&F(\zeta)e^{\alpha_6 t-\frac{1}{4}\alpha_5\alpha_4 t^2-\frac{1}{12}\alpha_5^2 t^3-\frac{1}{2}\alpha_5\zeta t}\cdot\left(\alpha_6-\frac{1}{2}\alpha_5\alpha_4 t-\frac{1}{4}\alpha_5^2 t^2-\frac{1}{2}\alpha_5\zeta+\frac{1}{2}\alpha_5(\alpha_4+\alpha_5 t)t\right)\end{aligned} \tag{3-2-112}$$

$$u_x=F'(\zeta)e^{\alpha_6 t-\frac{1}{4}\alpha_5\alpha_4 t^2-\frac{1}{12}\alpha_5^2 t^3-\frac{1}{2}\alpha_5\zeta t}+F(\zeta)e^{\alpha_6 t-\frac{1}{4}\alpha_5\alpha_4 t^2-\frac{1}{12}\alpha_5^2 t^3-\frac{1}{2}\alpha_5\zeta t}\cdot\left(-\frac{1}{2}\alpha_5 t\right) \tag{3-2-113}$$

$$\begin{aligned}u_{xx}=&F''(\zeta)e^{\alpha_6 t-\frac{1}{4}\alpha_5\alpha_4 t^2-\frac{1}{12}\alpha_5^2 t^3-\frac{1}{2}\alpha_5\zeta t}+F'(\zeta)e^{\alpha_6 t-\frac{1}{4}\alpha_5\alpha_4 t^2-\frac{1}{12}\alpha_5^2 t^3-\frac{1}{2}\alpha_5\zeta t}\cdot\left(-\frac{1}{2}\alpha_5 t\right)+\\&F'(\zeta)e^{\alpha_6 t-\frac{1}{4}\alpha_5\alpha_4 t^2-\frac{1}{12}\alpha_5^2 t^3-\frac{1}{2}\alpha_5\zeta t}\cdot\left(-\frac{1}{2}\alpha_5 t\right)+F(\zeta)e^{\alpha_6 t-\frac{1}{4}\alpha_5\alpha_4 t^2-\frac{1}{12}\alpha_5^2 t^3-\frac{1}{2}\alpha_5\zeta t}\cdot\left(-\frac{1}{2}\alpha_5 t\right)^2\\&\Rightarrow F''(\zeta)+F'(\zeta)\cdot(-\alpha_5 t)+F(\zeta)\cdot\left(-\frac{1}{2}\alpha_5 t\right)^2\\&=-(\alpha_4+\alpha_5 t)F'(\zeta)+F(\zeta)\left(\alpha_6-\frac{1}{2}\alpha_5\alpha_4 t-\frac{1}{4}\alpha_5^2 t^2-\frac{1}{2}\alpha_5\zeta+\frac{1}{2}\alpha_5(\alpha_4+\alpha_5 t)t\right)\\&\Rightarrow F''(\zeta)+\alpha_4 F'(\zeta)-F(\zeta)\left(\alpha_6-\frac{1}{2}\alpha_5\zeta\right)=0\end{aligned} \tag{3-2-114}$$

令 $z=-\sqrt[3]{\dfrac{\alpha_5}{2}}\zeta$，$F(\zeta)=G(z)e^{-\frac{\alpha_4}{2}\zeta}$，则有：

$$\begin{cases}\dfrac{\mathrm{d}F(\zeta)}{\mathrm{d}\zeta}=\dfrac{\mathrm{d}G(z)}{\mathrm{d}z}\left(-\sqrt[3]{\dfrac{\alpha_5}{2}}\right)e^{-\frac{\alpha_4}{2}\zeta}+G(z)e^{-\frac{\alpha_4}{2}\zeta}\left(-\dfrac{\alpha_4}{2}\right) \\ \dfrac{\mathrm{d}^2F(\zeta)}{\mathrm{d}\zeta^2}=\dfrac{\mathrm{d}^2G(z)}{\mathrm{d}z^2}\left(-\sqrt[3]{\left(\dfrac{\alpha_5}{2}\right)^2}\right)e^{-\frac{\alpha_4}{2}\zeta}+\dfrac{\mathrm{d}G(z)}{\mathrm{d}z}\left(-\sqrt[3]{\dfrac{\alpha_5}{2}}\right)e^{-\frac{\alpha_4}{2}\zeta}\left(-\dfrac{\alpha_4}{2}\right)+ \\ \qquad\dfrac{\mathrm{d}G(z)}{\mathrm{d}z}\left(-\sqrt[3]{\dfrac{\alpha_5}{2}}\right)e^{-\frac{\alpha_4}{2}\zeta}\left(-\dfrac{\alpha_4}{2}\right)+G(z)e^{-\frac{\alpha_4}{2}\zeta}\left(-\dfrac{\alpha_4}{2}\right)^2\end{cases} \tag{3-2-115}$$

将之代入式(3-2-105)，化简，有：

$$\frac{\mathrm{d}^2G(z)}{\mathrm{d}z^2}-G(z)\left\{z-\left[\left(\frac{\alpha_4}{2}\right)^2+\alpha_6\right]\left(-\sqrt[3]{\left(\frac{\alpha_5}{2}\right)^2}\right)\right\}=0 \tag{3-2-116}$$

令 $v=-\left(\dfrac{\alpha_4^2}{4}+\alpha_6\right)\cdot-\sqrt[3]{\left(\dfrac{\alpha_5}{2}\right)^2}$，则有如下 Air 方程：

$$G''(z)-(z-v)G(z)=0 \tag{3-2-117}$$

Air 方程的解为 $Ai(z-v)$，$Bi(z-v)$，可用 1/3 阶的 Bessel 函数表达。

其余简单的情形，如仅取 $\alpha_1=\alpha_2=\alpha_3=\alpha_4=\alpha_6=0,\alpha_5=1$，或者取 $\alpha_1=\alpha_2=\alpha_4=\alpha_4=\alpha_6=0,\alpha_3=1$ 的相似解，读者可类似给出。

(4)定解条件的应用——半无界杆的热传导问题。

重写待解问题的方程与定解条件：$\begin{cases}u_{xx}-u_t=0\\ u|_{t=0}=u(x,0)=\delta(x-x_0),x_0>0\\ (Au_x+Bu)|_{x=0}=0\end{cases}$。

因为是线性偏微分方程，满足叠加定理。首先应用镜像法，消除边界约束，把问题化为无约束的问题。设无界杆有源热传导问题的解为：

$$G(x,t)=\frac{1}{\sqrt{4\pi t}}e^{-\frac{x^2}{4t}} \tag{3-2-118}$$

当 $A=0$ 时，有 $u|_{x=0}=0$，即 $u(0,t)=0$。则这样的定解条件表明：初始时刻在 $x=x_0$ 处放置有一点热源，但在 $x=0$ 处温度的变化始终为 0。怎么样达到这个效果呢？可以设想初始时刻在 $x=x_0$ 处放置有一点热源，同时在 $x=-x_0$ 处放置有一负的点热源，则两边的热源同时向中间传导或扩散，在中间处的效果互相叠加、抵消，从而保证在 $x=0$ 处温度始终不变。于是半无界杆有源热传导问题的解为：

$$u=G(x-x_0,t)-G(x+x_0,t) \tag{3-2-119}$$

同理，当 $B=0$ 时有 $u_x|_{x=0}=0$，即 $u_x(0,t)=0$。同样可以设想初始时刻在 $x=x_0$ 处放置有一点热源，同时在 $x=-x_0$ 处放置有一负的点热源，则两边的热源同时向中间传导或扩散，在中间处的效果互相叠加、抵消，从而保证在 $x=0$ 处温度梯度始终为 0。于是半无界杆有源热传导问题的解为：$u=G(x-x_0,t)-G(x+x_0,t)$。

根据 OPG：

$$\begin{cases}\xi=X(x,t)=x(\alpha_2+\alpha_3 t)+\alpha_4+\alpha_3 t\\ \tau=T(t)=\alpha_1+2\alpha_2 t+\alpha_3 t^2\\ \eta=f(x,t)u=u\left(\alpha_6-\dfrac{1}{2}\alpha_5 x-\dfrac{1}{2}\alpha_3 t-\dfrac{1}{4}\alpha_3 x^2\right)\end{cases} \tag{3-2-120}$$

结合 $t=0$ 的不变性要求，可得：$t_1=(t+\varepsilon\tau)|_{t=0}=0,\tau(0)=0$，从而 $\alpha_1=0$。

结合 $x=0$ 的不变性要求，可得：$x_1=(x+\varepsilon X)|_{x=0}=0,X(0,t)=0$，从而 $\alpha_4=\alpha_5=0$。

结合 $u_1(x_1,0)=\delta(x_1-x_0)$ 的不变性，可得：

$$\begin{aligned}u_1(x_1,0)&=u(x,0)+\varepsilon[f(x,0)u(x,0)]+O(\varepsilon^2)=\delta(x_1-x_0)\\ &=\delta(x-x_0)+\varepsilon\left[\frac{d\delta(x_1-x_0)}{d\varepsilon}\right]_{\varepsilon=0}+O(\varepsilon^2)=\delta(x-x_0)+\varepsilon X(x,0)\frac{d\delta(x-x_0)}{dx}+O(\varepsilon^2)\end{aligned} \tag{3-2-121}$$

又由 $(X-X_0)\delta(x-x_0)=0$，故：

$$(x-x_0)\frac{d\delta(x-x_0)}{dx}=-\delta(x-x_0) \tag{3-2-122}$$

同理，当 $X(x_0,0)=0$ 时，有：

$$\begin{cases}X(x,0)\delta(x-x_0)=0\\ \dfrac{d}{dx}[X(x,0)\delta(x-x_0)]=0\end{cases} \tag{3-2-123}$$

即：

$$\begin{cases}X(x,0)\dfrac{d\delta(x-x_0)}{dx}+\delta(x-x_0)\dfrac{dX(x,0)}{dx}=0\\ X(x,0)\dfrac{d\delta(x-x_0)}{dx}=-\delta(x-x_0)\dfrac{dX(x,0)}{dx}\end{cases} \tag{3-2-124}$$

于是有：

$$f(x,0)u(x,0)|_{t=0}=f(x,0)\delta(x-x_0)=X(x,0)\frac{\mathrm{d}\delta(x-x_0)}{\mathrm{d}x}=-\delta(x-x_0)\frac{\mathrm{d}X(x,0)}{\mathrm{d}x} \tag{3-2-125}$$

故 $f(x_0,0)=-\frac{\mathrm{d}}{\mathrm{d}x}X(x_0,0)=0$，且 $X(x_0,0)=0$。这意味着 $\alpha_6-\frac{1}{4}\alpha_3x_0^2=\alpha_2$ 且 $\alpha_2=0$。

最后，综合以上结果有：

$$\begin{cases}\alpha_1=\alpha_2=\alpha_4=\alpha_5=0\\ \alpha_6=\frac{1}{4}\alpha_3x_0^2\end{cases} \tag{3-2-126}$$

取 $\alpha_3=1$，可得 OPG 的子群：

$$\begin{cases}\xi=X(x,t)=xt\\ \tau=T(t)=t^2\\ \eta=f(x,t)u=u\left(\frac{1}{4}x_0^2-\frac{1}{2}t-\frac{1}{4}x^2\right)\end{cases} \tag{3-2-127}$$

原问题在此 OPG 作用下形式不变。解特征方程组 $\frac{\mathrm{d}x}{xt}=\frac{\mathrm{d}t}{t^2}=\frac{\mathrm{d}u}{u(x_0^2/4-t/2-x^2/4)}$，得相似解如下：

由 $\frac{\mathrm{d}x}{xt}=\frac{\mathrm{d}t}{t^2}\Rightarrow\frac{\mathrm{d}x}{x}=\frac{\mathrm{d}t}{t}\Rightarrow\mathrm{const}=\zeta=x/t$ 为相似变量。

由 $\frac{\mathrm{d}t}{t^2}=\frac{\mathrm{d}u}{u\left(\frac{1}{4}x_0^2-\frac{1}{2}t-\frac{1}{4}x^2\right)}$ 知：

$$\frac{\mathrm{d}u}{u}=\frac{\left(\frac{1}{4}x_0^2-\frac{1}{4}x^2-\frac{1}{2}t\right)\mathrm{d}t}{t^2}=\left(\frac{1}{4}x_0^2-\frac{1}{4}x^2\right)\frac{\mathrm{d}t}{t^2}-\frac{1}{4}\frac{\mathrm{d}(t^2)}{t^2} \tag{3-2-128}$$

得相似解：

$$u=\frac{1}{\sqrt{t}}F(\zeta)e^{-\frac{1}{4t}(x^2-x_0^2)} \tag{3-2-129}$$

代入 $u_{xx}-u_t=0$ 以确定积分常数 $F(\zeta)$，得到：

$$u_x=\frac{1}{\sqrt{t}}F'(\zeta)\left(\frac{1}{t}\right)e^{-\frac{1}{4t}(x^2-x_0^2)}+\frac{1}{\sqrt{t}}F(\zeta)e^{-\frac{1}{4t}(x^2-x_0^2)}\left(-\frac{2x}{4t}\right) \tag{3-2-130}$$

$$\begin{aligned}u_{xx}=&\frac{1}{\sqrt{t}}F''(\zeta)\left(\frac{1}{t^2}\right)e^{-\frac{1}{4t}(x^2-x_0^2)}+\frac{1}{\sqrt{t}}F'(\zeta)\left(\frac{1}{t}\right)e^{-\frac{1}{4t}(x^2-x_0^2)}\left(-\frac{2x}{4t}\right)+\\&\frac{1}{\sqrt{t}}F'(\zeta)\left(\frac{1}{t}\right)e^{-\frac{1}{4t}(x^2-x_0^2)}\left(-\frac{2x}{4t}\right)+\frac{1}{\sqrt{t}}F(\zeta)e^{-\frac{1}{4t}(x^2-x_0^2)}\left(-\frac{2x}{4t}\right)^2+\frac{1}{\sqrt{t}}F(\zeta)e^{-\frac{1}{4t}(x^2-x_0^2)}\left(-\frac{2}{4t}\right)\\&=u_t=-\frac{1}{2}\frac{1}{\sqrt{t^3}}F(\zeta)e^{-\frac{1}{4t}(x^2-x_0^2)}+\frac{1}{\sqrt{t}}F'(\zeta)\left(\frac{-x}{t^2}\right)e^{-\frac{1}{4t}(x^2-x_0^2)}+\frac{1}{\sqrt{t}}F(\zeta)e^{-\frac{1}{4t}(x^2-x_0^2)}\left(-\frac{(x^2-x_0^2)}{4t^2}\right)\end{aligned}$$

$$\Rightarrow F''(\zeta)=F(\zeta)\left(\frac{x_0^2}{4}\right)\Rightarrow F(\zeta)=K_1\cos\left(\frac{x_0}{2}\zeta\right)+K_2\sin\left(\frac{x_0}{2}\zeta\right)=K_3e^{j\frac{x_0}{2}\zeta}+K_4e^{-j\frac{x_0}{2}\zeta} \tag{3-2-131}$$

式中，K_1,K_2,K_3,K_4 为对应的积分常数；j 为虚数单位。

$$u(x,t)=\frac{1}{\sqrt{t}}\left[K_1\cos\left(\frac{x_0x}{2t}\right)+K_2\sin\left(\frac{x_0x}{2t}\right)\right]e^{-\frac{1}{4t}(x^2-x_0^2)}=\frac{1}{\sqrt{t}}(K_3e^{j\frac{x_0x}{2t}}+K_4e^{-j\frac{x_0x}{2t}})e^{-\frac{1}{4t}(x^2-x_0^2)} \tag{3-2-132}$$

当 $A=0$ 时，由 $u(0,t)=0$ 知 $K_3=K_4$；当 $B=0$ 时，由 $u_x(0,t)=0$ 知 $K_3=-K_4$；由 $u(x,0)=\delta(x-x_0)$ 和 $\int_{-\infty}^{+\infty}e^{-x^2}\mathrm{d}x=\sqrt{\pi}$ 可确定 $K_4=1/\sqrt{4\pi}$。于是，原问题的确切解为：

$$u(x,t)=\frac{1}{\sqrt{4\pi t}}(e^{j\frac{x_0x}{2t}}\pm e^{-j\frac{x_0x}{2t}})e^{-\frac{1}{4t}(x^2-x_0^2)}=G(x-jx_0,t)\pm G(x+jx_0,t) \tag{3-2-133}$$

试用 Maple 验证，得到结果如图 3-5、图 3-6 所示，可见 Maple 对边界的识别能力有限。

```
> restart:
> pde:=diff(u(x,t),t)=diff(u(x,t),x,x);ibc:=[(D[1](u))(0,t)+a*u(0,t)=h
  (t), u(x,0)=0 ];
```

$$pde := \frac{\partial}{\partial t} u(x,\ t) = \frac{\partial^2}{\partial x^2} u(x,\ t)$$

$$ibc := [D_1(u)(0,\ t) + a\ u(0,\ t) = h(t),\ u(x,\ 0) = 0] \quad (1)$$

```
> ibcl:=[(D[1](u))(0,t)+2*u(0,t)=cos(t), u(x,0)=0, u(0,t)=1];pds:=
  pdsolve(pde, ibcl, numeric, time=t, range=0..1);
```

$$ibcl := [D_1(u)(0,\ t) + 2\ u(0,\ t) = \cos(t),\ u(x,\ 0) = 0,\ u(0,\ t) = 1]$$

pds := **module**( ) ... **end module**　(2)

```
> pds:-plot3d(t=0..1,x=0..1)
```

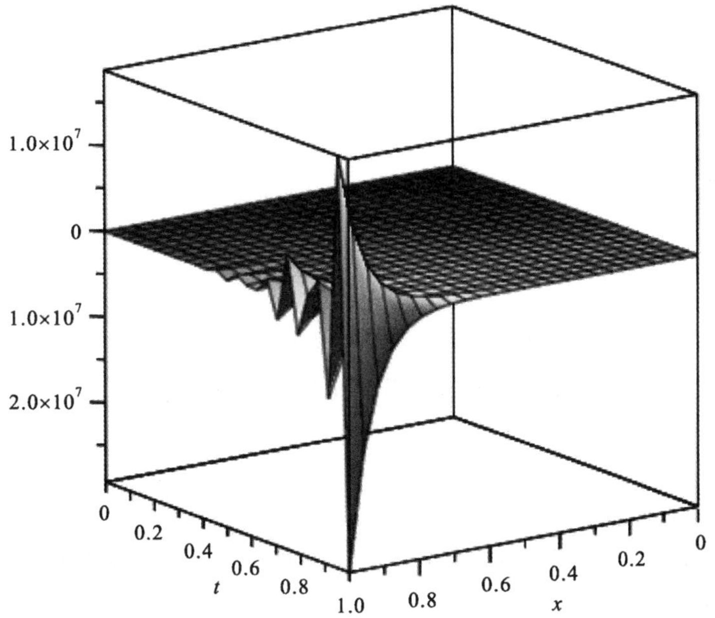


```
> ibc2:=[(D[1](u))(0,t)+2*u(0,t)=0, u(x,0)=Dirac(x-0.1)]; pds2:=pdsolve
  (pde, ibc2, numeric, time=t, range=0..1);
```

$$ibc2 := [D_1(u)(0,\ t) + 2\ u(0,\ t) = 0,\ u(x,\ 0) = \mathrm{Dirac}(x - 0.1)]$$

Error, (in pdsolve/numeric/par_hyp) Incorrect number of boundary conditions, expected 2, got 1

```
> pds2:-plot3d(t=0..1,x=0..1,axes=boxed);
```

Error, `pds2` does not evaluate to a module

```
> ibc3 := [(D[1](u))(0, t) + 2*u(0, t) = 0, u(x, 0) = Dirac(x-0.1), u(1, t) = 0];
  pds3 := pdsolve(pde, ibc3, numeric, time = t, range = 0..1);
```

$$ibc3 := [D_1(u)(0,\ t) + 2\ u(0,\ t) = 0,\ u(x,\ 0) = \mathrm{Dirac}(x - 0.1),\ u(1,\ t) = 0]$$

pds3 := **module**( ) ... **end module**　(3)

```
> pds3:-plot3d(t = 0..1, x = 0..1, axes = boxed);
```

Error, (in pdsolve/numeric/plot3d) unable to compute solution for t>HFloat(0.0):
solution becomes undefined, problem may be ill posed or method may be ill suited to solution

```
>
```

图 3-5　边值热传导方程的 Maple 解

```
> pde:=diff(u(x,t),t)=diff(u(x,t),x,x)
```

$$pde := \frac{\partial}{\partial t} u(x, t) = \frac{\partial^2}{\partial x^2} u(x, t) \quad (1)$$

```
> gsol:=pdsolve(pde); eq:=op(gsol)[1]; solutions:=eval(eq,conditions);
```

$$gsol := (u(x, t) = \_F1(x)\ \_F2(t))\ \&where \left[\left\{\frac{d^2}{dx^2}\_F1(x) = \_c_1\ \_F1(x),\ \frac{d}{dt}\_F2(t) = \_c_1\ \_F2(t)\right\}\right]$$

$$eq := u(x, t) = \_F1(x)\ \_F2(t)$$

$$solutions := u(x, t) = \left(\_C1\ e^{\sqrt{\_c_1}\, x} + \_C2\ e^{-\sqrt{\_c_1}\, x}\right)\ \_C3\ e^{\_c_1 t} \quad (2)$$

```
> conds:=op(op(gsol)[2]);
```

$$conds := \left\{\frac{d^2}{dx^2}\_F1(x) = \_c_1\ \_F1(x),\ \frac{d}{dt}\_F2(t) = \_c_1\ \_F2(t)\right\} \quad (3)$$

```
> pdetest(solutions,pde);
```

$$0 \quad (4)$$

图 3-6 热传导问题的 Maple 解

3.2.4 变系数线性一维热传导-扩散问题(Fokker - Planck 方程的相似解)

例 3-6 变系数线性一维热传导-扩散问题(Fokker - Planck 方程的相似解)。设 $c=c(x,t)$，求解方程 $c_t=[p(x)c_x]_x+[q(x)c]_x=p(x)c_{xx}+[p'(x)+q(x)]c_x+q'(x)c$。

这是一个变系数的二阶线性偏微分方程。可以用 OPG 的方法，将 PDE 化为相应的 ODE，从而 PDE 的特征解对应为 ODE 的相似解。

解：(1)求在不变曲面条件下的 OPG。

设 OPG：

$$\begin{cases} x_1=x+\varepsilon\left[\dfrac{dx_1}{d\varepsilon}\right]_{\varepsilon=0}+O(\varepsilon^2)=x+\varepsilon\xi(x,t)+O(\varepsilon^2) \\ t_1=t+\varepsilon\left[\dfrac{dt_1}{d\varepsilon}\right]_{\varepsilon=0}+O(\varepsilon^2)=t+\varepsilon\tau(x,t)+O(\varepsilon^2) \\ c_1=c+\varepsilon\left[\dfrac{dc_1}{d\varepsilon}\right]_{\varepsilon=0}+O(\varepsilon^2)=c+\varepsilon\eta(x,t)c+O(\varepsilon^2) \end{cases} \quad (3-2-134)$$

由不变性 $c_{1t_1}=p(x_1)c_{1x_1x_1}+[p'(x_1)+q(x_1)]c_{1x_1}+q'(x_1)c_1$，为简略，只取到 ε 的一次项，有：

$$\begin{cases} p(x_1)=p(x+\varepsilon\xi)=p(x)+\varepsilon\xi p(x) \\ p'(x_1)=p'(x+\varepsilon\xi)=p'(x)+\varepsilon\xi p''(x) \\ q(x_1)=q(x+\varepsilon\xi)=q(x)+\varepsilon\xi q(x) \\ q'(x_1)=q'(x+\varepsilon\xi)=q'(x)+\varepsilon\xi q''(x) \\ q'(x_1)c_1=[q'(x)+\varepsilon\xi q''(x)]\cdot(c+\varepsilon\eta c)=q'(x)c+\varepsilon[c\xi q''(x)+q'(x)\eta c] \end{cases} \quad (3-2-135)$$

记 $J=\dfrac{\partial(x_1,t_1)}{\partial(x,t)}=\dfrac{\partial x_1}{\partial x}\dfrac{\partial t_1}{\partial t}-\dfrac{\partial x_1}{\partial t}\dfrac{\partial t_1}{\partial x}=[1+\varepsilon\xi_x]\cdot[1+\varepsilon\tau_t]-[0+\varepsilon\xi_t]\cdot[0+\varepsilon\tau_x]=1+\varepsilon[\xi_x+\tau_t]$，则：

$$c_{1x_1}=\frac{\partial c_1}{\partial x_1}=\frac{\partial(c_1,t_1)}{\partial(x_1,t_1)}=\frac{\partial c_1}{\partial x_1}\frac{\partial t_1}{\partial t_1}-\frac{\partial c_1}{\partial t_1}\frac{\partial t_1}{\partial x_1}=\frac{\partial c_1}{\partial x_1}\cdot 1-\frac{\partial c_1}{\partial t_1}\cdot 0=\frac{\partial(c_1,t_1)}{\partial(x,t)}\frac{\partial(x,t)}{\partial(x_1,t_1)}=\frac{1}{J}\frac{\partial(c_1,t_1)}{\partial(x,t)}$$

$$=\frac{1}{J}\left(\frac{\partial c_1}{\partial x}\frac{\partial t_1}{\partial t}-\frac{\partial c_1}{\partial t}\frac{\partial t_1}{\partial x}\right)=\frac{1}{J}\{[c_x+\varepsilon c\eta_x+\varepsilon c_x\eta]\cdot[1+\varepsilon\tau_t]-[c_t+\varepsilon c\eta_t+\varepsilon\eta c_t]\cdot[0+\varepsilon\tau_x]\}$$

$$=\frac{1}{J}[c_x+\varepsilon(c\eta_x+c_x\eta+c_x\tau_t-c_t\tau_x)]=[1-\varepsilon(\xi_x+\tau_t)]\cdot[c_x+\varepsilon(c\eta_x+c_x\eta+c_x\tau_t-c_t\tau_x)]$$ (3-2-136)

$$c_{1x_1}=c_x+\varepsilon(c\eta_x+c_x\eta+c_x\tau_t-c_t\tau_x-\xi_xc_x-\tau_tc_x)=c_x+\varepsilon(\eta_xc_x+\eta c_x-\xi_xc_x-\tau_xc_t)$$

$$=c_x+\varepsilon\pi_1$$ (3-2-137)

$$c_{1x_1x_1}=\frac{1}{J}\frac{\partial\left(\frac{\partial c_1}{\partial x_1},t_1\right)}{\partial(x,t)}=\frac{1}{J}\frac{\partial(c_x+\varepsilon\pi_1,t_1)}{\partial(x,t)}=\frac{1}{J}\left(\frac{\partial(c_x+\varepsilon\pi_1)}{\partial x}\frac{\partial t_1}{\partial t}-\frac{\partial(c_x+\varepsilon\pi_1)}{\partial t}\frac{\partial t_1}{\partial x}\right)$$

$$=\frac{1}{J}\{[c_{xx}+\varepsilon\pi_{1x}]\cdot[1+\varepsilon\tau_t]-[c_{xt}+\varepsilon\pi_{1t}]\cdot[0+\varepsilon\tau_x]\}=\frac{1}{J}[c_{xx}+\varepsilon(\pi_{1x}+c_{xx}\tau_t-c_{xt}\tau_x)]$$

$$=[1-\varepsilon(\xi_x+\tau_t)]\cdot[c_{xx}+\varepsilon(\pi_{1x}+c_{xx}\tau_t-c_{xt}\tau_x)]=c_{xx}+\varepsilon(\pi_{1x}+c_{xx}\tau_t-c_{xt}\tau_x-c_{xx}\xi_x-c_{xx}\tau_t)$$

$$=c_{xx}+\varepsilon(c\eta_{xx}+2c_x\eta_x+c_{xx}\eta-c_{xt}\tau_x-c_t\tau_{xx}-\xi_xc_{xx}-\xi_{xx}c_x+c_{xx}\tau_t-c_{xt}\tau_x-c_{xx}\xi_x-c_{xx}\tau_t)$$

$$=c_{xx}+\varepsilon(c\eta_{xx}+2\eta_xc_x-\xi_{xx}c_x-\tau_{xx}c_t+\eta c_{xx}-2\xi_xc_{xx}-2\tau_xc_{xt})$$ (3-2-138)

$$c_{1t_1}=\frac{\partial c_1}{\partial t_1}=-\frac{\partial(c_1,x_1)}{\partial(x_1,t_1)}=-\left(\frac{\partial c_1}{\partial x_1}\frac{\partial x_1}{\partial t_1}-\frac{\partial c_1}{\partial t_1}\frac{\partial x_1}{\partial x_1}\right)=-\left(\frac{\partial c_1}{\partial x_1}\cdot 0-\frac{\partial c_1}{\partial t_1}\cdot 1\right)=-\frac{\partial(c_1,x_1)}{\partial(x,t)}\frac{\partial(x,t)}{\partial(x_1,t_1)}$$

$$=-\frac{1}{J}\frac{\partial(c_1,x_1)}{\partial(x,t)}=-\frac{1}{J}\left(\frac{\partial c_1}{\partial x}\frac{\partial x_1}{\partial t}-\frac{\partial c_1}{\partial t}\frac{\partial x_1}{\partial x}\right)$$

$$=-\frac{1}{J}\{[c_x+\varepsilon c\eta_x+\varepsilon c_x\eta]\cdot[0+\varepsilon\xi_t]-[c_t+\varepsilon c\eta_t+\varepsilon\eta c_t]\cdot[1+\varepsilon\xi_x]\}$$

$$=\frac{1}{J}[c_t+\varepsilon(c\eta_t+\eta c_t+c_t\xi_x-c_x\xi_t)]=[1-\varepsilon(\xi_x+\tau_t)]\cdot[c_t+\varepsilon(c\eta_t+\eta c_t+c_t\xi_x-c_x\xi_t)]$$

$$=c_t+\varepsilon(c\eta_t+\eta c_t+c_t\xi_x-c_x\xi_t-c_t\xi_x-c_t\tau_t)=c_t+\varepsilon(c\eta_t+\eta c_t-\tau_tc_t-\xi_tc_x)$$

$$=c_t+\varepsilon\pi_2$$ (3-2-139)

$$[p'(x_1)+q(x_1)]c_{1x_1}=[p'(x)+\varepsilon\xi p''(x)+q(x)+\varepsilon\xi q(x)]\cdot[c_x+\varepsilon(c\eta_x+c_x\eta-c_t\tau_x-\xi_xc_x)]$$

$$=(p'+q)c_x+\varepsilon[(p'+q)\cdot(\eta_xc+\eta c_x-\xi_xc_x-\tau_xc_t)+c_x(\xi p''+\xi q)]$$ (3-2-140)

$$p(x_1)c_{1x_1x_1}=[p(x)+\varepsilon\xi p'(x)]\cdot[c_{xx}+\varepsilon(c\eta_{xx}+2\eta_xc_x-\xi_{xx}c_x-\tau_{xx}c_t+\eta c_{xx}-2\xi_xc_{xx}-2\tau_xc_{xt})]$$

$$=pc_{xx}+\varepsilon[p(c\eta_{xx}+2\eta_xc_x-\xi_{xx}c_x-\tau_{xx}c_t+\eta c_{xx}-2\xi_xc_{xx}-2\tau_xc_{xt})+\xi p'c_{xx}]$$ (3-2-141)

$$p(x_1)c_{1x_1x_1}+[p'(x_1)+q(x_1)]c_{1x_1}+q'(x_1)c_1$$

$$=pc_{xx}+\varepsilon p(c\eta_{xx}+2\eta_xc_x-\xi_{xx}c_x-\tau_{xx}c_t+\eta c_{xx}-2\xi_xc_{xx}-2\tau_xc_{xt})+\varepsilon p'\xi c_{xx}+(p'+q)c_x+$$

$$\varepsilon[(p'+q)\cdot(\eta_xc+\eta c_x-\xi_xc_x-\tau_xc_t)+c_x(\xi p''+\xi q)]+q'c+\varepsilon[c\xi q''+q'\eta c]$$

$$=pc_{xx}+(p'+q)c_x+q'c+\varepsilon p(c\eta_{xx}+2\eta_xc_x-\xi_{xx}c_x-\tau_{xx}c_t+\eta c_{xx}-2\xi_xc_{xx}-2\tau_xc_{xt})+$$

$$\varepsilon p'\xi c_{xx}+\varepsilon[(p'+q)\cdot(c\eta_x+c_x\eta-c_t\tau_x-\xi_xc_x)+c_x(\xi p''+\xi q)]+\varepsilon(c\xi q''+q'\eta c)$$

$$=c_t+\varepsilon(c\eta_t+\eta c_t-c_x\xi_t-c_t\tau_t)=c_{1t_1}$$ (3-2-142)

等式恒成立，有：

$$\eta_tc-\xi_tc_x+\eta c_t-\tau_tc_t=p'\xi c_{xx}+p(\eta_{xx}c+2\eta_xc_x-\xi_{xx}c_x-\tau_{xx}c_t+\eta c_{xx}-2\xi_xc_{xx}-2\tau_xc_{xt})+(\xi p''+\xi q)c_x+$$

$$(p'+q)\cdot(\eta_xc+\eta c_x-\xi_xc_x-\tau_xc_t)+\xi q''c+q'\eta c$$ (3-2-143)

代入 $c_{xx}=\dfrac{c_t-(p'+q)c_x-q'c}{p}$，化简，有：

$$\eta_tc-\xi_tc_x+\eta c_t-\tau_tc_t=\left(\frac{p'}{p}\xi+\eta-2\xi_x\right)(c_t-(p'+q)c_x-q'c)+p(\eta_{xx}c+2\eta_xc_x-\xi_{xx}c_x-\tau_{xx}c_t-$$

$$2\tau_xc_{xt})+(\xi p''+\xi q)c_x+(p'+q)\cdot(\eta_xc+\eta c_x-\xi_xc_x-\tau_xc_t)+\xi q''c+q'\eta c$$

(3-2-144)

得超定方程组如下：

$$\begin{cases} c_{xt}: \ \tau_x=0 \Rightarrow \tau=\tau(t) \\ c_t: \ \eta-2\xi_x+\xi\dfrac{p'}{p}=\eta-\tau_t \Rightarrow \xi_x-\dfrac{p'}{2p}\xi=\dfrac{\tau_t}{2}, \eta=2\xi_x-\dfrac{p'}{p}\xi \\ c_x: \ 2p\eta_x-p\xi_{xx}+(p'+q)\xi_x-\dfrac{p'}{p}(p'+q)\xi+(p''+q)\xi=-\xi_t \\ c: \ -\dfrac{p'q'}{p}\xi+2q'\xi_x+p\eta_{xx}+(p'+q)\eta_x+q''\xi=\eta_t \end{cases} \tag{3-2-145}$$

对 $\xi_x-\dfrac{p'}{2p}\xi=\dfrac{\tau_t}{2}$,参照 $y'(x)+P(x)y=Q(x)$ 的通解公式 $y(x)=e^{-\int P(x)\mathrm{d}x}\left[\int_{x_0}^{x} Q(x)e^{\int P(x)\mathrm{d}x}\mathrm{d}x+cnt\right]$,有:

$$\xi(x,t)=e^{\int \frac{p'}{2p}\mathrm{d}x}\left[\int_{x_0}^{x}\frac{\tau_t}{2}e^{\int\frac{-p'}{2p}\mathrm{d}x}\mathrm{d}x+\text{const}\right]=\frac{\tau_t}{2}\sqrt{p(x)}\left[\int_{x_0}^{x}\frac{\mathrm{d}x}{\sqrt{p(x)}}+\text{const}\right]$$

$$=\frac{\tau'}{2}\sqrt{p(x)}\int_{x_0}^{x}\frac{\mathrm{d}x}{\sqrt{p(x)}}+\rho(t)\sqrt{p(x)} \tag{3-2-146}$$

式中,$\rho(t)$ 为任意函数。

$$\begin{cases} \xi_t=\dfrac{\tau''}{2}\sqrt{p(x)}\displaystyle\int_{x_0}^{x}\frac{\mathrm{d}x}{\sqrt{p(x)}}+\rho'(t)\sqrt{p(x)} \\ \xi_x=\dfrac{\tau'}{4}\dfrac{p'}{\sqrt{p(x)}}\displaystyle\int_{x_0}^{x}\frac{\mathrm{d}x}{\sqrt{p(x)}}+\frac{\tau'}{2}+\frac{\rho(t)}{2}\frac{p'}{\sqrt{p(x)}} \\ \xi_{xx}=\dfrac{\tau'}{4}\dfrac{p''}{\sqrt{p}}\displaystyle\int_{x_0}^{x}\frac{\mathrm{d}x}{\sqrt{p}}-\frac{\tau'}{8}\frac{p'p'}{p\sqrt{p}}\int_{x_0}^{x}\frac{\mathrm{d}x}{\sqrt{p}}+\frac{\tau'}{4}\frac{p'}{p}+\frac{\tau'}{2}+\frac{\rho(t)}{2}\frac{p''}{\sqrt{p}}-\frac{\rho(t)}{4}\frac{p'p'}{p\sqrt{p}} \end{cases} \tag{3-2-147}$$

将它们代入:$2p\eta_x-p\xi_{xx}+(p'+q)\xi_x-\dfrac{p'}{p}(p'+q)\xi+(p''+q)\xi=-\xi_t$,从而化成 η 关于 x 的一阶常微分方程,从而可以解出:

$$\begin{aligned} 2p\eta_x=&\left[\frac{\tau'p''\sqrt{p}}{4}\int_{x_0}^{x}\frac{\mathrm{d}x}{\sqrt{p}}-\frac{\tau'}{8}\frac{p'p'}{\sqrt{p}}\int_{x_0}^{x}\frac{\mathrm{d}x}{\sqrt{p}}+\frac{\tau'p'}{4}+\frac{\tau'p}{2}+\frac{\rho(t)p''\sqrt{p}}{2}-\frac{\rho(t)}{4}\frac{p'p'}{\sqrt{p}}\right]- \\ &(p'+q)\left[\frac{\tau'}{4}\frac{p'}{\sqrt{p}}\int_{x_0}^{x}\frac{\mathrm{d}x}{\sqrt{p}}+\frac{\tau'}{2}+\frac{\rho(t)}{2}\frac{p'}{\sqrt{p}}\right]+\frac{p'}{p}(p'+q)\left[\frac{\tau'}{2}\sqrt{p}\int_{x_0}^{x}\frac{\mathrm{d}x}{\sqrt{p}}+\rho(t)\sqrt{p}\right]- \\ &(p''+q)\left[\frac{\tau'}{2}\sqrt{p}\int_{x_0}^{x}\frac{\mathrm{d}x}{\sqrt{p}}+\rho(t)\sqrt{p(x)}\right]-\frac{\tau''}{2}\sqrt{p}\int_{x_0}^{x}\frac{\mathrm{d}x}{\sqrt{p}}-\rho'(t)\sqrt{p} \end{aligned} \tag{3-2-148}$$

$$\begin{aligned} \eta_x=&-\frac{\tau''}{4\sqrt{p}}\int_{x_0}^{x}\frac{\mathrm{d}x}{\sqrt{p}}-\frac{\tau'p''}{8\sqrt{p}}\int_{x_0}^{x}\frac{\mathrm{d}x}{\sqrt{p}}-\frac{\tau'Q}{4\sqrt{p}}\int_{x_0}^{x}\frac{\mathrm{d}x}{\sqrt{p}}+\frac{\tau'}{16}\frac{p'(p'+2q)}{\sqrt{p}^3}\int_{x_0}^{x}\frac{\mathrm{d}x}{\sqrt{p}}-\frac{\tau'(p'+2q)}{8p}- \\ &\frac{\rho(t)p''}{4\sqrt{p}}-\frac{\rho(t)q}{2\sqrt{p}}-\frac{\rho'(t)}{2\sqrt{p}}+\frac{\tau'}{4}+\frac{\rho(t)p'(p'+2q)}{8\sqrt{p}^3} \end{aligned} \tag{3-2-149}$$

记 $I(x)=\displaystyle\int_{x_0}^{x}\frac{\mathrm{d}x}{\sqrt{p(x)}}, J(x)=\frac{p'(x)+2q(x)}{2\sqrt{p(x)}}$。则:

$$IJ=\frac{p'+2q}{2\sqrt{p}}\int_{x_0}^{x}\frac{\mathrm{d}x}{\sqrt{p}} \tag{3-2-150}$$

于是有:

$$\begin{aligned} \eta_x=&\frac{\tau'}{4}-\frac{\tau''}{4}I'I-\frac{\rho'(t)}{2}I'-\frac{\tau'}{4}I'J-\tau'\frac{2p''p-p'(p'+2q)+4pq'}{16\sqrt{p}^3}I+\tau'\frac{4pq'}{16\sqrt{p}^3}I-\frac{\tau'q}{4\sqrt{p}}I- \\ &\frac{\rho(t)p''}{4\sqrt{p}}-\frac{\rho(t)q}{2\sqrt{p}}+\frac{\rho(t)p'(p'+2q)}{8\sqrt{p}^3} \end{aligned} \tag{3-2-151}$$

$$\eta_x=\frac{\tau'}{4}-\frac{\tau''}{4}I'I-\frac{\rho'(t)}{2}I'-\frac{\tau'}{4}I'J-\frac{\tau'}{4}IJ'+\frac{\tau'q'}{4\sqrt{p}}I-\frac{\tau'q}{4\sqrt{p}}I-\frac{\rho(t)}{2}\left[\frac{2p''p-p'(p'+2q)+4pq'+4pq-4pq'}{4\sqrt{p}^3}\right]$$

$$=\frac{\tau'}{4}-\frac{\tau''}{4}I'I-\frac{\rho'(t)}{2}I'-\frac{\tau'}{4}(IJ)'+\frac{\tau'(q'-q)}{4}I'I-\frac{\rho(t)}{2}J'+\frac{\rho(t)(q'-q)}{2}I' \quad (3-2-152)$$

积分后，解得：

$$\eta(x,t)=\frac{\tau'}{4}x-\frac{\tau''}{8}I^2-\frac{\rho'(t)}{2}I-\frac{\tau'}{4}IJ-\frac{\rho(t)}{2}J+\frac{\tau'}{4}\int q(I'I)'\mathrm{d}x+\frac{\rho(t)}{2}\int q(I')'\mathrm{d}x+\sigma(t) \quad (3-2-153)$$

对 $-\frac{p'q'}{p}\xi+2q'\xi_x+p\eta_{xx}+(p'+q)\eta_x+q''\xi=\eta_t$

代入相应量，有：

$$\frac{\tau''}{4}x-\frac{\tau'''}{8}I^2-\frac{\rho''(t)}{2}I-\frac{\tau''}{4}IJ-\frac{\rho'(t)}{2}J+\frac{\tau''}{4}\int q(I'I)'\mathrm{d}x+\frac{\rho'(t)}{2}\int q(I')'\mathrm{d}x+\sigma'(t)$$

$$=\sqrt{p}\left(q''-\frac{p'q'}{p}\right)\left(\frac{\tau'}{2}I+\rho(r)\right)+2q'\frac{\tau'}{2}\left(\frac{1}{2}p'I'I+\frac{1}{2}\rho(t)p'I'+1\right)+$$

$$(p'+q)\left[\frac{\tau'}{4}-\frac{\tau''}{4}I'I-\frac{\rho'(t)}{2}I'-\frac{\tau'}{4}I'J-\frac{\tau'}{4}IJ'-\frac{\rho(t)}{2}J'+\frac{\tau'}{4}q(I'I)'+\frac{\rho(t)}{2}I''\right]+$$

$$p\left[-\frac{\tau''}{4}(I'I)'-\frac{\rho'(t)}{2}I''-\frac{\tau'}{4}(I'J)-\frac{\tau''}{4}(IJ')'-\frac{\rho(t)}{2}J''+\frac{\tau'}{4}q(I'I)''+\frac{\rho(t)}{2}I'''\right]$$

$$=-\frac{\tau''}{4}[(p'+q)I'I+p(I'I)'+p(IJ')']+$$

$$\frac{\tau'}{2}\left(\sqrt{p}q''I-\frac{p'q'}{\sqrt{p}}I+q'p'I'I+\rho q'p'I'I+2q'-\frac{1}{2}pI'J+\frac{1}{2}pq(I'I)''+(p'+q)(\frac{1}{2}-\frac{1}{2}I'J-\frac{1}{2}IJ'+\frac{1}{2}q(I'I)')\right)-$$

$$\frac{\rho'(t)}{2}[pI''+(p'+q)I']+\rho(t)\left(\sqrt{p}q''-\frac{p'q'}{\sqrt{p}}-\frac{1}{2}pJ''+\frac{1}{2}pI'''-\frac{1}{2}p'J'-\frac{1}{2}qJ'-\frac{1}{2}p'I''-\frac{1}{2}qI''\right)$$

$$(3-2-154)$$

以上方程对应各项的系数相等，即可求得 OPG。

(2)特殊情况下的 OPG。取 $p(x)=1$，则 $I(x)=x$，$J(x)=q(x)$，化简式(3-2-154)得：

$$-\frac{\tau'''}{8}x^2+\frac{\tau''}{4}\left(x+\int q\mathrm{d}x\right)-\frac{\rho''(t)}{2}x+\sigma'(t)=-\frac{\tau''}{4}(xq''+q'+1)+\frac{\tau'}{2}(xq''+2q'-\frac{1}{2}xq'q)+\frac{\rho(t)}{2}q''-\frac{\rho(t)}{2}q'q$$

$$(3-2-155)$$

设 $q(x)=d_1x^2+d_2x+d_3$，则有：

$$\frac{\tau''}{12}d_1x^3+(\frac{\tau''}{8}d_2-\frac{\tau'''}{8})x^2+\left(\frac{\tau''(1+d_3)}{4}-\frac{\rho''(t)}{2}\right)x+\sigma'(t)$$

$$=-\frac{\tau'}{2}d_1^2x^4-\left(\frac{3\tau'}{4}d_1d_2+\rho(t)d_1^2\right)x^3-\left(\frac{\tau'}{4}(2d_1d_3+d_2^2)+\frac{3}{2}\rho(t)d_1d_2\right)x^2+$$

$$\left(-\frac{\tau'}{4}d_2d_3+3\tau'd_1-\tau''d_1-\frac{1}{2}\rho(t)(2d_1d_3+d_2^2)\right)x+\tau'd_2-\frac{\tau''}{4}+\rho(t)d_1-\frac{1}{2}\rho(t)d_2d_3$$

$$(3-2-156)$$

令等式两边 x^4,x^3,x^2,x^1,x^0 的系数分别对应相等，则 $d_1=0$。

$\tau'''-d_2\tau''-2d_2^2\tau'=0\Rightarrow\tau=Ae^{-d2_t}+Be^{2d_2t}$，取特解 $\tau=e^{-d_2t}$；

$\rho''(t)-d_2^2\rho(t)=\frac{\tau''(1+d_3)}{2}+\frac{\tau'}{2}d_2d_3\Rightarrow\rho''(t)-d_2^2\rho=\frac{1}{2}e^{-d_2t}\Rightarrow\rho=\left(-\frac{t}{4d_2}+A^*\right)e^{-d_2t}$，取 $\rho(t)=-\frac{t}{4d_2}e^{-d_2t}$，则：

$$\sigma'(t)=\tau'd_2-\frac{\tau''}{4}-\frac{1}{2}\rho(t)d_2d_3\Rightarrow\sigma(t)$$

$$=\int_0^t\left(-\frac{3}{4}d_2^2+\frac{1}{8}d_3t\right)e^{-d_2t}\mathrm{d}t=-\frac{3}{4}d_2(1+e^{-d_2t})+\frac{3d_3}{8d_2^2}(1-d_2t)e^{-d_2t}$$

$$(3-2-157)$$

于是得到 OPG 为：

$$\begin{cases}\tau(x,t)=e^{-d_2t}\\ \xi(x,t)=\dfrac{\tau'}{2}x+\rho(t)=-\dfrac{d_2}{2}xe^{-d_2t}-\dfrac{t}{4d_2}e^{-d_2t}\\ \eta(x,t)=\dfrac{-d_2}{4}xe^{-d_2t}-\dfrac{d_2^2}{8}x^2e^{-d_2t}+\dfrac{1}{8d_2}(1-d_2t)xe^{-d_2t}+\dfrac{d_2}{8}xe^{-d_2t}(d_2x+d_3)+\\ \qquad\dfrac{t}{8d_2}e^{-d_2t}(d_2x+d_3)-\dfrac{3}{4}d_2(1+e^{-d_2t})+\dfrac{3d_3}{8d_2^2}(1-d_2t)e^{-d_2t}\end{cases}\tag{3-2-158}$$

其余相似解的运算过程类似前例。其运算过程较为繁琐，此处略。

3.3　二阶非线性偏微分方程的相似解

求解多自变量、单因变量的高阶非线性 ODE 或多维单因变量 PDE 方程的相似解时，OPG 在一阶微分方程下的平面点变换，需要对应进行空间和维度的延拓。

求解多自变量、多因变量的高阶非线性 ODE 或多维多因变量的 PDE 方程时，OPG 在一阶微分方程下的平面点变换，需要对应进行自变量空间和因变量维度的延拓。

3.3.1　三个自变量、单因变量的情形

函数 $u=u(x,y,t)$，延拓到高维空间时 OPG 的无穷小形式为：

$$\begin{cases}x_1=x+\varepsilon\left[\dfrac{dx_1}{d\varepsilon}\right]_{\varepsilon=0}+O(\varepsilon^2)=x+\varepsilon\xi(x,y,t,u)+O(\varepsilon^2)\\ y_1=y+\varepsilon\left[\dfrac{dy_1}{d\varepsilon}\right]_{\varepsilon=0}+O(\varepsilon^2)=y+\varepsilon\vartheta(x,y,t,u)+O(\varepsilon^2)\\ t_1=t+\varepsilon\left[\dfrac{dt_1}{d\varepsilon}\right]_{\varepsilon=0}+O(\varepsilon^2)=t+\varepsilon\tau(x,y,t,u)+O(\varepsilon^2)\\ u_1=u+\varepsilon\left[\dfrac{du_1}{d\varepsilon}\right]_{\varepsilon=0}+O(\varepsilon^2)=u+\varepsilon\eta(x,y,t,u)+O(\varepsilon^2)\end{cases}\tag{3-3-1}$$

记 Lie 算子：

$$\begin{cases}U=L=\xi\dfrac{\partial}{\partial x}+\vartheta\dfrac{\partial}{\partial y}+\tau\dfrac{\partial}{\partial t}+\eta\dfrac{\partial}{\partial u}\\ Uf=\left(\xi\dfrac{\partial}{\partial x}+\vartheta\dfrac{\partial}{\partial y}+\tau\dfrac{\partial}{\partial t}+\eta\dfrac{\partial}{\partial u}\right)f(x,y,t,u)\end{cases}\tag{3-3-2}$$

定义 $u=u(x,y,t)$ 的一阶延拓的无穷小为：

$$U'=U^{(1)}=\left(\xi\frac{\partial}{\partial x}+\vartheta\frac{\partial}{\partial y}+\tau\frac{\partial}{\partial t}+\eta\frac{\partial}{\partial u}\right)+[\eta_x]\frac{\partial}{\partial u_x}+[\eta_y]\frac{\partial}{\partial u_y}+[\eta_t]\frac{\partial}{\partial u_t}\tag{3-3-3}$$

$$\begin{cases}[\eta_x]=D_x[\eta-\xi u_x-\vartheta u_y-\tau u_t]+\xi(u_x)_x+\vartheta(u_x)_y+\tau(u_x)_t\\ [\eta_y]=D_y[\eta-\xi u_x-\vartheta u_y-\tau u_t]+\xi(u_y)_x+\vartheta(u_y)_y+\tau(u_y)_t\\ [\eta_t]=D_t[\eta-\xi u_x-\vartheta u_y-\tau u_t]+\xi(u_t)_x+\vartheta(u_t)_y+\tau(u_t)_t\\ D_x[\eta-\xi u_x-\vartheta u_y-\tau u_t]=(\eta_x+\eta_u u_x)-(\xi_x u_x+\xi u_{xx}+\xi_u u_x u_x)-(\vartheta_x u_y+\vartheta u_{yx}+\vartheta_u u_x u_y)-(\tau_x u_t+\tau u_{xt}+\tau_u u_x u_t)\\ D_y[\eta-\xi u_x-\vartheta u_y-\tau u_t]=(\eta_y+\eta_u u_y)-(\xi_y u_x+\xi u_{xy}+\xi_u u_y u_x)-(\vartheta_y u_y+\vartheta u_{yy}+\vartheta_u u_y u_y)-(\tau_y u_t+\tau u_{yt}+\tau_u u_y u_t)\\ D_t[\eta-\xi u_x-\vartheta u_y-\tau u_t]=(\eta_t+\eta_u u_t)-(\xi_t u_x+\xi u_{xt}+\xi_u u_t u_x)-(\vartheta_t u_y+\vartheta u_{yt}+\vartheta_u u_t u_y)-(\tau_t u_t+\tau u_{tt}+\tau_u u_t u_t)\end{cases}\tag{3-3-4}$$

式中，$[\eta_i]=f_i(x,y,t,u,u_x,u_y,u_t)$，是 OPG 下$\frac{du}{di}$对应的无穷小。

定义 $u=u(x,y,t)$的二阶延拓的无穷小为：

$$U''=U^{(2)}=U^{(1)}+[\eta_{xx}]\frac{\partial}{\partial u_{xx}}+[\eta_{xy}]\frac{\partial}{\partial u_{xy}}+[\eta_{xt}]\frac{\partial}{\partial u_{xt}}+[\eta_{yy}]\frac{\partial}{\partial u_{yy}}+[\eta_{yt}]\frac{\partial}{\partial u_{yt}}+[\eta_{tt}]\frac{\partial}{\partial u_{tt}} \tag{3-3-5}$$

$$\begin{cases}[\eta_{xx}]=D_xD_x[\eta-\xi u_x-\vartheta u_y-\tau u_t]+\xi(u_{xx})_x+\vartheta(u_{xx})_y+\tau(u_{xx})_t\\ [\eta_{xy}]=D_xD_y[\eta-\xi u_x-\vartheta u_y-\tau u_t]+\xi(u_{xy})_x+\vartheta(u_{xy})_y+\tau(u_{xy})_t\\ [\eta_{xt}]=D_xD_t[\eta-\xi u_x-\vartheta u_y-\tau u_t]+\xi(u_{xt})_x+\vartheta(u_{xt})_y+\tau(u_{xt})_t\\ [\eta_{yy}]=D_yD_y[\eta-\xi u_x-\vartheta u_y-\tau u_t]+\xi(u_{yy})_x+\vartheta(u_{yy})_y+\tau(u_{yy})_t\\ [\eta_{yt}]=D_yD_t[\eta-\xi u_x-\vartheta u_y-\tau u_t]+\xi(u_{yt})_x+\vartheta(u_{yt})_y+\tau(u_{yt})_t\\ [\eta_{tt}]=D_tD_t[\eta-\xi u_x-\vartheta u_y-\tau u_t]+\xi(u_{tt})_x+\vartheta(u_{tt})_y+\tau(u_{tt})_t\end{cases} \tag{3-3-6}$$

式中，$[\eta_{ij}]=f_{ij}(x,y,t,u,u_x,u_y,u_t,u_{xx},u_{xy},u_{xt},u_{yy},u_{yt},u_{tt})$，是 OPG 下$\frac{d^2u}{di dj}$对应的无穷小，可类似上述过程依次推导得出。

定义 $u=u(x,y,t)$的三阶延拓的无穷小为：

$$U'''=U^{(3)}=U^{(2)}+[\eta_{xxx}]\frac{\partial}{\partial u_{xxx}}+[\eta_{xxy}]\frac{\partial}{\partial u_{xxy}}+[\eta_{xxt}]\frac{\partial}{\partial u_{xxt}}+[\eta_{xyy}]\frac{\partial}{\partial u_{xyy}}+[\eta_{yyy}]\frac{\partial}{\partial u_{yyy}}+$$
$$[\eta_{yyt}]\frac{\partial}{\partial u_{yyt}}+[\eta_{xtt}]\frac{\partial}{\partial u_{xtt}}+[\eta_{ytt}]\frac{\partial}{\partial u_{ytt}}+[\eta_{ttt}]\frac{\partial}{\partial u_{ttt}}+[\eta_{xyt}]\frac{\partial}{\partial u_{xyt}} \tag{3-3-7}$$

$$\begin{cases}[\eta_{xxx}]=D_xD_xD_x[\eta-\xi u_x-\vartheta u_y-\tau u_t]+\xi(u_{xxx})_x+\vartheta(u_{xxx})_y+\tau(u_{xxx})_t\\ [\eta_{xxy}]=D_yD_xD_x[\eta-\xi u_x-\vartheta u_y-\tau u_t]+\xi(u_{xxy})_x+\vartheta(u_{xxy})_y+\tau(u_{xxy})_t\\ [\eta_{xxt}]=D_tD_xD_x[\eta-\xi u_x-\vartheta u_y-\tau u_t]+\xi(u_{xxt})_x+\vartheta(u_{xxt})_y+\tau(u_{xxt})_t\\ [\eta_{xyy}]=D_yD_xD_x[\eta-\xi u_x-\vartheta u_y-\tau u_t]+\xi(u_{xyy})_x+\vartheta(u_{xyy})_y+\tau(u_{xyy})_t\\ [\eta_{yyy}]=D_yD_yD_y[\eta-\xi u_x-\vartheta u_y-\tau u_t]+\xi(u_{yyy})_x+\vartheta(u_{yyy})_y+\tau(u_{yyy})_t\\ [\eta_{yyt}]=D_tD_yD_y[\eta-\xi u_x-\vartheta u_y-\tau u_t]+\xi(u_{yyt})_x+\vartheta(u_{yyt})_y+\tau(u_{yyt})_t\\ [\eta_{xtt}]=D_tD_tD_x[\eta-\xi u_x-\vartheta u_y-\tau u_t]+\xi(u_{xtt})_x+\vartheta(u_{xtt})_y+\tau(u_{xtt})_t\\ [\eta_{ytt}]=D_tD_tD_y[\eta-\xi u_x-\vartheta u_y-\tau u_t]+\xi(u_{ytt})_x+\vartheta(u_{ytt})_y+\tau(u_{ytt})_t\\ [\eta_{ttt}]=D_tD_tD_t[\eta-\xi u_x-\vartheta u_y-\tau u_t]+\xi(u_{ttt})_x+\vartheta(u_{ttt})_y+\tau(u_{ttt})_t\\ [\eta_{xyt}]=D_tD_yD_x[\eta-\xi u_x-\vartheta u_y-\tau u_t]+\xi(u_{xyt})_x+\vartheta(u_{xyt})_y+\tau(u_{xyt})_t\end{cases} \tag{3-3-8}$$

式中，$[\eta_{ijk}]=f_{ijk}(x,y,t,u,u_x,u_y,u_t,u_{xx},u_{xy},u_{xt},u_{yy},u_{yt},u_{tt},u_{xxx},u_{xxy},u_{xxt},u_{xyy},u_{xyt},u_{xtt},u_{yyy},u_{yyt},u_{ytt},u_{ttt})$，是 OPG 下$\frac{d^3u}{di dj dk}$对应的无穷小，可类似上述过程依次推导得出。

针对三自变量、单因变量的函数 $u=u(x,y,t)$，其余各高阶延拓的无穷小可依次类推。

针对多个自变量、单因变量的函数，例如 $u=u(x^1,\cdots,x^p)$，其 OPG 的无穷小形式为：

$$\begin{cases}x_1^1=x^1+\varepsilon\left[\frac{dx_1^1}{d\varepsilon}\right]_{\varepsilon=0}+O(\varepsilon^2)=x^1+\varepsilon\xi^1(x^1,\cdots,x^p,u)+O(\varepsilon^2)\\ \vdots\\ x_1^p=x^p+\varepsilon\left[\frac{dx_1^p}{d\varepsilon}\right]_{\varepsilon=0}+O(\varepsilon^2)=x^p+\varepsilon\xi^p(x^1,\cdots,x^p,u)+O(\varepsilon^2)\\ u_1=u+\varepsilon\left[\frac{du_1}{d\varepsilon}\right]_{\varepsilon=0}+O(\varepsilon^2)=u+\varepsilon\xi(x^1,\cdots,x^p,u)+O(\varepsilon^2)\end{cases} \tag{3-3-9}$$

记 Lie 算子：

$$U=L=\xi^1\frac{\partial}{\partial x^1}+\cdots+\xi^p\frac{\partial}{\partial x^p}+\eta\frac{\partial}{\partial u} \tag{3-3-10}$$

则 $u=u(x^1,\cdots,x^p)$的一阶延拓无穷小为：

$$U'=U^{(1)}=\left(\xi^1\frac{\partial}{\partial x^1}+\cdots+\xi^p\frac{\partial}{\partial x^p}+\eta\frac{\partial}{\partial u}\right)+[\eta_{x^1}]\frac{\partial}{\partial u_{x^1}}+\cdots+[\eta_{x^p}]\frac{\partial}{\partial u_{x^p}} \qquad (3-3-11)$$

式中，$[\eta_{x^i}]$为对应 u_{x^i} 的无穷小，$[\eta_{x^i}]=D_{x^i}[\eta-\xi^1u_{x^1}-\cdots-\xi^p u_{x^p}]+\xi^1(u_{x^i})_{x^1}+\cdots+\xi^p(u_{x^i})_{x^p}$，$D_{x^i}[\eta-\xi^1u_{x^1}-\cdots-\xi^p u_{x^p}]$为对 x^i 的全导数。

定义 $u=u(x^1,\cdots,x^p)$的二阶延拓的无穷小为：

$$U''=U^{(2)}=U^{(1)}+\sum_{i=j=1}^{p}[\eta_{x^ix^j}]\frac{\partial}{\partial u_{x^ix^j}} \qquad (3-3-12)$$

式中，$[\eta_{x^ix^j}]=D_{x^i}D_{x^j}[\eta-\xi^1u_{x^1}-\cdots-\xi^p u_{x^p}]+\sum_{k=1}^{p}\xi^k(u_{x^ix^j})_{x^k}$，对应 $u_{x^ix^j}$ 的无穷小。

定义 $u=u(x^1,\cdots,x^p)$的三阶延拓的无穷小为：

$$U'''=U^{(3)}=U^{(2)}+\sum_{i=j=k=1}^{p}[\eta_{x^ix^jx^k}]\frac{\partial}{\partial u_{x^ix^jx^k}} \qquad (3-3-13)$$

式中，$[\eta_{x^ix^jx^k}]=D_{x^i}D_{x^j}D_{x^k}[\eta-\xi^1u_{x^1}-\cdots-\xi^p u_{x^p}]+\sum_{\omega=1}^{p}\xi^\omega(u_{x^ix^jx^k})_{x^\omega}$，对应 $u_{x^ix^jx^k}$ 的无穷小。

其余 $u=u(x^2,\cdots,x^p)$的各阶延拓可依次类推。

3.3.2　多因变量的情形

针对两个自变量、两个因变量的函数 $u=u(x,t)$，$v=v(x,t)$延拓到高维空间时 OPG 的无穷小形式为：

$$\begin{cases} x_1=x+\varepsilon\left[\dfrac{\mathrm{d}x_1}{\mathrm{d}\varepsilon}\right]_{\varepsilon=0}+O(\varepsilon^2)=x+\varepsilon\xi(x,t,u,v)+O(\varepsilon^2) \\ t_1=t+\varepsilon\left[\dfrac{\mathrm{d}t_1}{\mathrm{d}\varepsilon}\right]_{\varepsilon=0}+O(\varepsilon^2)=t+\varepsilon\tau(x,t,u,v)+O(\varepsilon^2) \\ u_1=u+\varepsilon\left[\dfrac{\mathrm{d}u_1}{\mathrm{d}\varepsilon}\right]_{\varepsilon=0}+O(\varepsilon^2)=u+\varepsilon\eta(x,t,u,v)+O(\varepsilon^2) \\ v_1=v+\varepsilon\left[\dfrac{\mathrm{d}y_1}{\mathrm{d}\varepsilon}\right]_{\varepsilon=0}+O(\varepsilon^2)=v+\varepsilon\vartheta(x,t,u,v)+O(\varepsilon^2) \end{cases} \qquad (3-3-14)$$

记 Lie 算子：

$$\begin{cases} U=L=\xi\dfrac{\partial}{\partial x}+\tau\dfrac{\partial}{\partial t}+\eta\dfrac{\partial}{\partial u}+\vartheta\dfrac{\partial}{\partial v} \\ Uf=\left(\xi\dfrac{\partial}{\partial x}+\tau\dfrac{\partial}{\partial t}+\eta\dfrac{\partial}{\partial u}+\vartheta\dfrac{\partial}{\partial v}\right)f(x,t,u,v) \end{cases} \qquad (3-3-15)$$

定义 $u=u(x,t)$，$v=v(x,t)$的一阶延拓的无穷小为：

$$U'=U^{(1)}=\left(\xi\frac{\partial}{\partial x}+\tau\frac{\partial}{\partial t}+\eta\frac{\partial}{\partial u}+\vartheta\frac{\partial}{\partial v}\right)+[\eta_x]\frac{\partial}{\partial u_x}+[\eta_t]\frac{\partial}{\partial u_t}+[\vartheta_x]\frac{\partial}{\partial v_x}+[\vartheta_t]\frac{\partial}{\partial v_t} \qquad (3-3-16)$$

$$\begin{cases} [\eta_x]=D_x[\eta-\xi u_x-\tau u_t]+\xi(u_x)_x+\tau(u_x)_t \\ [\eta_t]=D_t[\eta-\xi u_x-\tau u_t]+\xi(u_t)_x+\tau(u_t)_t \\ [\vartheta_x]=D_x[\vartheta-\xi v_x-\tau v_t]+\xi(v_x)_x+\tau(v_x)_t \\ [\vartheta_t]=D_t[\vartheta-\xi v_x-\tau v_t]+\xi(v_t)_x+\tau(v_t)_t \\ D_x[\eta-\xi u_x-\tau u_t]=(\eta_x+\eta_u u_x+\eta_v v_x)-(\xi_x u_x+\xi u_{xx}+\xi_u u_x u_x+\xi_v v_x u_x)-(\tau_x u_t+\tau u_{xt}+\tau_u u_x u_t+\tau_v v_x u_t) \\ D_t[\eta-\xi u_x-\tau u_t]=(\eta_t+\eta_u u_t+\eta_v v_t)-(\xi_t u_x+\xi u_{xt}+\xi_u u_t u_x+\xi_v v_t u_x)-(\tau_t u_t+\tau u_{tt}+\tau_u u_t u_t+\tau_v v_t u_t) \\ D_x[\vartheta-\xi v_x-\tau v_t]=(\vartheta_t+\vartheta_u u_x+\vartheta_v v_x)-(\xi_x v_x+\xi v_{xx}+\xi_v v_x v_x+\xi_u u_x v_x)-(\tau_x v_t+\tau v_{xt}+\tau_v v_x v_t+\tau_u u_x v_t) \\ D_t[\vartheta-\xi v_x-\tau v_t]=(\vartheta_t+\vartheta_u u_t+\vartheta_v v_t)-(\xi_t v_x+\xi v_{xt}+\xi_v v_t v_x+\xi_u u_t v_x)-(\tau_t v_t+\tau v_{tt}+\tau_v v_t v_t+\tau_u u_t v_t) \end{cases} \qquad (3-3-17)$$

式中，$[\eta_i]=f_i(x,t,u,v,u_x,u_t,v_i)$，是 OPG 下$\frac{\mathrm{d}u}{\mathrm{d}i}$对应的无穷小；$[\vartheta_j]=f_j(x,t,u,v,v_x,v_t,u_j)$，是 OPG 下$\frac{\mathrm{d}v}{\mathrm{d}j}$对应的无穷小。

定义 $u=u(x,t)$，$v=v(x,t)$的二阶延拓的无穷小为：

$$U''=U^{(2)}=U^{(1)}+[\eta_{xx}]\frac{\partial}{\partial u_{xx}}+[\eta_{xt}]\frac{\partial}{\partial u_{xt}}+[\eta_{tt}]\frac{\partial}{\partial u_{tt}}+[\vartheta_{xx}]\frac{\partial}{\partial v_{xx}}+[\vartheta_{xt}]\frac{\partial}{\partial v_{xt}}+[\vartheta_{tt}]\frac{\partial}{\partial v_{tt}} \tag{3-3-18}$$

其中：

$$\begin{cases}[\eta_{xx}]=D_xD_x[\eta-\xi u_x-\tau u_t]+\xi(u_{xx})_x+\tau(u_{xx})_t\\ [\vartheta_{xx}]=D_xD_x[\vartheta-\xi v_x-\tau v_t]+\xi(v_{xx})_x+\tau(v_{xx})_t\\ [\eta_{xt}]=D_xD_t[\eta-\xi u_x-\tau u_t]+\xi(u_{xt})_x+\tau(u_{xt})_t\\ [\vartheta_{xt}]=D_tD_x[\vartheta-\xi v_x-\tau v_t]+\xi(v_{xt})_x+\tau(v_{xt})_t\\ [\eta_{tt}]=D_tD_t[\eta-\xi u_x-\tau u_t]+\xi(u_{tt})_x+\tau(u_{tt})_t\\ [\vartheta_{tt}]=D_tD_t[\vartheta-\xi v_x-\tau v_t]+\xi(v_{tt})_x+\tau(v_{tt})_t\end{cases} \tag{3-3-19}$$

式中，$[\eta_{ij}]$，$[\vartheta_{ij}]$分别是 OPG 下$\frac{\mathrm{d}^2u}{\mathrm{d}i\mathrm{d}j}$，$\frac{\mathrm{d}^2v}{\mathrm{d}i\mathrm{d}j}$对应的无穷小，可类似上述过程依次推导得出。

定义 $u=u(x,t)$，$v=v(x,t)$的三阶延拓的无穷小为：

$$U'''=U^{(3)}=U^{(2)}+[\eta_{xxx}]\frac{\partial}{\partial u_{xxx}}+[\eta_{xxt}]\frac{\partial}{\partial u_{xxt}}+[\eta_{xtt}]\frac{\partial}{\partial u_{xtt}}+[\eta_{ttt}]\frac{\partial}{\partial u_{ttt}}+[\vartheta_{xxx}]\frac{\partial}{\partial v_{xxx}}+[\vartheta_{xxt}]\frac{\partial}{\partial v_{xxt}}+[\vartheta_{xtt}]\frac{\partial}{\partial v_{xtt}}+[\vartheta_{ttt}]\frac{\partial}{\partial u_{ttt}} \tag{3-3-20}$$

其中：

$$\begin{cases}[\eta_{xxx}]=D_xD_xD_x[\eta-\xi u_x-\tau u_t]+\xi(u_{xxx})_x+\tau(u_{xxx})_t\\ [\vartheta_{xxx}]=D_xD_xD_x[\vartheta-\xi v_x-\tau v_t]+\xi(v_{xxx})_x+\tau(v_{xxx})_t\\ [\eta_{xxt}]=D_xD_xD_t[\eta-\xi u_x-\tau u_t]+\xi(u_{xxt})_x+\tau(u_{xxt})_t\\ [\vartheta_{xxt}]=D_tD_xD_x[\vartheta-\xi v_x-\tau v_t]+\xi(v_{xxt})_x+\tau(v_{xxt})_t\\ [\eta_{xtt}]=D_xD_tD_t[\eta-\xi u_x-\tau u_t]+\xi(u_{xtt})_x+\tau(u_{xtt})_t\\ [\vartheta_{xtt}]=D_xD_tD_t[\vartheta-\xi v_x-\tau v_t]+\xi(v_{xtt})_x+\tau(v_{xtt})_t\\ [\eta_{ttt}]=D_tD_tD_t[\eta-\xi u_x-\tau u_t]+\xi(u_{ttt})_x+\tau(u_{ttt})_t\\ [\vartheta_{ttt}]=D_tD_tD_t[\vartheta-\xi v_x-\tau v_t]+\xi(v_{ttt})_x+\tau(v_{ttt})_t\end{cases} \tag{3-3-21}$$

式中，$[\eta_{ijk}]$，$[\vartheta_{ijk}]$分别是 OPG 下$\frac{\mathrm{d}^3u}{\mathrm{d}i\mathrm{d}j\mathrm{d}k}$，$\frac{\mathrm{d}^3v}{\mathrm{d}i\mathrm{d}j\mathrm{d}k}$对应的无穷小，可类似上述过程依次推导得出。

3.3.3 一般情形下的 n 阶延拓的无穷小

针对自变量为 $x=({}_1x,\cdots,{}_px)$，因变量为 $u=({}_1u,\cdots,{}_mu)$的函数${}_1u={}_1u({}_1x,\cdots,{}_px)$，…，${}_mu={}_mu({}_1x,\cdots,{}_px)$，给出 n 阶延拓的无穷小公式。

定义${}_1u={}_1u({}_1x,\cdots,{}_px)$，…，${}_mu={}_mu({}_1x,\cdots,{}_px)$OPG 的无穷小形式为：

$$\begin{cases} {}_1x_1 = {}_1x + \varepsilon\left[\dfrac{\mathrm{d}({}_1x_1)}{\mathrm{d}\varepsilon}\right]_{\varepsilon=0} + O(\varepsilon^2) = {}_1x + \varepsilon \cdot \xi^1(x,u) + O(\varepsilon^2) \\ \quad\vdots \\ {}_px_1 = {}_px + \varepsilon\left[\dfrac{\mathrm{d}({}_px_1)}{\mathrm{d}\varepsilon}\right]_{\varepsilon=0} + O(\varepsilon^2) = {}_px + \varepsilon \cdot \xi^p(x,u) + O(\varepsilon^2) \\ {}_1u_1 = {}_1u + \varepsilon\left[\dfrac{\mathrm{d}({}_1u_1)}{\mathrm{d}\varepsilon}\right]_{\varepsilon=0} + O(\varepsilon^2) = {}_1u + \varepsilon \cdot \eta^1(x,u) + O(\varepsilon^2) \\ \quad\vdots \\ {}_mu_1 = {}_mu + \varepsilon\left[\dfrac{\mathrm{d}({}_mu_1)}{\mathrm{d}\varepsilon}\right]_{\varepsilon=0} + O(\varepsilon^2) = {}_mu + \varepsilon \cdot \eta^m(x,u) + O(\varepsilon^2) \end{cases} \tag{3-3-22}$$

记 Lie 算子：

$$U = L = \sum_{i=1}^{p} \xi^i(x,u)\frac{\partial}{\partial({}_ix)} + \sum_{j=1}^{m} \eta^j(x,u)\frac{\partial}{\partial({}_ju)} \tag{3-3-23}$$

式中，$\xi^i(x,u)$是${}_ix$ 的无穷小；$\eta^j(x,u)$是${}_ju$ 的无穷小；$i=1,\cdots,p$；$j=1,\cdots,m$。

则${}_1u={}_1u({}_1x,\cdots,{}_px),\cdots,{}_mu={}_mu({}_1x,\cdots,{}_px)$的一阶延拓无穷小为：

$$U' = U^{(1)} = \left(\sum_{i=1}^{p}\xi^i\frac{\partial}{\partial({}_ix)} + \sum_{j=1}^{m}\eta^j\frac{\partial}{\partial({}_ju)}\right) + \sum_{i=1}^{m}\sum_{j=1}^{p}[\eta^i({}_jx)]\frac{\partial}{\partial[{}_iu({}_jx)]} \tag{3-3-24}$$

定义${}_1u={}_1u({}_1x,\cdots,{}_px),\cdots,{}_mu={}_mu({}_1x,\cdots,{}_px)$的二阶延拓无穷小为：

$$U'' = U^{(2)} = U^{(1)} + \sum_{i=1}^{m}\sum_{\omega=1}^{p}\sum_{j=1}^{p}[\eta^i({}_jx)({}_\omega x)]\frac{\partial}{\partial[{}_iu({}_jx)({}_\omega x)]} \tag{3-3-25}$$

定义${}_1u={}_1u({}_1x,\cdots,{}_px),\cdots,{}_mu={}_mu({}_1x,\cdots,{}_px)$的 n 阶延拓无穷小算子为：

$$\begin{aligned} U^{(n)} = & \left(\sum_{i=1}^{p}\xi^i\frac{\partial}{\partial({}_ix)} + \sum_{j=1}^{m}\eta^j\frac{\partial}{\partial({}_ju)}\right) + \sum_{i=1}^{m}\sum_{j=1}^{p}[\eta^i({}_jx)]\frac{\partial}{\partial[{}_iu({}_jx)]} + \\ & \sum_{i=1}^{m}\sum_{\omega=1}^{p}\sum_{j=1}^{p}[\eta^i({}_jx)({}_\omega x)]\frac{\partial}{\partial[{}_iu({}_jx)({}_\omega x)]} + \cdots + \sum_{i=1}^{m}\sum_{\omega=1}^{p}\cdots\sum_{j=1}^{p}[\eta^i({}_jx)\cdots({}_\omega x)]\frac{\partial}{\partial\underbrace{[{}_iu({}_jx)\cdots({}_\omega x)]}_{\leqslant n\ \text{order}}} \end{aligned} \tag{3-3-26}$$

至此，OPG 各阶延拓的无穷小算子全部明确给出。

求解非线性微分方程时，应用 OPG 作用下微分方程的形式不变性质，可以得出超定方程组。解超定方程组，从而确定 OPG 的具体形式。进而可以求得 OPG 的经典坐标，得到相似变量。在经典坐标下，PDE 方程转化为 ODE，或者高阶 ODE 降阶，从而使问题可解，最终得到相似解。相似解反映了原问题解的属性。下面举例说明。

3.3.4 例子

3.3.4.1 非线性扩散问题

例 3-7 非线性扩散问题。设 $u=u(x,t)$，求解方程 $u_t=[F(u)u_x]_x$，其中 $F(u)$是 u 的任意光滑函数，即各阶导数存在。

解：(1)求在不变曲面条件下的 OPG：

设 OPG：

$$\begin{cases} x_1 = x + \varepsilon\left[\dfrac{\mathrm{d}x_1}{\mathrm{d}\varepsilon}\right]_{\varepsilon=0} + O(\varepsilon^2) = x + \varepsilon\xi(x,t,u) + O(\varepsilon^2) \\ t_1 = t + \varepsilon\left[\dfrac{\mathrm{d}t_1}{\mathrm{d}\varepsilon}\right]_{\varepsilon=0} + O(\varepsilon^2) = t + \varepsilon\tau(x,t,u) + O(\varepsilon^2) \\ u_1 = u + \varepsilon\left[\dfrac{\mathrm{d}c_1}{\mathrm{d}\varepsilon}\right]_{\varepsilon=0} + O(\varepsilon^2) = u + \varepsilon\eta(x,t,u) + O(\varepsilon^2) \end{cases} \tag{3-3-27}$$

由例 3－5 知：

$$\frac{\partial u_1}{\partial t_1}=u_t+\varepsilon[\eta_t]+O(\varepsilon^2) \tag{3-3-28}$$

$$[\eta_t]=\eta_t+\eta_u u_t-u_t\tau_t-u_t\tau_u u_t-u_x\xi_t-u_x\xi_u u_t \tag{3-3-29}$$

$$\frac{\partial u_1}{\partial x_1}=u_x+\varepsilon[\eta_x]+O(\varepsilon^2) \tag{3-3-30}$$

$$[\eta_x]=\eta_x+\eta_u u_x-u_x\xi_x-u_x\xi_u u_x-u_t\tau_x-u_t\tau_u u_x$$

$$\frac{\partial u_1}{\partial x_1^2}=u_{xx}+\varepsilon[\eta_{xx}]+O(\varepsilon^2) \tag{3-3-31}$$

$$\begin{aligned}[\eta_{xx}]=&\eta_{xx}+(2\eta_{xu}-\xi_{xx})u_x-\tau_{xx}u_t+(\eta_{uu}-2\xi_{xu})u_x^2-2\tau_{xu}u_xu_t-\xi_{uu}u_x^3-\tau_{uu}u_x^2u_t+\\&(\eta_u-2\xi_x)u_{xx}-2\tau_xu_{xt}-3\xi_uu_xu_{xx}-\tau_uu_{xx}u_t-2\tau_uu_{xt}u_x\end{aligned} \tag{3-3-32}$$

$$\begin{cases}u_t=[F(u)u_x]_x=[F(u)]_xu_x+[F(u)]u_{xx}=[F(u)]_uu_xu_x+[F(u)]u_{xx}=F'(u)(u_x)^2+F(u)u_{xx}\\F(u_1)=F(u+\varepsilon\eta(x,t,u)+O(\varepsilon^2))=F(u)+\varepsilon\eta F'(u)+O(\varepsilon^2)\\F'(u_1)=F'(u+\varepsilon\eta(x,t,u)+O(\varepsilon^2))=F'(u)+\varepsilon\eta F''(u)+O(\varepsilon^2)\end{cases} \tag{3-3-33}$$

依据形式不变性质 $u_{1t_1}=F'(u_1)(u_{1x_1})^2+F(u_1)u_{1x_1x_1}$，可以得到：

$$\begin{aligned}u_t+\varepsilon[\eta_t]&=(F'+\varepsilon\eta F'')(u_x+\varepsilon[\eta_x])^2+(F+\varepsilon\eta F')\{u_{xx}+\varepsilon[\eta_{xx}]\}\\&=(F'+\varepsilon\eta F'')(u_x^2+\varepsilon\cdot 2u_x[\eta_x])+(F+\varepsilon\eta F')\{u_{xx}+\varepsilon[\eta_{xx}]\}\\&=F'u_x^2+Fu_{xx}+\varepsilon\{2u_xF'[\eta_x]+\eta F''u_x^2+F[\eta_{xx}]+\eta F'u_{xx}\}\\&\Rightarrow[\eta_t]=F[\eta_{xx}]+2F'[\eta_x]u_x+F''\eta u^2+\eta F'u_{xx}\\&\Rightarrow[\eta_t]=F[\eta_{xx}]+2F'[\eta_x]u_x+F''\eta u_x^2+\eta F'u_{xx}\end{aligned} \tag{3-3-34}$$

$$\begin{aligned}&\eta_t+(\eta_u-\tau_t)u_t-\xi_tu_x-\tau_uu_tu_t-\xi_uu_xu_t\\=&[F\eta_{xx}+F(2\eta_{xu}-\xi_{xx})u_x-F\tau_{xx}u_t+F(\eta_{uu}-2\xi_{xu})u_x^2-2F\tau_{xu}u_xu_t-F\xi_{uu}u_x^3-\\&F\tau_{uu}u_x^2u_t+F(\eta_u-2\xi_x)u_{xx}-2F\tau_xu_{xt}-3F\xi_uu_xu_{xx}-F\tau_uu_{xx}u_t-2F\tau_uu_{xt}u_x]+\\&2F'\eta_xu_x+2F'(\eta_u-\xi_x)u_x^2-2F'\xi_uu_x^3-2F'\tau_xu_tu_x-2F'\tau_uu_tu_x^2+F''\eta u_x^2+\eta F'u_{xx}\\=&F\eta_{xx}+F(2\eta_{xu}-\xi_{xx})u_x+2F'\eta_xu_x-F\tau_{xx}u_t+F(\eta_{uu}-2\xi_{xu})u_x^2+2F'(\eta_u-\xi_x)u_x^2+\\&F''\eta u_x^2-2F\tau_{xu}u_xu_t-2F'\tau_xu_tu_x-F\xi_{uu}u_x^3-2F'\xi_uu_x^3-F\tau_{uu}u_x^2u_t-\\&2F'\tau_uu_tu_x^2-2F\tau_xu_{xt}-2F\tau_uu_{xt}u_x+F(\eta_u-2\xi_x)\frac{u_t-F'u_x^2}{F}+\eta F'\frac{u_t-F'u_x^2}{F}-\\&3F\xi_uu_x\frac{u_t-F'u_x^2}{F}-F\tau_u\frac{u_t-F'u_x^2}{F}u_t\\=&F\eta_{xx}+F(2\eta_{xu}-\xi_{xx})u_x+2F'\eta_xu_x-F\tau_{xx}u_t+\eta_uu_t-2\xi_xu_t+\frac{\eta F'}{F}u_t+F(\eta_{uu}-2\xi_{xu})u_x^2+\\&F'\eta_uu_x^2+F''\eta u_x^2-\frac{\eta F'F'}{F}u_x^2-F\xi_{uu}u_x^3+F'\xi_uu_x^3-2F\tau_{xu}u_t-2F'\tau_xu_xu_t-\\&3\xi_uu_xu_t-F\tau_{uu}u_x^2u_t-F'\tau_uu_x^2u_t-\tau_uu_t^2-2F\tau_xu_{xt}-2F\tau_uu_{xt}u_x\end{aligned} \tag{3-3-35}$$

等式恒成立，得到超定方程组如下：

$$\begin{cases} u_{xt}u_x: & 2F\tau_u=0\Rightarrow\tau_u=0 \\ u_{xt}: & 2F\tau_x=0\Rightarrow\tau_x=0\Rightarrow\tau=\tau(t) \\ u_x^3: & F'\xi_u-F\xi_{uu}=0 \\ u_x^2u_t: & -F\tau_{uu}-F'\tau_u=0\Rightarrow F\tau_{uu}+F'\tau_u=0 \\ u_x^2: & F(\eta_{uu}-2\xi_{xu})+F''\eta+\eta_uF'-\dfrac{\eta F'F'}{F}=0\Rightarrow\left[\eta_u-2\xi_x+\dfrac{\eta F'}{F}\right]_u=0 \\ u_t^2: & -\tau_u=-\tau_u \\ u_xu_t: & 2F\tau_{xu}-2F'\tau_x-3\xi_u=-\xi_u\Rightarrow\xi_u=0\Rightarrow\xi=\xi(x,t) \\ u_x: & F(2\eta_{xu}-\xi_{xx})+2F'\eta_x=-\xi_t \\ u_t: & -F\tau_{xx}+\eta_u-2\xi_x+\dfrac{\eta F'}{F}=\eta_u-\tau_t\Rightarrow\tau_t-2\xi_x+\dfrac{\eta F'}{F}=0 \\ u^0: & F\eta_{xx}-\eta_t=0\Rightarrow\eta_t=F\eta_{xx} \end{cases} \tag{3-3-36}$$

解超定方程组，可以推导得出：

$$\left[\eta_u+\frac{\eta F'}{F}\right]_u=0\Rightarrow\eta_u+\frac{\eta F'}{F}=\varphi(x,t)\Rightarrow\eta_u-\tau_t+2\xi_x=\varphi(x,t)\Rightarrow\eta_{uu}=0$$

$$\Rightarrow\eta=(2\xi_x-\tau_t)\frac{F}{F'},\ \eta_t=F\eta_{xx} \tag{3-3-37}$$

分两种情形确定 OPG：

A. $2\xi_x-\tau_t=0$，$\left(\dfrac{F}{F'}\right)''\neq0$，因为 F 的任意性，此时 $F(2\eta_{xu}-\xi_{xx})+2F'\eta_x=-\xi_t$，有超定方程组：

$$\begin{cases} F': & \eta_x=0 \\ F: & 2\eta_{xu}-\xi_{xx}=0 \\ F^0: & \xi_t=0\Rightarrow\xi=\xi(x) \end{cases} \tag{3-3-38}$$

同时 $\eta_t=F\eta_{xx}$，有超定方程组：

$$\begin{cases} F: & \eta_{xx}=0 \\ F^0: & \eta_t=0 \end{cases} \tag{3-3-39}$$

同时 $F(\eta_{uu}-2\xi_{xu})+F''\eta+\eta_uF'-\dfrac{\eta F'F'}{F}=0$，有超定方程组：

$$\begin{cases} F'': & \eta=0 \\ F': & \eta_u=0 \\ F: & \eta_{uu}-2\xi_{xu}=0\Rightarrow\xi_{xu}=0 \\ F: & 2\eta_{xu}-\xi_{xx}=0\Rightarrow\xi_{xx}=0 \\ \dfrac{F'F'}{F}: & \eta=0 \end{cases} \tag{3-3-40}$$

于是可以确定 OPG：

$$\begin{cases} \xi=\xi(x)=\beta_1x+\beta_0 \\ \tau=\tau(t)=2\beta_1t+\beta_2 \\ \eta=0 \end{cases} \tag{3-3-41}$$

B. $\left(\dfrac{F}{F'}\right)''=0$，$2\xi_x-\tau_t\neq0$，从而有：

$$\begin{cases}\left(\dfrac{F}{F'}\right)'=\beta_3\\ \dfrac{F}{F'}=\beta_3(u+\beta_4)\\ \dfrac{F'}{F}=\dfrac{1}{\beta_3(u+\beta_4)}\\ F(u)=\beta_5(u+\beta_4)^{\frac{1}{\beta_3}}\end{cases}\tag{3-3-42}$$

取 $F(u)=\beta_5(u+\beta_4)^m$，则当 $m\neq 0$，此时：

$$\begin{cases}F(2\eta_{xu}-\xi_{xx})+2F'\eta_x=-\xi_t\\ \beta_5(u+\beta_4)^m(2\eta_{xu}-\xi_{xx})+2m\beta_5(u+\beta_4)^{m-1}\eta_x=-\xi\end{cases}\tag{3-3-43}$$

有超定方程组：

$$\begin{cases}(u+\beta_4)^m:2\eta_{xu}-\xi_{xx}=0\Rightarrow\xi_{xx}=0,\eta_{xu}=0\\ (u+\beta_4)^{m-1}:\eta_x=0\\ (u+\beta_4)^0:\xi_t=0\Rightarrow\xi=\xi(x)\end{cases}\tag{3-3-44}$$

同时 $\eta_t=F\eta_{xx}$，有超定方程组：

$$\begin{cases}F:\eta_{xx}=0\\ F^0:\eta_t=0\end{cases}\tag{3-3-45}$$

同时 $F(\eta_{uu}-2\xi_{xu})+F''\eta+\eta_u F'-\dfrac{\eta F'F'}{F}=0$，即：

$$(u+\beta_4)^m(\eta_{uu}-2\xi_{xu})+m(m-1)(u+\beta_4)^{m-2}\eta+\eta_u m(u+\beta_4)^{m-1}-\eta m^2(u+\beta_4)^{m-2}=0\tag{3-3-46}$$

$(u+\beta_4)^2(\eta_{uu}-2\xi_{xu})-m\eta+\eta_u m(u+\beta_4)=0$，有超定方程组：

$$\begin{cases}m:\eta=\eta_u(u+\beta_4)\Rightarrow\eta=\beta_6(u+\beta_4)\quad（因为\ \eta_x=0,\eta_t=0,\eta_{uu}=0）\\ m^0:\eta_{uu}-2\xi_{xu}=0\Rightarrow\xi_{xu}=0\end{cases}\tag{3-3-47}$$

再由 $\tau_t-2\xi_x+\dfrac{\eta F'}{F}=0$，有：

$$\tau_t-2\beta_1+m\beta_6=0\tag{3-3-48}$$

于是可以确定 OPG：，

$$\begin{cases}\xi=\xi(x)=\beta_1 x+\beta_0\\ \tau=\tau(t)=(2\beta_1-m\beta_6)t+\beta_7\\ \eta=\eta(u)=\beta_6(u+\beta_4)\end{cases}\tag{3-3-49}$$

式中，各积分常数是任意的。

具体而言，当 $m=-\dfrac{4}{3}$时，此时 $\eta_t=F\eta_{xx}$，有超定方程组：

$$\begin{cases}F:\eta_{xx}=0\\ F^0:\eta_t=0\end{cases}\tag{3-3-50}$$

因为 $\eta_{xx}=0,\eta_t=0,\eta_{uu}=0$，于是可以取 $\eta=\alpha_1(u+\alpha_2)(x+\alpha_3)$。

同时 $F(2\eta_{xu}-\xi_{xx})+2F'\eta_x=-\xi_t$，即 $\beta_5(u+\beta_4)^{-\frac{4}{3}}(2\eta_{xu}-\xi_{xx})-\dfrac{8}{3}\beta_5(u+\beta_4)^{-\frac{4}{3}-1}\eta_x=-\xi_t$，有超定方程组：

$$\begin{cases}(u+\beta_4)^{-\frac{4}{3}-1}:(u+\beta_4)(2\eta_{xu}-\xi_{xx})-\dfrac{8}{3}\eta_x=0\Rightarrow\beta_4=\alpha_2,\xi_{xx}=-\dfrac{2}{3}\alpha_1\\ (u+\beta_4)^0:\xi_t=0\Rightarrow\xi=\xi(x)\Rightarrow\xi(x)=-\dfrac{1}{3}\alpha_1 x^2+\alpha_4 x+\alpha_5\end{cases}\tag{3-3-51}$$

同时 $F(\eta_{uu}-2\xi_{xu})+F''\eta+\eta_u F'-\dfrac{\eta F'F'}{F}=0$，即：

$$\begin{cases}(u+\beta_4)^{-\frac{4}{3}}(\eta_{uu}-2\xi_{xu})+\dfrac{28}{9}(u+\beta_4)^{-\frac{4}{3}-2}\eta-\dfrac{4}{3}\eta_u(u+\beta_4)^{-\frac{4}{3}-1}-\eta\dfrac{16}{9}(u+\beta_4)^{-\frac{4}{3}-2}=0\\(u+\beta_4)^2(\eta_{uu}-2\xi_{xu})+\dfrac{4}{3}\eta-\dfrac{4}{3}\eta_u(u+\beta_4)=0\end{cases}$$

(3－3－52)

有：

$$\alpha_2=\beta_4 \qquad (3-3-53)$$

再由 $\tau_t-2\xi_x+\frac{\eta F'}{F}=0$，有：

$$\begin{cases}\tau_t=2\alpha_4+\dfrac{4}{3}\alpha_1\alpha_3\\\tau=\left(2\alpha_4+\dfrac{4}{3}\alpha_1\alpha_3\right)t+\alpha_6\end{cases} \qquad (3-3-54)$$

于是可以确定 OPG：

$$\begin{cases}\xi=\xi(x)=-\dfrac{1}{3}\alpha_1x^2+\alpha_4x+\alpha_5\\\tau=\tau(t)=\left(2\alpha_4+\dfrac{4}{3}\alpha_1\alpha_3\right)t+\alpha_6\\\eta=\eta(x,u)=\alpha_1(u+\beta_4)(x+\alpha_3)\end{cases} \qquad (3-3-55)$$

式中，各积分常数是任意的。

(2)求 $F(u)=u^m$ 时的定解问题。

此时：

$$\begin{cases}u=u(x,t)\\u_t=(u^mu_x)_x\\u(x,0)=c_0\delta(x)\\u(\infty,t)=0\end{cases} \qquad (3-3-56)$$

式中，m、c_0 均为任意常数。

首先确定使其形式不变的 OPG。

对照 $\begin{cases}\xi=\xi(x)=\beta_1x+\beta_0\\\tau=\tau(t)=(2\beta_1-m\beta_6)t+\beta_7\\\eta=\eta(u)=\beta_6(u+\beta_4)\end{cases}$，$F=\beta_5(u+\beta_4)^m$，为简化，取 $\beta_1=1,\beta_6=-1,\beta_0=\beta_4=\beta_7=0$。得到 OPG：

$$\begin{cases}\xi=x\\\tau=(2+m)t\\\eta=-u\end{cases} \qquad (3-3-57)$$

可证：在此 OPG 的整体变换 $\begin{cases}x_1=e^{\varepsilon}x\\t_1=e^{(2+m)\varepsilon}t\\u_1=e^{-\varepsilon}u\end{cases}$ 作用下，定解问题形式不变。

证：

由例 3－5 并结合上述 OPG 可以推导得出：

$$\frac{\partial u_1}{\partial t_1}=u_t+\varepsilon(\eta_t+\eta_uu_t-u_t\tau_t-u_t\tau_uu_t-u_x\xi_t-u_x\xi_uu_t)+O(\varepsilon^2)=u_t-\varepsilon(m+3)u_t+O(\varepsilon^2)$$

(3－3－58)

$$\frac{\partial u_1}{\partial x_1}=u_x+\varepsilon(\eta_x+\eta_uu_x-u_x\xi_x-u_x\xi_uu_x-u_t\tau_x-u_t\tau_uu_x)+O(\varepsilon^2)=u_x-\varepsilon\cdot 2u_x+O(\varepsilon^2)$$

(3－3－59)

$$u_1^m=(u+\varepsilon\eta+O(\varepsilon^2))^m=u^m+\varepsilon m u^{m-1}\eta+O(\varepsilon^2) \tag{3-3-60}$$

$$\begin{aligned}\frac{\partial(u_1^m)}{\partial x_1}&=mu_1^{m-1}\frac{\partial u_1}{\partial x_1}=m[u^{m-1}+\varepsilon(m-1)u^{m-2}\eta]\cdot[u_x-\varepsilon\cdot 2u_x+O(\varepsilon^2)]\\&=mu^{m-1}u_x+\varepsilon m(m-1)u^{m-2}\eta u_x-\varepsilon\cdot 2mu^{m-1}u_x+O(\varepsilon^2)\end{aligned} \tag{3-3-61}$$

$$\begin{aligned}\frac{\partial^2 u_1}{\partial x_1^2}&=u_{xx}+\varepsilon\{\eta_{xx}+(2\eta_{xu}-\xi_{xx})u_x-\tau_{xx}u_t+(\eta_{uu}-2\xi_{xu})u_x^2-2\tau_{xu}u_xu_t\tau_u-\xi_{uu}u_x^3-\tau_{uu}u_x^2u_t+\\&\quad(\eta_u-2\xi_x)u_{xx}-2\tau_xu_{xt}-3\xi_uu_xu_{xx}-\tau_uu_{xx}u_t-2\tau_uu_{xt}u_x\}+O(\varepsilon^2)\\&=u_{xx}-\varepsilon\cdot 3u_{xx}+O(\varepsilon^2)\end{aligned} \tag{3-3-62}$$

$$\begin{aligned}(u_1^m u_{1x_1})_{x_1}&=(u_1^m)_{x_1}u_{1x_1}+u_1^m(u_{1x_1})_{x_1}\\&=[mu^{m-1}u_x+\varepsilon m(m-1)u^{m-2}\eta u_x-\varepsilon\cdot 2mu^{m-1}u_x]\cdot[u_x-\varepsilon\cdot 2u_x+O(\varepsilon^2)]+\\&\quad[u^m+\varepsilon mu^{m-1}\eta+O(\varepsilon^2)]\cdot[u_{xx}-\varepsilon\cdot 3u_{xx}+O(\varepsilon^2)]\\&=[mu^{m-1}u_x-\varepsilon m(m+1)u^{m-1}u_x]\cdot[u_x-\varepsilon\cdot 2u_x+O(\varepsilon^2)]+\\&\quad[u^m-\varepsilon mu^m+O(\varepsilon^2)]\cdot[u_{xx}-\varepsilon\cdot 3u_{xx}+O(\varepsilon^2)]\\&=(mu^{m-1}u_xu_x+u^mu_{xx})-\varepsilon(m+3)(mu^{m-1}u_xu_x+u^mu_{xx})+O(\varepsilon^2)\\&=u_t-\varepsilon(m+3)u_t+O(\varepsilon^2)=u_{1t_1}\end{aligned} \tag{3-3-63}$$

可见，方程形式不变。证毕。

然后求相似解。其过程如下：

求解特征方程组$\dfrac{dx}{x}=\dfrac{dt}{(m+2)t}=\dfrac{du}{-u}$，可得相似变量 ζ。

由$\dfrac{dx}{x}=\dfrac{dt}{(m+2)t}\Rightarrow x=\text{const}\,t^{\frac{1}{m+2}}\Rightarrow\zeta=\dfrac{x}{\sqrt[m+2]{t}}$。

由$\dfrac{dt}{(m+2)t}=\dfrac{du}{-u}\Rightarrow u=\text{const}\,t^{-\frac{1}{m+2}}=\dfrac{f(\zeta)}{\sqrt[m+2]{t}}$，此即相似解。

下面应用相似变量和相似解，将非线性 PDE 转化为 ODE，并解此 ODE，得到解析解。

$$\begin{aligned}u_t&=\frac{\partial u(x,t)}{\partial t}=\frac{\partial u(\zeta,u)}{\partial t}=\frac{\partial u}{\partial\zeta}\frac{\partial\zeta}{\partial t}+\frac{du}{dt}=\frac{f'(\zeta)}{\sqrt[m+2]{t}}\cdot\frac{(-1)}{m+2}\cdot\frac{x}{\sqrt[m+2]{t^{m+3}}}+\frac{(-1)}{m+2}\cdot\frac{f(\zeta)}{\sqrt[m+2]{t^{m+3}}}\\&=\frac{(-1)}{m+2}\cdot\frac{\zeta f'(\zeta)}{\sqrt[m+2]{t^{m+3}}}+\frac{(-1)}{m+2}\cdot\frac{f(\zeta)}{\sqrt[m+2]{t^{m+3}}}\end{aligned} \tag{3-3-64}$$

$$u_x=\frac{\partial u(x,t)}{\partial x}=\frac{\partial u(\zeta,u)}{\partial x}=\frac{\partial u}{\partial\zeta}\frac{\partial\zeta}{\partial x}+\frac{du}{dx}=\frac{f'(\zeta)}{\sqrt[m+2]{t}}\cdot\frac{1}{\sqrt[m+2]{t}} \tag{3-3-65}$$

$$u^mu_x=\frac{f^m(\zeta)}{\sqrt[m+2]{t^m}}\frac{f'(\zeta)}{\sqrt[m+2]{t}}\cdot\frac{1}{\sqrt[m+2]{t}}=\frac{f^m(\zeta)f'(\zeta)}{t} \tag{3-3-66}$$

$$\begin{aligned}(u^mu_x)_x&=\left[\frac{f^m(\zeta)f'(\zeta)}{t}\right]_x=\frac{mf^{m-1}f'f'+f^mf''}{t}\cdot\frac{1}{\sqrt[m+2]{t}}=\frac{mf^{m-1}f'f'+f^mf''}{\sqrt[m+2]{t^{m+3}}}=u_t\\&\Rightarrow\frac{mf^{m-1}f'f'+f^mf''}{\sqrt[m+2]{t^{m+3}}}=\frac{(-1)}{m+2}\cdot\frac{\zeta f'}{\sqrt[m+2]{t^{m+3}}}+\frac{(-1)}{m+2}\cdot\frac{f}{\sqrt[m+2]{t^{m+3}}}\\&\Rightarrow mf^{m-1}f'^2+f^mf''=-\frac{1}{m+2}(\zeta f'+\zeta)\Rightarrow(f^mf'+\frac{1}{m+2}\zeta f)'=0\\&\Rightarrow f^mf'+\frac{1}{m+2}\zeta f=\text{const0}\end{aligned} \tag{3-3-67}$$

由 $u(\infty,t)=0$ 知 $f(\infty)=0$，从而 const0=0。

$$f^mf'+\frac{1}{m+2}\zeta f=0\Rightarrow f^{m-1}f'=-\frac{1}{m+2}\zeta\Rightarrow\frac{1}{m}f^m=\text{const}-\frac{1}{m+2}\cdot\frac{\zeta^2}{2} \tag{3-3-68}$$

最终有：

$$f(\zeta)=\sqrt[m]{\text{const}-\frac{m}{m+2}\cdot\frac{\zeta^2}{2}} \tag{3-3-69}$$

式中，con 为积分常数。

令 $\mathrm{con}=\frac{m}{m+2}\cdot\frac{\theta^2}{2}$（$\theta$ 为充分大的正数）。由 $u(\infty,t)=0$ 知，当 $\zeta^2>\theta^2$ 时，$f(\zeta)=0$。再由 $u(x,0)=c_0\delta(x)$ 知：

$$\int_{-\infty}^{\infty}u(x,0)\mathrm{d}x=\int_{-\infty}^{\infty}c_0\delta(x)c_0\delta(x)=c_0 \tag{3-3-70}$$

且有：

$$\int_{-\infty}^{\infty}u\mathrm{d}x=\int_{-\infty}^{\infty}\frac{f(\zeta)}{\sqrt[m+2]{t}}\mathrm{d}x=\int_{-\infty}^{\infty}\frac{f(\zeta)}{\sqrt[m+2]{t}}\mathrm{d}(\zeta\sqrt[m+2]{t})=\int_{-\infty}^{\infty}f(\zeta)\mathrm{d}\zeta \tag{3-3-71}$$

再令 $\zeta=\theta\sin\omega$，应用积分表 $\int_{-\pi/2}^{\pi/2}[\cos\omega]^{\frac{m+2}{m}}\mathrm{d}\omega=\sqrt{\pi}\,\frac{\Gamma(1+\frac{1}{m})}{\Gamma(\frac{3}{2}+\frac{1}{m})}$，有：

$$\int_{-\theta}^{\theta}\sqrt[m]{\frac{m}{m+2}\cdot\frac{\theta^2-\zeta^2}{2}}\mathrm{d}\zeta=c_0=\int_{-\pi/2}^{\pi/2}\sqrt[m]{\frac{m}{m+2}\cdot\frac{\theta^2}{2}}(\cos\omega)^{\frac{2}{m}}\mathrm{d}(\theta\sin\omega)$$

$$=\int_{-\pi/2}^{\pi/2}\sqrt[m]{\frac{m}{m+2}\cdot\frac{\theta^2}{2}}(\theta\cos\omega)^{\frac{m+2}{m}}\mathrm{d}(\omega)=\sqrt[m]{\frac{m}{m+2}\cdot\frac{\theta^2}{2}}\theta\sqrt{\pi}\,\frac{\Gamma(1+\frac{1}{m})}{\Gamma(\frac{3}{2}+\frac{1}{m})}$$

$$\Rightarrow\theta=\left[\frac{c_0}{\sqrt[m]{\frac{m}{m+2}\cdot\frac{1}{2}}}\frac{\Gamma(\frac{3}{2}+\frac{1}{m})}{\Gamma(1+\frac{1}{m})}\right]^{\frac{1}{\frac{2}{m}+1}}=\left[\frac{c_0}{\sqrt{\pi}}\frac{\Gamma(\frac{3}{2}+\frac{1}{m})}{\Gamma(1+\frac{1}{m})\sqrt[m]{\frac{m}{m+2}\cdot\frac{1}{2}}}\right]^{\frac{m}{m+2}}$$

$$\Rightarrow\mathrm{con}=\frac{m}{m+2}\cdot\frac{\theta^2}{2}=\frac{m}{2m+4}\left[\frac{c_0}{\sqrt{\pi}}\frac{\Gamma(\frac{3}{2}+\frac{1}{m})}{\Gamma(1+\frac{1}{m})\sqrt[m]{\frac{m}{m+2}\cdot\frac{1}{2}}}\right]^{\frac{2m}{m+2}}$$

$$=\left(\frac{m}{2m+4}\right)^{\frac{m}{m+2}}\left[\frac{c_0}{\sqrt{\pi}}\frac{\Gamma(\frac{3}{2}+\frac{1}{m})}{\Gamma(1+\frac{1}{m})\sqrt[m]{\frac{m}{m+2}\cdot\frac{1}{2}}}\right]^{\frac{2m}{m+2}} \tag{3-3-72}$$

于是，定解问题的解析解为：

$$u(x,t)=\begin{cases}\dfrac{f(\zeta)}{\sqrt[m+2]{t}}=\dfrac{1}{\sqrt[m+2]{t}}\sqrt[m]{\left(\dfrac{m}{2m+4}\right)^{\frac{m}{m+2}}\left[\dfrac{c_0}{\sqrt{\pi}}\dfrac{\Gamma(\frac{3}{2}+\frac{1}{m})}{\Gamma(1+\frac{1}{m})\sqrt[m]{\frac{m}{2m+4}}}\right]^{\frac{2m}{m+2}}-\dfrac{m}{2m+4}\cdot\left(\dfrac{x}{\sqrt[m+2]{t}}\right)^2} & \zeta^2<\theta^2\\ 0 & \zeta^2>\theta^2\end{cases} \tag{3-3-73}$$

式中，$\Gamma(y)=\int_0^{\infty}t^{y-1}e^{-t}\mathrm{d}t(y>0)$，为 gamma 函数[41,43]；$\Gamma(\frac{1}{2})=\sqrt{\pi}$。

(3)试求一般 OPG 作用下的相似解。

问题为：$u=u(x,t)$，$u_t=[F(u)u_x]_x$，其中 $F(u)$ 是 u 的任意光滑函数，即各阶导数存在。

取 $F(u)=\beta_5(u+\beta_4)^m$，$m\neq0$，此时 OPG $\begin{cases}\xi=\xi(x)=\beta_1x+\beta_0\\ \tau=\tau(t)=(2\beta_1-m\beta_6)t+\beta_7\\ \eta=\eta(u)=\beta_6(u+\beta_4)\end{cases}$，求相似解。

解特征方程组 $\frac{\mathrm{d}x}{\beta_1x+\beta_0}=\frac{\mathrm{d}t}{(2\beta_1-m\beta_6)t+\beta_7}=\frac{\mathrm{d}u}{\beta_6(u+\beta_4)}$，可得相似变量 ζ。

由 $\frac{\mathrm{d}x}{\beta_1x+\beta_0}=\frac{\mathrm{d}t}{(2\beta_1-m\beta_6)t+\beta_7}$ 得：

$$\zeta=\frac{x+\beta_0/\beta_1}{\left(t+\frac{\beta_7}{2\beta_1-m\beta_6}\right)^{\frac{\beta_1}{2\beta_1-m\beta_6}}} \tag{3-3-74}$$

此即相似变量。

$$\frac{\mathrm{d}t}{(2\beta_1-m\beta_6)t+\beta_7}=\frac{\mathrm{d}u}{\beta_6(u+\beta_4)}\Rightarrow u=f(\zeta)\left(t+\frac{\beta_7}{2\beta_1-m\beta_6}\right)^{\frac{\beta_6}{2\beta_1-m\beta_6}}-\frac{\beta_4}{\beta_6}$$，此即相似解。

下面应用相似变量和相似解，将非线性 PDE 转化为 ODE，并解此 ODE，得到解析解。

$$u_t=\frac{\partial u(x,t)}{\partial t}=\frac{\partial u(\zeta,u)}{\partial t}=\frac{\partial u}{\partial\zeta}\frac{\partial\zeta}{\partial t}+\frac{\mathrm{d}u}{\mathrm{d}t}$$

$$=\left(t+\frac{\beta_7}{2\beta_1-m\beta_6}\right)^{\frac{\beta_6}{2\beta_1-m\beta_6}}\left[f'(\zeta)+\frac{\beta_6F(\zeta)}{2\beta_1-m\beta_6}\left(t+\frac{\beta_7}{2\beta_1-m\beta_6}\right)^{-1}\right] \tag{3-3-75}$$

$$u_x=\frac{\partial u(x,t)}{\partial x}=\frac{\partial u(\zeta,u)}{\partial x}=\frac{\partial u}{\partial\zeta}\frac{\partial\zeta}{\partial x}+\frac{\mathrm{d}u}{\mathrm{d}t}=f'(\zeta)\left(t+\frac{\beta_7}{2\beta_1-m\beta_6}\right)^{\frac{\beta_6-\beta_1}{2\beta_1-m\beta_6}} \tag{3-3-76}$$

$$u^mu_x=\left[f(\zeta)\left(t+\frac{\beta_7}{2\beta_1-m\beta_6}\right)^{\frac{\beta_6}{2\beta_1-m\beta_6}}-\frac{\beta_4}{\beta_6}\right]^mf'(\zeta)\left(t+\frac{\beta_7}{2\beta_1-m\beta_6}\right)^{\frac{\beta_6-\beta_1}{2\beta_1-m\beta_6}} \tag{3-3-77}$$

$$(u^mu_x)_x=\left\{\left[f(\zeta)\left(t+\frac{\beta_7}{2\beta_1-m\beta_6}\right)^{\frac{\beta_6}{2\beta_1-m\beta_6}}-\frac{\beta_4}{\beta_6}\right]^m\left(t+\frac{\beta_7}{2\beta_1-m\beta_6}\right)^{\frac{\beta_6-2\beta_1}{2\beta_1-m\beta_6}}f''(\zeta)+\right.$$

$$\left.m\left[f(\zeta)\left(t+\frac{\beta_7}{2\beta_1-m\beta_6}\right)^{\frac{\beta_6}{2\beta_1-m\beta_6}}-\frac{\beta_4}{\beta_6}\right]^{m-1}\left(t+\frac{\beta_7}{2\beta_1-m\beta_6}\right)^{\frac{2\beta_6-2\beta_1}{2\beta_1-m\beta_6}}f'(\zeta)f'(\zeta)\right\}=u_t$$

$$\Rightarrow\left[f(\zeta)-\frac{\beta_4}{\beta_6}\left(t+\frac{\beta_7}{2\beta_1-m\beta_6}\right)^{\frac{-\beta_6}{2\beta_1-m\beta_6}}\right]^mf''(\zeta)+m\left[f(\zeta)-\frac{\beta_4}{\beta_6}\left(t+\frac{\beta_7}{2\beta_1-m\beta_6}\right)^{\frac{-\beta_6}{2\beta_1-m\beta_6}}\right]^{m-1}[f'(\zeta)]^2-$$

$$f'(\zeta)\left(t+\frac{\beta_7}{2\beta_1-m\beta_6}\right)-f(\zeta)\frac{\beta_6}{2\beta_1-m\beta_6}=0 \tag{3-3-78}$$

这是一个二阶的非线性 ODE，它的求解并不容易。

可见，上述中的简化是必要的。

这也意味着，有些非线性 ODE 不存在解析解，也不存在 OPG 使其形式不变，或者有些非线性 ODE 虽然存在解析解，但不存在 OPG 使其形式不变，这样的非线性 ODE 已经是形式最简单的了，它们的解定义了新的超越函数。

对于二阶 ODE 方程 $y''(x)=F(x,y,y')$ 存在解析解，没有流动的奇异点的，能够求解的，共有 50 种。这 50 种二阶 ODE，或者可以化为能求解的方程，或者是下列 6 种方程之一：

$$\begin{cases}P_1:y''(x)=6y^2+x\\ P_2:y''(x)=6xy+2y^3+a\\ P_3:y''(x)=\dfrac{1}{y}y'^2-\dfrac{1}{x}y'+\dfrac{1}{x}(ay^2+b)+cy^3+\dfrac{d}{y}\\ P_4:y''(x)=\dfrac{1}{2y}y'^2+4xy^2+2(x^2-a)+\dfrac{3}{2}y^3+\dfrac{b}{y}\\ P_5:y''(x)=\left(\dfrac{1}{2y}+\dfrac{1}{y-1}\right)y'^2-\dfrac{1}{x}y'+\dfrac{1}{x^2}(y-1)^2\left(ay+\dfrac{b}{y}\right)+\dfrac{cy}{x}+\dfrac{\lambda y(y+1)}{y-1}\\ P_6:y''(x)=\dfrac{1}{2}\left(\dfrac{1}{y}+\dfrac{1}{y-1}+\dfrac{1}{y-x}\right)y'^2-\left(\dfrac{1}{x}+\dfrac{1}{x-1}+\dfrac{1}{y-x}\right)y'+\\ \qquad\dfrac{y(y-1)(y-x)}{x^2(x-1)^2}\left[a+\dfrac{bx}{y^2}+\dfrac{c(x-1)}{(y-1)^2}+\dfrac{\lambda x(x-1)}{(y-x)^2}\right]\end{cases} \tag{3-3-79}$$

当 ODE 的解析解只有固定的奇异点，称这样的方程为 Painleve 型方程，它们的解具有 Painleve 性质，并称为 Painleve 超越函数。几乎所有可积的 PDE 经过相似约化后，得到的 ODE 都具有 Painleve 型式，从而能够解出，得到 Painleve 性质的解析解。否则，PDE 无法求解，不存在解析解；或者 PDE 虽然可以求解，但只能求得某些特殊解。由它发展而来的 WTC 方法，可以有效研究非线性微分方程的可积性及不可积非线性微分方程的特殊解，尤其是 Lie－Backlund 变换，能有效求解非线性偏微分方程[41,45]。

3.3.4.2　湍流研究中的 Bergers 方程——具有非线性效应的波动方程的问题

例 3－8　湍流研究中的 Bergers 方程——具有非线性效应的波动方程的问题[41-43,46]，设 $u=u(x,t)$，求解方程 $u_t=u_x^2+u_{xx}$，其中 $F(u)$ 是 u 的任意光滑函数，即各阶导数存在。

它等价于 $v_t=2vv_x+v_{xx}$，其中 $v=u_x$。

解：(1)求 OPG 使 $u_t=2uu_x+u_{xx}$ 形式不变。

设 OPG：

$$\begin{cases} x_1=x+\varepsilon\left[\dfrac{\mathrm{d}x_1}{\mathrm{d}\varepsilon}\right]_{\varepsilon=0}+O(\varepsilon^2)=x+\varepsilon\xi(x,t,u)+O(\varepsilon^2) \\ t_1=t+\varepsilon\left[\dfrac{\mathrm{d}t_1}{\mathrm{d}\varepsilon}\right]_{\varepsilon=0}+O(\varepsilon^2)=t+\varepsilon\tau(x,t,u)+O(\varepsilon^2) \\ u_1=u+\varepsilon\left[\dfrac{\mathrm{d}c_1}{\mathrm{d}\varepsilon}\right]_{\varepsilon=0}+O(\varepsilon^2)=u+\varepsilon\eta(x,t,u)+O(\varepsilon^2) \end{cases} \tag{3-3-80}$$

由例 3－5 知：

$$\frac{\partial u_2}{\partial x_1}=u_x+\varepsilon(\eta_x+\eta_u u_x-u_x\xi_x-u_x\xi_u u_x-u_t\tau_x-u_t\tau_u u_x)+O(\varepsilon^2) \tag{3-3-81}$$

$$2u_1\left(\frac{\partial u_1}{\partial x_1}\right)=2uu_x+\varepsilon[2\eta u_x+2u(\eta_x+\eta_u u_x-u_x\xi_x-u_x\xi_u u_x-u_t\tau_x-u_t\tau_u u_x)]+O(\varepsilon^2) \tag{3-3-82}$$

$$\frac{\partial u_1}{\partial t_1}=u_t+\varepsilon(\eta_t+\eta_u u_t-u_t\tau_t-u_t\tau_u u_t-u_x\xi_t-u_x\xi_u u_t)+O(\varepsilon^2) \tag{3-3-83}$$

$$\begin{aligned} \frac{\partial^2 u_1}{\partial x_1^2}&=\frac{\partial}{\partial x}\left(\frac{\partial u_1}{\partial x_1}\right)\frac{\partial x}{\partial x_1}+\frac{\partial}{\partial t}\left(\frac{\partial u_1}{\partial x_1}\right)\frac{\partial t}{\partial x_1} \\ &=u_{xx}+\varepsilon\{\eta_{xx}+(2\eta_{xu}-\xi_{xx})u_x-\tau_{xx}u_t+(\eta_{uu}-2\xi_{xu})u_x^2-2\tau_{xu}u_x u_t\tau_u-\xi_{uu}u_x^3- \\ &\quad\tau_{uu}u_x^2u_t+(\eta_u-2\xi_x)u_{xx}-2\tau_x u_{xt}-3\xi_u u_x u_{xx}-\tau_u u_{xx}u_t-2\tau_u u_{xt}u_x\}+O(\varepsilon^2) \end{aligned} \tag{3-3-84}$$

在 OPG 下，方程形式不变，有

$$\begin{cases} u_{1x_1x_1}+u_1u_{1x_1}-u_{1t_1}=0 \\ u_{xx}+uu_x-u_t=0 \\ \Rightarrow\eta_{xx}+(2\eta_{xu}-\xi_{xx})u_x-\tau_{xx}u_t+(\eta_{uu}-2\xi_{xu})u_x^2-2\tau_{xu}u_xu_t\tau_u-\xi_{uu}u_x^3-\tau_{uu}u_x^2u_t+(\eta_u-2\xi_x)u_{xx}- \\ \quad 2\tau_x\xi_{xt}-3\xi_uu_xu_{xx}-\tau_uu_{xx}u_t-2\tau_uu_{xt}u_x+2\eta u_x+2u(\eta_x+\eta_uu_x-u_x\xi_x-u_x\xi_uu_x-u_t\tau_x-u_t\tau_uu_x) \\ =\eta_t+\eta_uu_t-u_t\tau_t-u_t\tau_uu_t-u_x\xi_t-u_x\xi_uu_t \\ \Rightarrow\eta_{xx}+(2\eta_{xu}-\xi_{xx})u_x-\tau_{xx}u_t+(\eta_{uu}-2\xi_{xu})u_x^2-2\tau_{xu}\tau_uu_xu_t-\xi_{uu}u_x^3-\tau_{uu}u_x^2u_t+(\eta_u-2\xi_x)u_t-(\eta_u-2\xi_x)uu_x- \\ \quad 2\tau_xu_{xt}-3\xi_uu_xu_t+3\xi u_xuu_x+\tau_{uu}u_xu_t-2\tau_uu_{xt}u_x+2\eta u_x+2u(\eta_x+\eta_uu_x-\xi_xu_x-\xi_uu_x^2-\tau_xu_t-\tau_uu_tu_x) \\ =\eta_t+\eta_uu_t-\tau_tu_t-\xi_tu_x-\xi_uu_xu_t \\ \Rightarrow\eta_{xx}+(2\eta_{xu}-\xi_{xx})u_x-\tau_{xx}u_t+(\eta_{uu}-2\xi_{xu})u_x^2-2\tau_{xu}\tau_uu_xu_t-\xi_{uu}u_x^3-\tau_{uu}u_x^2u_t-2\xi_xu_t+\eta_uuu_x- \\ \quad 2\tau_xu_{xt}-2\xi_uu_xu_t+\xi_uu_xuu_x-\tau_uuu_xu_t-2\tau_uu_{xt}u_x+2\eta u_x+2\eta_xu-2\tau_xuu_t \\ =\eta_t-\tau_tu_t-\xi_tu_x \end{cases} \tag{3-3-85}$$

等式恒成立，得到超定方程组如下：

$$\begin{cases} u_{xt}u_x: & \tau_u=0 \\ u_{xt}: & \tau_x=0\Rightarrow\tau=\tau(t) \\ u_x^2u_t: & \tau_{uu}=0 \\ u_x^3: & \xi_{uu}=0 \\ uu_x^2: & \xi_u=0 \\ uu_xu_t: & \tau_u=0 \\ uu_x: & \eta_u=0 \\ uu_t: & \tau_x=0 \\ u_xu_t: & 2\tau_{xu}\tau_u+2\xi_u=0\Rightarrow\xi_u=0\Rightarrow\xi=\xi(x,t) \\ u_x^2: & \eta_{uu}-2\xi_{xu}=0\Rightarrow\eta_{uu}=0\Rightarrow\eta=b(x,t) \\ u_t: & -\tau_{xx}-2\xi_x+\tau_t=0\Rightarrow\xi=\dfrac{1}{2}\tau'x+\sigma(t) \\ u_x: & 2\eta_{xu}-\xi_{xx}+2\eta+\xi_i=0\Rightarrow\eta=-\dfrac{1}{4}\tau''x-\dfrac{1}{2}\sigma' \\ u^0: & \eta_{xx}-\eta_t=0 \end{cases} \tag{3-3-86}$$

由 $\eta_{xx}-\eta_t=0$ 知，$-\frac{1}{4}\tau'''x-\frac{1}{2}\sigma''=0$，可以得到 $\tau'''=0,\sigma''=0$。

于是有 OPG：

$$\begin{cases} \xi=\dfrac{c_2}{2}x+c_3xt+c_4+c_5t \\ \tau=c_1+c_2t+c_3t^2 \\ \eta=-\dfrac{1}{2}c_3x-\dfrac{1}{2}c_5 \end{cases} \tag{3-3-87}$$

(2)试求某个 OPG 作用下的相似解。

为简化，取 $c_3=1,c_1=c_3=c_4=c_5=0$，得如下 OPG：

$$\begin{cases} \xi=xt \\ \tau=t^2 \\ \eta=-\dfrac{1}{2}x \end{cases} \tag{3-3-88}$$

对此 OPG，求解特征方程组$\dfrac{\mathrm{d}x}{xt}=\dfrac{\mathrm{d}t}{r^2}=\dfrac{\mathrm{d}u}{-\frac{1}{2}x}$，即得相似变量 ζ。

由$\dfrac{\mathrm{d}x}{xt}=\dfrac{\mathrm{d}t}{t^2}$得：

$$\zeta=\frac{x}{t}$$

此即相似变量。

由$\dfrac{\mathrm{d}t}{t^2}=\dfrac{\mathrm{d}u}{-\frac{1}{2}x}$知：

$$u=\frac{x}{2}\left(\frac{1}{t}+f(\zeta)\right)$$

此即相似解。

返回到 $u_t=u_x^2+u_{xx}$，有相似解 $u=\int\frac{x}{2}\left(\frac{1}{t}+f(\zeta)\right)\mathrm{d}x$ 。

(3)应用 Hopf - Cole 变换化为线性 PDE 求解[41,45]。

引入 $\omega(x,t)=e^{u(x,t)}$，$\omega_t=e^uu_t$，$\omega_x=e^uu_x$，$\omega_{xx}=e^uu_xu_x+e^uu_{xx}=e^uu_t=\omega_t$，从而有线性方程 $\omega_t=\omega_{xx}$，它

的解用分离变量法得：

$$\omega(x,t)=e^{-\rho^2 t}(\beta_1 e^{-j\rho x}+\beta_2 e^{j\rho x})=e^{-\rho^2 t}B(x) \tag{3-3-89}$$

式中，$\rho^2=\dfrac{B''}{B}$，为 $\omega_t=\omega_{xx}$ 对应的特征值的平方；β_1，β_2 为积分常数。

最后得到 $u_t=u_x^2+u_{xx}$ 的解为：$u(x,t)=-\rho^2 t+\ln(\beta_1 e^{-j\rho x}+\beta_2 e^{j\rho x})$。可见，某些非线性 PDE 经过变量代换后，可以化为线性的，从而便于求解。

3.3.4.3 气液两相混合压力波问题中的 Kdv 方程的求解

例 3-9 气液两相混合压力波问题中的 Kdv 方程的求解[41,42,45,46]。设 $u=u(x,t)$，Kdv 方程 $u_t+uu_x+u_{xx}=0$，求其相似解。

解：(1)求 OPG 使其形式不变。

设 OPG：

$$\begin{cases} x_1=x+\varepsilon\left[\dfrac{dx_1}{d\varepsilon}\right]_{\varepsilon=0}+O(\varepsilon^2)=x+\varepsilon\xi(x,t,u)+O(\varepsilon^2) \\ t_1=t+\varepsilon\left[\dfrac{dt_1}{d\varepsilon}\right]_{\varepsilon=0}+O(\varepsilon^2)=t+\varepsilon\tau(x,t,u)+O(\varepsilon^2) \\ u_1=u+\varepsilon\left[\dfrac{dc_1}{d\varepsilon}\right]_{\varepsilon=0}+O(\varepsilon^2)=u+\varepsilon\eta(x,t,u)+O(\varepsilon^2) \end{cases} \tag{3-3-90}$$

经过类似前述步骤，可得：

$$\begin{cases} \xi=c_1+c_3 t+c_4 x \\ \tau=c_2+3c_4 t \\ \eta=c_3-2c_4 u \end{cases} \tag{3-3-91}$$

(2)相似解。

为简化，取 $c_2=1$，$c_1=c_3=c_4=0$，得到如下 OPG：

$$\begin{cases} \xi=0 \\ \tau=1 \\ \eta=0 \end{cases} \tag{3-3-92}$$

对此 OPG，特征方程组为$\dfrac{dx}{0}=\dfrac{dt}{1}=\dfrac{du}{0}$。

由$\dfrac{dx}{0}=\dfrac{dt}{1}$得：

$$\zeta=\frac{x}{t} \tag{3-3-93}$$

此即相似变量。令 $y=x-\zeta t=0$ 为新的相似变量，则相似解为 $u=F(y)$。代入$u_t+uu_x+u_{xxx}=0$，有：

$$-\zeta F'(y)+F(y)F'(y)+F'''(y)=0 \tag{3-3-94}$$

积分有：

$$-\zeta F(y)+\frac{1}{2}F^2(y)+F''(y)=\theta_1$$

式中，θ_1 为积分常数。

乘 $F'(y)$再积分，有：

$$-\frac{1}{2}\zeta F^2(y)+\frac{1}{6}F^3(y)+\frac{1}{2}F'^2(y)=\theta_1 F(y)+\theta_2 \tag{3-3-95}$$

式中，θ_1、θ_2 为积分常数。

即：

$$\frac{1}{2}F'^2(y)=-\frac{1}{6}F^3(y)+\frac{1}{2}\zeta F^2(y)+\theta_1 F(y)+\theta_2 \tag{3-3-96}$$

它也是非线性的 ODE,可以分离变量,得到:

$$\frac{\mathrm{d}F(y)}{\sqrt{-\frac{1}{3}F^3(y)+\zeta F^2(y)+2\theta_1 F(y)+2\theta_2}}=\mathrm{d}y \tag{3-3-97}$$

查椭圆积分表,并取积分常数 $\theta_1=\theta_2=0$,得到相似解:

$$u=F(y)=3\zeta\cdot\mathrm{sech}^2\left(\frac{1}{2}\sqrt{\zeta}y+\theta_3\right) \tag{3-3-98}$$

$$u(x,t)=3\zeta\cdot\mathrm{sech}^2\left(\frac{1}{2}\sqrt{\zeta}(x-\zeta\cdot t)+\theta_3\right) \tag{3-3-99}$$

式中,θ_3 为积分常数。

第 4 章　非线性问题的渐近解

4.1　多尺度法

在微分方程的渐近分析中，常常把方程的各项区分为主项和次项，采用主项平衡的思想，抓住主要矛盾，从而求得近似解。随着主项的个数逐渐增多，得到的近似解越来越精确。这也是摄动法的基本思想。非线性微分方程在奇异点处一般存在指数型、代数型、对数型的渐进行为，对于含小参数的微分方程，方程的准确解难以获得时，摄动法提供了解决问题的有效途径。

正则摄动法在处理某些含小参数的、非线性作用较弱的微分方程的渐近分析问题时是有效的，但是，当正则摄动法的近似方程出现永年项、含高阶导数项、近似方程类型与原方程类型不一致、局部的奇异性改变等情况，正则摄动法失效。正则摄动法经改善后，引出了奇异摄动法。

奇异摄动法包含有多尺度法、变形参数法、变形坐标法、渐近展开匹配法、合成展开法、平均展开法、KBM 法等，这些方法也要求非线性作用较弱，适用于处理含小参数的弱非线性作用的问题，且有各自的适用条件。奇异摄动法还包含有 Galerkin 法、谐波平衡法、增量谐波平衡法等，这些方法不要求非线性作用较弱，也适用于处理强非线性作用的情况。

下面重点介绍多尺度法和谐波平衡法[48,49]。

多尺度法[48,50]引进多种时间尺度：$t_0=t, t_1=\varepsilon t, t_2=\varepsilon^2 t, t_3=\varepsilon^3 t$ 等，分别代表随时间变化快、较慢、慢、很慢等的变量，认为它们是相互独立的。

将因变量表示为：

$x(t)=x(t_0,t_1,t_2,t_3,\cdots)=x_0(t_0,t_1,t_2,t_3,\cdots)+\varepsilon x_1(t_0,t_1,t_2,t_3,\cdots)+\varepsilon^2 x_2(t_0,t_1,t_2,t_3,\cdots)+\varepsilon^3 x_3(t_0,t_1,t_2,t_3,\cdots)+\cdots+\varepsilon^n x_n(t_0,t_1,t_2,t_3,\cdots)$

同时有：

$$\begin{aligned}\frac{\mathrm{d}x}{\mathrm{d}t}=&\left(\frac{\partial x_0}{\partial t_0}+\varepsilon\frac{\partial x_0}{\partial t_1}+\varepsilon^2\frac{\partial x_0}{\partial t_2}+\varepsilon^3\frac{\partial x_0}{\partial t_3}+\cdots\right)+\varepsilon\left(\frac{\partial x_1}{\partial t_0}+\varepsilon\frac{\partial x_1}{\partial t_1}+\varepsilon^2\frac{\partial x_1}{\partial t_2}+\varepsilon^3\frac{\partial x_1}{\partial t_3}+\cdots\right)+\\&\varepsilon^2\left(\frac{\partial x_2}{\partial t_0}+\varepsilon\frac{\partial x_2}{\partial t_1}+\varepsilon^2\frac{\partial x_2}{\partial t_2}+\varepsilon^3\frac{\partial x_2}{\partial t_3}+\cdots\right)+\varepsilon^3\left(\frac{\partial x_3}{\partial t_0}+\varepsilon\frac{\partial x_3}{\partial t_1}+\varepsilon^2\frac{\partial x_3}{\partial t_2}+\varepsilon^3\frac{\partial x_3}{\partial t_3}+\cdots\right)+\cdots+\\&\varepsilon^n\left(\frac{\partial x_n}{\partial t_0}+\varepsilon\frac{\partial x_{n-1}}{\partial t_1}+\cdots\right)=\frac{\partial x_0}{\partial t_0}+\varepsilon\left(\frac{\partial x_0}{\partial t_1}+\frac{\partial x_1}{\partial t_0}\right)+\varepsilon^2\left(\frac{\partial x_0}{\partial t_2}+\frac{\partial x_1}{\partial t_1}+\frac{\partial x_2}{\partial t_0}\right)+\cdots+\\&\varepsilon^n\left(\frac{\partial x_0}{\partial t_n}+\frac{\partial x_1}{\partial t_{n-1}}+\cdots+\frac{\partial x_n}{\partial t_0}\right)\\=&D_0x_0+\varepsilon(D_1x_0+D_0x_1)+\varepsilon^2(D_2x_0+D_1x_1+D_0x_2)+\cdots+\varepsilon^n(D_nx_0+D_{n-1}x_1+\cdots+D_0x_n)\end{aligned}\tag{4-1-1}$$

$$\begin{aligned}\frac{\mathrm{d}^2x}{\mathrm{d}t^2}=&\frac{\partial^2x_0}{\partial t_0^2}+\varepsilon\frac{\partial^2x_0}{\partial t_0\partial t_1}+\varepsilon^2\frac{\partial^2x_0}{\partial t_0\partial t_2}+\varepsilon^3\frac{\partial^2x_0}{\partial t_0\partial t_3}+\cdots+\varepsilon\frac{\partial^2x_0}{\partial t_0\partial t_1}+\varepsilon^2\frac{\partial^2x_0}{\partial t_1^2}+\varepsilon^3\frac{\partial^2x_0}{\partial t_1\partial t_2}+\varepsilon^4\frac{\partial^2x_0}{\partial t_1\partial t_3}+\cdots+\\&\varepsilon^2\frac{\partial^2x_0}{\partial t_0\partial t_2}+\varepsilon^3\frac{\partial^2x_0}{\partial t_1\partial t_2}+\varepsilon^4\frac{\partial^2x_0}{\partial t_2^2}+\varepsilon^5\frac{\partial^2x_0}{\partial t_2\partial t_3}+\cdots+\varepsilon^3\frac{\partial^2x_0}{\partial t_0\partial t_3}+\varepsilon^4\frac{\partial^2x_0}{\partial t_1\partial t_3}+\varepsilon^5\frac{\partial^2x_0}{\partial t_2\partial t_3}+\varepsilon^6\frac{\partial^2x_0}{\partial t_3^2}+\cdots+\\&\varepsilon\left(\frac{\partial^2x_1}{\partial t_0^2}+\varepsilon\frac{\partial^2x_1}{\partial t_0\partial t_1}+\varepsilon^2\frac{\partial^2x_1}{\partial t_0\partial t_2}+\varepsilon^3\frac{\partial^2x_1}{\partial t_0\partial t_3}+\cdots\right)+\varepsilon^2\left(\frac{\partial^2x_1}{\partial t_0\partial t_1}+\varepsilon\frac{\partial^2x_1}{\partial t_1^2}+\varepsilon^2\frac{\partial^2x_1}{\partial t_1\partial t_2}+\varepsilon^3\frac{\partial^2x_1}{\partial t_1\partial t_3}+\cdots\right)+\\&\varepsilon^3\left(\frac{\partial^2x_1}{\partial t_0\partial t_2}+\varepsilon\frac{\partial^2x_1}{\partial t_1\partial t_2}+\varepsilon^2\frac{\partial^2x_1}{\partial t_2^2}+\varepsilon^3\frac{\partial^2x_1}{\partial t_2\partial t_3}+\cdots\right)+\varepsilon^4\left(\frac{\partial^2x_1}{\partial t_0\partial t_3}+\varepsilon\frac{\partial^2x_1}{\partial t_1\partial t_3}+\varepsilon^2\frac{\partial^2x_1}{\partial t_2\partial t_3}+\varepsilon^3\frac{\partial^2x_1}{\partial t_3^2}+\cdots\right)+\end{aligned}$$

$$\varepsilon^2\left(\frac{\partial^2 x_2}{\partial t_0^2}+\varepsilon\frac{\partial^2 x_2}{\partial t_0\partial t_1}+\varepsilon^2\frac{\partial^2 x_2}{\partial t_0\partial t_2}+\varepsilon^3\frac{\partial^2 x_2}{\partial t_0\partial t_3}+\cdots\right)+\cdots$$

$$=\frac{\partial^2 x_0}{\partial t_0^2}+\varepsilon\left(2\frac{\partial^2 x_0}{\partial t_0\partial t_1}+\frac{\partial^2 x_1}{\partial t_0^2}\right)+\varepsilon^2\left(2\frac{\partial^2 x_0}{\partial t_0\partial t_2}+\frac{\partial^2 x_0}{\partial t_1^2}+2\frac{\partial^2 x_1}{\partial t_0\partial t_1}+\frac{\partial^2 x_2}{\partial t_0^2}\right)+O(\varepsilon^3)$$

$$=D_0^2x_0+\varepsilon(2D_0D_1x_0+D_0D_1x_1)+\varepsilon^2(2D_0D_2x_0+D_1^2x_0+2D_0D_2x_1+D_0^2x_2)+O(\varepsilon^3) \tag{4-1-2}$$

其余高阶导数依次类推。

当时间尺度仅取前两项时，即 t_0，t_1，得到的解称为一次近似解或一阶近似解。

当时间尺度仅取前三项时，即 t_0，t_1，t_2，得到的解称为二次近似解或二阶近似解。

当时间尺度仅取前四项时，即 t_0，t_1，t_2，t_3，得到的解称为三次近似解或三阶近似解。

三阶以上近似解依次类推。

第 2 章例 2－2(8)的处理，使用的就是多尺度法。重述如下。

例 4－1　Duffing 振子 $\ddot{x}+k\dot{x}+\alpha x+\beta x^3=H\cos(wt)$，$x_0$，$\dot{x}_0$，$k>0$ 强迫主谐共振分析。

解：(1)一阶近似解。

取时间尺度：

$$\begin{cases}t_0=t\\ t_1=\varepsilon t\end{cases} \tag{4-1-3}$$

小参数假设：

$$\begin{cases}k=2\varepsilon\mu\\ \mu=O(1)\\ \beta=\varepsilon\omega_0^2\\ H=\varepsilon f\\ f=O(1)\\ w=\omega_0+\varepsilon\sigma\\ \sigma=O(1)\end{cases} \tag{4-1-4}$$

令 $\alpha=\omega^2$。则方程 $\ddot{x}+k\dot{x}+\alpha x+\beta x^3=H\cos(wt)$转化为：

$$\ddot{x}+\omega_0^2x=\varepsilon[f\cos(\omega_0t+\varepsilon\sigma t)-2\mu\dot{x}-\omega_0^2x^3] \tag{4-1-5}$$

代入微分算式：

$$\frac{\mathrm{d}x}{\mathrm{d}t}=\frac{\partial x_0}{\partial t_0}+\varepsilon\frac{\partial x_0}{\partial t_1}+\varepsilon\frac{\partial x_1}{\partial t_0}=D_0x_0+\varepsilon(D_1x_0+D_0x_1) \tag{4-1-6}$$

$$\frac{\mathrm{d}^2x}{\mathrm{d}t^2}=\frac{\partial^2 x_0}{\partial t_0^2}+2\varepsilon\frac{\partial^2 x_0}{\partial t_0\partial t_1}+\varepsilon\frac{\partial^2 x_1}{\partial t_0^2}+\varepsilon^2\frac{\partial^2 x_1}{\partial t_0\partial t_1}+\varepsilon^2\frac{\partial^2 x_1}{\partial t_0\partial t_1}+\varepsilon^2\frac{\partial^2 x_0}{\partial t_1^2}+\varepsilon^2\frac{\partial^2 x_2}{\partial t_0^2}+\cdots$$

$$=\frac{\partial^2 x_0}{\partial t_0^2}+\varepsilon\left(2\frac{\partial^2 x_0}{\partial t_0\partial t_1}+\frac{\partial^2 x_1}{\partial t_0^2}\right)+\varepsilon^2\left(2\frac{\partial^2 x_1}{\partial t_0\partial t_1}+\frac{\partial^2 x_0}{\partial t_1^2}+\frac{\partial^2 x_2}{\partial t_0^2}\right)+O(\varepsilon^3)$$

$$=D_0^2x_0+\varepsilon(2D_0D_1x_0+D_0^2x_1)+\varepsilon^2(2D_0D_1x_1+D_1^2x_0+D_0^2x_2)+O(\varepsilon^3) \tag{4-1-7}$$

有：

$$\frac{\partial^2 x_0}{\partial t_0^2}+\varepsilon\left(2\frac{\partial^2 x_0}{\partial t_0\partial t_1}+\frac{\partial^2 x_1}{\partial t_0^2}\right)+\varepsilon^2\left(2\frac{\partial^2 x_1}{\partial t_0\partial t_1}+\frac{\partial^2 x_0}{\partial t_1^2}+\frac{\partial^2 x_2}{\partial t_0^2}\right)+\omega_0^2(x_0+\varepsilon x_1)$$

$$=\varepsilon\left[f\cos(\omega_0t+\varepsilon\sigma t)-2\mu\left(2\frac{\partial x_0}{\partial t_0}+\varepsilon\frac{\partial x_0}{\partial t_1}+\varepsilon\frac{\partial x_1}{\partial t_0}\right)-\omega_0^2(x_0+\varepsilon x_1)^3\right] \tag{4-1-8}$$

比较 ε 的同次幂系数，有下列偏微分方程组：

$$\begin{cases}\varepsilon^0:\ \dfrac{\partial^2 x_0}{\partial t_0^2}+\omega_0^2x_0=0\\[2ex] \varepsilon^1:\ \dfrac{\partial^2 x_1}{\partial t_0^2}+\omega_0^2x_1=-2\dfrac{\partial^2 x_0}{\partial t_0\partial t_1}-2\mu\dfrac{\partial x_0}{\partial t_0}-\omega_0^2x_0^3+f\cos(\omega_0t+\varepsilon\sigma t)\\[2ex] \varepsilon^2:\ 2\dfrac{\partial^2 x_1}{\partial t_0\partial t_1}+\dfrac{\partial^2 x_0}{\partial t_1^2}+\dfrac{\partial^2 x_2}{\partial t_0^2}=-3\omega_0^2x_0^2x_1-2\mu\left(\dfrac{\partial x_0}{\partial t_1}+\dfrac{\partial x_1}{\partial t_0}\right)\end{cases} \tag{4-1-9}$$

由 ε^0 对应的方程可以解出:

$$x_0(t_0,t_1)=a(t_1)\cos[\omega_0 t+b(t_1)]=A(t_1)e^{j\omega_0 t_0}+\overline{A}(t_1)e^{-j\omega_0 t_0}=A(t_1)e^{j\omega_0 t_0}+cc \tag{4-1-10}$$

而:

$$A(t_1)=\frac{1}{2}a(t_1)e^{jb(t_1)} \tag{4-1-11}$$

将之代入 ε^1 对应的方程,有:

$$\begin{aligned}(1+2\mu)\frac{\partial^2 x_1}{\partial t_0^2}+\omega_0^2 x_1&=f\cos(\omega_0 t_0+\sigma t_1)-\omega_0^2 x_0^3-2\frac{\partial^2 x_0}{\partial t_0\partial t_1}-2\mu\frac{\partial x_0}{\partial t_0}\\&=\frac{f}{2}e^{j(\omega_0 t_0+\sigma t_1)}+3\omega_0^2A^2\overline{A}e^{j\omega_0 t_0}-\omega_0^2A^3e^{j3\omega_0 t_0}-\\&\quad 2j\omega_0A'(t_1)e^{j\omega_0 t_0}-2\mu j\omega_0A(t_1)e^{j\omega_0 t_0}+cc\end{aligned} \tag{4-1-12}$$

消除长期项的条件是:

$$\begin{cases}\dfrac{f}{2}e^{j\sigma t_1}+3\omega_0^2A^2\overline{A}-2j\omega_0(A'(t_1)+\mu A)=0\\ \Rightarrow\dfrac{f}{2}e^{j\sigma t_1}+\dfrac{3}{8}\omega_0^2a^3e^{jb}-j\omega_0(a'+ajb'+\mu a)e^{jb}=0\\ \Rightarrow\dfrac{f}{2}e^{j(\sigma t_1-b)}+\dfrac{3}{8}\omega_0^2a^3-j\omega_0(a'+ajb'+\mu a)=0\end{cases} \tag{4-1-13}$$

分离实部和虚部,得到:

$$\begin{cases}a'=-\mu a+\dfrac{f}{2\omega_0}\sin(\sigma t_1-b)\\ b'=\dfrac{3}{8}\omega_0a^3+\dfrac{f\cos(\sigma t-b)}{2\omega_0 a}\end{cases} \tag{4-1-14}$$

从中解出 a、b,即得一阶渐近解:

$$x(t,\varepsilon t)=a(\varepsilon t)\cos[\omega_0 t+b(\varepsilon t)]=\frac{1}{2}a(\varepsilon t)e^{jb(\varepsilon t)}e^{j\omega_0 t}+cc \tag{4-1-15}$$

(2)定常解的复频响应。

定常解即稳态解,此时振幅与相位对时间的导数都是0。解下列方程有:

$$\begin{cases}a'=-\mu\bar{a}+\dfrac{f}{2\omega_0}\sin(\sigma t_1-\bar{b})=0\\ b'=\dfrac{3}{8}\omega_0\bar{a}^3+\dfrac{f\cos(\sigma t_1-\bar{b})}{2\omega_0\bar{a}}=0\end{cases} \tag{4-1-16}$$

应用等式 $\cos^2\theta+\sin^2\theta=1$,可解得下列稳态幅频特性方程和相频特性方程:

$$\begin{cases}\left[\mu^2+\left(\sigma-\dfrac{3\omega_0\bar{a}^2}{8}\right)^2\right]\bar{a}^2=\left(\dfrac{f}{2\omega_0}\right)^2\\ \sigma t_1-\bar{b}=\arctan\left(\dfrac{-\mu}{\sigma-\dfrac{3\omega_0\bar{a}^2}{8}}\right)\end{cases} \tag{4-1-17}$$

(3)定常解的稳定性:在稳态解附近对方程进行线性化处理,得线性微分方程,其特征方程行列式为:

$$\lambda^2+2\mu\lambda+\mu^2+\left(\sigma-\frac{3\omega_0\bar{a}^2}{8}\right)\left(\sigma-\frac{9\omega_0\bar{a}^2}{8}\right)=0 \tag{4-1-18}$$

对照二阶微分方程奇点稳定性条件,可知:当 $\mu>0$ 时,对应的失稳条件是:

$$\mu^2+\left(\sigma-\frac{3\omega_0\bar{a}^2}{8}\right)\left(\sigma-\frac{9\omega_0\bar{a}^2}{8}\right)<0 \tag{4-1-19}$$

(4)二阶近似解的分析,三阶近似解的分析,过程类似,此处略,读者可参看相应文献。多尺度法处理时滞非线性问题时,会有多个解,出现二义现象,此时要谨慎处理。

4.2　谐波平衡法

谐波平衡法适用于求系统的周期运动的近似解，譬如极限环、周期 2 运动、周期 4 运动等。对于二阶非线性微分方程 $\ddot{x}(t)+q(x,\dot{x})=h\cos\Omega t$，其中 h、Ω 为常数，假定它有周期$\frac{2\pi}{\omega}$的解 $x(t)$，则 $x(t)$可以对所有的 t 展开为有限项的傅立叶级数：

$$x(t)=A_0+A_1\cos\omega t+B_1\sin\omega t+A_2\cos2\omega t+B_2\sin2\omega t+\cdots+A_n\cos n\omega t+B_n\sin n\omega t \tag{4-2-1}$$

若非线性项 $q(x,\dot{x})$也是周期性的，且能形成类似的有限项的级数。将 $x(t)$和 $q(x,\dot{x})$的级数代入原方程，则可以得到下列形式的等式：

$$C_0+C_1\cos\omega t+D_1\sin\omega t+C_2\cos2\omega t+D_2\sin2\omega t+\cdots+C_n\cos n\omega t+D_n\sin n\omega t=h\cos\Omega t \tag{4-2-2}$$

式中，系数 $C_0,C_1,D_1,C_2,D_2,\cdots,C_n,D_n$ 都是 $A_0,A_1,B_1,A_2,B_2,\cdots,A_n,B_n$ 的函数。令式(4-2-2)两端各阶谐波的系数相等，从而得到关于 $A_0,A_1,B_1,A_2,B_2,\cdots,A_n,B_n$ 的方程组，根据这些方程，还能确定 ω。例如，从式(4-2-2)可知：

$$\begin{cases}C_1=h,C_0=D_1=C_2=D_2=\cdots=0\\ \omega=\Omega\end{cases} \tag{4-2-3}$$

得周期解 $x(t)=h\cos\Omega t$。这种方法称为谐波平衡法[47-52]。

有些情况下，可能出现以下形式的解：

$$\begin{cases}C_m=h,C_0=C_1=D_1=C_2=D_2=\cdots=0\\ \omega=\dfrac{\Omega}{m}\quad m>1\text{ 为正整数}\end{cases} \tag{4-2-4}$$

这种组合解的存在，称为亚谐共振。

对于多个频率的激励源的情况，可能出现 3 次超谐共振和 1/3 次亚谐共振形式的组合解。

对于时变参数的情况，可能出现参激共振形式的组合解。等等。

下面举一个 Duffing 方程的例子，阐述谐波平衡法。时滞非线性的例子请参见文献[51,52]。

例 4-2　Duffing 方程的自由运动的解：

$$\ddot{x}(t)+\alpha x+\gamma x^3=0 \tag{4-2-5}$$

式中，$\alpha>0$；γ 为立方弹性系数。

试分析其周期解。

解：(1)设方程(4-2-5)的解为 $x(t)=A\cos(wt)$，于是式(4-2-5)可改写为：

$$\begin{aligned}&-w^2A\cos(wt)+\alpha A\cos(wt)+\gamma[A\cos(wt)]^3\\&=-w^2A\cos(wt)+\alpha A\cos(wt)+\gamma A^3\left[\frac{3}{4}\cos(wt)+\frac{1}{4}\cos(3wt)\right]=0\end{aligned} \tag{4-2-6}$$

令 $\cos(wt)$的系数为 0，有表达式：$(\alpha-w^2)A+\frac{3}{4}\gamma A^3=0$，解之得 $w=\sqrt{\alpha+\frac{3}{4}\gamma A^2}$。

若 $\alpha\gg|\gamma|$，$w\approx\sqrt{\alpha}\left(1+\frac{3}{8}\gamma A^2\right)$，此即近似幅频关系式。于是得解为：

$$x(t)=A\cos\left[\sqrt{\alpha}\left(1+\frac{3}{8}\gamma A^2\right)t\right] \tag{4-2-7}$$

(2)设方程(4-2-5)的解为：$x(t)=A\cos(wt)+B\cos(3wt)$，代入式(4-2-5)，有：

$$\left[(\alpha-w^2)A+\frac{3}{4}\gamma A^3+\frac{3}{4}\gamma A^2B+\frac{3}{2}\gamma AB^2\right]\cos(wt)+$$

$$[(\alpha-9w^2)B+\frac{3}{4}\gamma B^3+\frac{3}{4}\gamma A^3+\frac{3}{2}\gamma A^2B]\cos(3wt)+$$

$$[\frac{3}{4}\gamma A^2B+\frac{3}{4}\gamma AB^2+\frac{3}{2}\gamma AB^2]\cos(5wt)+\frac{3}{4}\gamma AB^2\cos(7wt)+\frac{1}{4}\gamma B^3\cos(9wt)=0 \tag{4-2-8}$$

同时令 $\cos(wt)$的系数为 0，$\cos(3wt)$的系数也为 0，有：

$$\begin{cases}(\alpha-w^2)A+\frac{3}{4}\gamma A^3+\frac{3}{4}\gamma A^2B+\frac{3}{2}\gamma AB^2=0\\(\alpha-9w^2)B+\frac{3}{4}\gamma B^3+\frac{1}{4}\gamma A^3+\frac{3}{2}\gamma A^2B=0\end{cases} \tag{4-2-9}$$

如果$\left|\frac{A}{B}\right|\gg1$，略去且 B^2，B^3 项，则有式(4-2-10)：

$$\begin{cases}(\alpha-w^2)A+\frac{3}{4}\gamma A^3+\frac{3}{4}\gamma A^2B=0\\(\alpha-9w^2)B+\frac{1}{4}\gamma A^3+\frac{3}{2}\gamma A^2B=0\end{cases} \tag{4-2-10}$$

从而有：

$$8\alpha AB+\frac{27}{4}\gamma A^2B^2+\frac{21}{4}\gamma A^3B-\frac{1}{4}\gamma A^4=0 \tag{4-2-11}$$

若 $\alpha\gg|\gamma|$，可以解得 $B\approx\frac{1}{32}\frac{\gamma}{\alpha}A^3$，进而得到：

$$w\approx\sqrt{\alpha\left(1+\frac{3}{4}\frac{\gamma}{\alpha}A^2+\frac{3}{128}\frac{\gamma^2}{\alpha^2}A^4\right)}\quad\text{或}\quad w\approx\sqrt{\alpha}\left(1+\frac{3}{4}\frac{\gamma}{\alpha}A^2-\frac{15}{256}\frac{\gamma^2}{\alpha^2}A^4\right) \tag{4-2-12}$$

于是有一个近似解为：

$$x(t)\approx A\cos\left[\sqrt{\alpha\left(1+\frac{3}{4}\frac{\gamma}{\alpha}A^2+\frac{3}{128}\frac{\gamma^2}{\alpha^2}A^4\right)}t\right]+\frac{1}{32}\frac{\gamma}{\alpha}A^3\cos\left[3\sqrt{\alpha\left(1+\frac{3}{4}\frac{\gamma}{\alpha}A^2+\frac{3}{128}\frac{\gamma^2}{\alpha^2}A^4\right)}t\right] \tag{4-2-13}$$

在其他条件下，进行类似的分析，可以得到相应的解。

主要参考文献

[1] 潘祖梁.附录　量纲分析和常用量纲系统[M]//非线性问题的数学方法及其应用.杭州:浙江大学出版社,1998:179-189.

[2] 禹思敏.第6章　连续时间混沌系统[M]//混沌系统与混沌电路:原理,设计及其在通信中的应用.西安:西安电子科技大学出版社,2011:113-162.

[3] 禹思敏.第7章　混沌吸引子的刻面[M]//混沌系统与混沌电路:原理,设计及其在通信中的应用.西安:西安电子科技大学出版社,2011:163-185.

[4] 陈予恕.非线性振动[M].北京:高等教育出版社,2002.

[5] 苏玉鑫.非线性机器人系统控制理论[M].北京:科学出版社,2008.

[6] 胡海岩.第一章　非线性动力学系统的建模[M]//应用非线性动力学.北京:航空工业出版社,2002:7-16.

[7] 张伟,胡海岩.非线性动力学理论与应用的新进展[M].北京:科学出版社,2009.

[8] LUO A C J. Linear system and stablity[M]//Continuous dynamic systems.北京:高等教育出版社,2012:1-54.

[9] 张劲夫,秦卫阳.高等动力学[M].北京:科学出版社,2004.

[10]杨桂通.第四章　理想塑性梁的动力响应[M]//弹塑性动力学.3版.北京:高等教育出版社,2012:64-94.

[11]胡海岩.应用非线性动力学[M].北京:航空工业出版社,2001.

[12]李万祥,何玮,唐恭佩.一类复摆系统的非线性动力学研究[J].华中科技大学学报(自然科学版),2007,33(5):27-30.

[13]陈关荣,吕金虎.Lorenz系统族的动力学分析[M].北京:科学出版社,2003.

[14]SLOTINE J E,LI W P.应用非线性控制[M].程代展,译.北京:机械工业出版社,2006.

[15]苏宏业,吴争光,徐巍华.鲁棒控制基础理论[M].2版.北京:科学出版社,2021.

[16]贾英民.鲁棒 H_∞ 控制[M].北京:科学出版社,2007.

[17]王划,沈先海,张旭亮,等.基于线性控制器的时滞混沌系统同步与数字电路实现[J].动力学与控制学报,2012,10(2):142-146.

[18]陶朝海,陆君安,陈士华.Lorenz混沌系统的错位自适应控制[J].系统工程与电子技术,2004,26(1):81-82.

[19]赵海滨,于清文,刘冲,等.基于Matlab/Simulink的混沌同步控制实验[J].实验研究与探索,2019,38(1):16-19.

[20]李贤丽,李贤善,赵逢达.Rossler系统的混沌控制[J].大庆学院学报,2004,28(3):106-108.

[21]陈士华,谢进,陆君安,等.Rossler混沌系统的追踪控制与同步[J].物理学报,2002,51(4):749-752.

[22]吴先用,万均力.Rossler系统与统一混沌系统的异结构同步[J].系统工程与电子技术,2008,30(4):715-718.

[23]印红云,李擎,王志良,等.广义Lorenz和Chen系统混沌同步控制算法[J].北京科技大学学报,2004,26(4):446-448.

[24]舒永录,张勇,胥红星.一个广义Lorenz混沌系统的控制和同步[J].重庆工学院学报(自然科学),2008,22(8):54-61.

[25]蔡娜，井元伟，张嗣瀛. 不同结构混沌系统的自适应同步与反同步[J]. 物理学报，2009，58(2)：802－813.

[26]杨正兵，王怀磊. 蔡氏电路混沌系统的单状态延时反馈控制[J]. 动力学与控制学报，2010，8(4)：330－333.

[27]周小勇. 一个新混沌系统及其电路仿真[J]. 物理学报，2012，61(3)：71－79.

[28]李秀平，陈琼，杨杰，等. Mathieu 方程的不稳定区及其晶体摆动场辐射的稳定性[J]. 半导体光电，2014，35(3)：472－475.

[29]肖慧娟，罗诗裕，邵明珠. 多尺度法与准等时同步加速器粒子纵向运动的稳定性[J]. 原子核物理评论，2011，28(3)：300－304.

[30]陈浩. 修正 Mathieu 方程的数值求解方法[J]. 江西师范大学学报(自然科学版)，2018，42(6)：644－647.

[31]王贺元. 尹霞. 新超混沌系统的动力学行为及自适应控制与同步[J]. 动力学与控制，2017，15(4)：335－341.

[32]黄苏海，田立新. 一个新的四维超混沌系统的动力学分析及混沌反同步[J]. 电路与系统学报，2011，16(6)：66－74.

[33]龙志超，马大柱. 一个新五维超混沌电路及其在保密通讯中应用[J]. 电路与系统，2016，5(1)：10－20.

[34]魏强，牛弘. 一个新五维超混沌系统的分析与电路设计[J]. 动力系统与控制，2019，8(2)：118－128.

[35]王诗兵，王兴元. 超混沌复系统的自适应广义组合复同步及参数辨识[J]. 电子与信息学报，2016，38(8)：2062－2067.

[36]LIU J，LIU S T，YUAN C H. Adaptive complex modified projective synchronization of complex chaotic (hyperchaotic) systems with uncertain complex parameters[J]. Nonlinear Dynamics，2015，79：1035－1047.

[37]LI L P，WANG B，LÜ X Y，et al. Chaos－related localization in modulated lattice array[J/OL]. Annalen der Physik，2018，530(1)：1700218[2020－07－19]. https：//doi. org/10. 1002/andp. 201700218.

[38]SUN J W，CUI G Z，WANG Y F，et al. Combination complex synchronization of three chaotic complex systems[J]. Nonlinear Dynamics，2015，79：953－965.

[39]SUN K H，WANG X，SPROTT J C. Bifurcations and chaos in fractional－order simplified Lorenz system [J]. International Journal of Bifurcation and Chaos，2010，20(4)：1209－1219.

[40]LUO C，WANG X Y. Chaos in the fractional－Order complex Lorenz system and its synchronization[J]. Nonlinear Dynamics，2013，71：241－257.

[41]潘祖梁. 第一章　Lie 变换群和相似解[M]//非线性问题的数学方法及其应用. 杭州：浙江大学出版社，1998：1－78.

[42]IBRAGIMOV N H. 非线性常微分方程[M]//微分方程与数学物理问题. 卢琦，杨凯，罗朝俊，等译. 罗朝俊，校. 北京：高等教育出版社，2013：171－240.

[43]IBRAGIMOV N H. 非线性偏微分方程[M]//微分方程与数学物理问题. 卢琦，杨凯，罗朝俊，等译. 罗朝俊，校. 北京：高等教育出版社，2013：243－273.

[44]刘式适，刘式达. 特殊函数[M]. 北京：气象出版社，1988：537－551.

[45]孔祥言. 高等渗流力学[M]. 合肥：中国科技大学出版社，1999：202－246.

[46]刘式适，刘式达. 物理学中的非线性方程[M]. 2 版. 北京：北京大学出版社，2012：83－90，228－232.

[47]杨桂通. 一维弹塑性波[M]//塑性动力学. 3 版. 北京：高等教育出版社，2012：317－355.

[48]胡海岩. 第五章　多自由度系统的振动[M]//应用非线性动力学. 北京：航空工业出版社，2002：97－117.

[49]LUO A C J. Analytical periodic flows and chaos[M]//Continuous dynamic systems. 北京：高等教育出版社，2012：109－166.

[50]唐有刚，刘利琴，张素侠. 海洋工程非线性动力学理论与方法[M]. 北京：科学出版社，2016：79－89.

[51]LUO A C J, HUANG J Z. Asymmetric periodic motions with chaos in a softening Duffing oscillator[J]. International Journal of Bifurcation and Chaos, 2013, 23(5): 1350086[2020 - 06 - 27]. http: 1/doi. org/10. 1142/S0218127413500867.

[52]LUO A C J. Analytical solutions for periodic motions to chaos in nonlinear systems with/without time - delay[J]. International Journal of Dynamics and Control, 2013, 1(4): 330 - 359.